AF325192

TABLEAU

DE VÉGÉTAUX FOSSILES

CONSIDÉRÉS

SOUS LE POINT DE VUE DE LEUR CLASSIFICATION BOTANIQUE

ET DE LEUR DISTRIBUTION GÉOLOGIQUE,

PAR

M. ADOLPHE BRONGNIART.

(Extrait du *Dictionnaire universel d'Histoire naturelle*.)

PARIS,

IMPRIMERIE DE L. MARTINET,

RUE MIGNON, 2.

1849.

TABLEAU

DES GENRES

DE VÉGÉTAUX FOSSILES.

VÉGÉTAUX FOSSILES. — Sous ce titre je me propose de passer en revue les diverses formes végétales dont les recherches géologiques ont constaté l'existence aux différentes époques de la formation du globe, qui ont précédé celle à laquelle il a pris les caractères de végétation que nous lui voyons actuellement, et d'indiquer l'ordre dans lequel elles se sont succédé à la surface de notre terre.

On pourrait étudier séparément chacune de ces flores successives et faire ainsi le tableau chronologique du règne végétal; mais sous le rapport botanique, cette marche aurait l'inconvénient de nous obliger à revenir un grand nombre de fois sur les caractères des diverses familles sans pouvoir les traiter jamais d'une manière générale; je crois donc que ce tableau de la végétation du globe pendant les diverses périodes de sa formation doit être précédé d'une revue générale des familles qui ont des représentants dans cette longue histoire de notre globe; de simples énumérations, précédées de quelques observations sur les caractères prédominants de la végétation de chaque époque, nous donnerons ensuite la chronologie du règne végétal.

Avant de passer à l'examen des diverses familles auxquelles on peut rapporter les divers Végétaux trouvés à l'état fossile, je crois qu'il ne sera pas hors de propos de fixer un moment l'attention sur les différents états dans lesquels ils se rencontrent, et sur les précautions qu'on doit prendre pour ne pas se laisser induire en erreur par ces divers modes de conservation.

Les végétaux que nous trouvons à l'état fossile ne sont presque jamais, on peut même dire je crois jamais, complets; ce ne sont que des portions ou des fragments de végétaux, des tiges, des rameaux, des feuilles, des fruits ou rarement des fleurs isolés des autres organes de la plante. Sous ce rapport nous nous trouvons dans le même cas que pour les Végétaux actuellement existants lorsque nous recevons des portions isolées et incomplètes d'un végétal exotique dont la détermination nous offre souvent de grandes difficultés. Mais, en outre, les Végétaux fossiles, ainsi réduits à quelques uns de leurs organes isolés, ne les offrent presque jamais dans un état de conservation qui permette de les étudier dans toutes leurs parties constituantes. Ainsi, les tiges n'offrent souvent que leur forme extérieure, ou , dans d'autres cas, que leur structure interne, souvent altérée dans beaucoup de points ; les feuilles n'offrent, dans bien des cas, que d'une manière imparfaite le réseau de leurs nervures , et rarement leur épiderme et ses détails de structure peuvent être convenablement étudiés ; pour les fruits le plus souvent la forme externe seule peut nous diriger dans l'appréciation de leurs affinités , leur structure interne étant détruite ou fortement altérée par la compression ou par la pétrification.

Les divers modes de conservation des Végétaux à l'état fossile peuvent se rapporter cependant à deux classes principales.

L'impression ou moulage de la plante accompagnée de la destruction complète du tissu végétal ou avec conservation de peu de ses parties constituantes; la pétrification ou la carbonisation qui conserve d'une manière plus ou moins complète la structure des tissus des organes des végétaux en changeant complétement ou en modifiant seulement leur nature.

L'impression ou le moulage d'une manière absolue, c'est-à-dire sans conservation d'aucune partie des organes mêmes du végétal plus ou moins altérés est assez rare ; cependant, c'est l'état habituel des Végétaux fossiles dans le grès bigarré et dans les calcaires tertiaires.

La place occupée par le végétal est vide ou le végétal n'est remplacé que par une matière ordinairement ferrugineuse , quelquefois calcaire ou argileuse qui n'offre pas d'organisation , qui , par conséquent , n'est pas le végétal pétrifié. On ne peut donc dans ce cas juger que des formes extérieures du végétal, et souvent le meilleur moyen, pour le faire avec exactitude, est, après avoir enlevé avec soin la matière amorphe qui remplit le creux laissé par le végétal, de couler dans cette cavité ou dans ce creux , naturellement vide, de la cire, du soufre ou toute autre matière qui représente exactement les formes du végétal détruit.

L'empreinte avec conservation de quelques parties du tissu végétal est très fréquente pour les tiges du terrain houiller ; c'est leur mode habituel de conservation et, ici, l'appréciation exacte des diverses formes du végétal exige beaucoup d'attention.

Dans la plupart de ces tiges la partie superficielle, sorte d'épiderme épais et ligneux , est passée à l'état de charbon compacte et anthraciteux , tout le reste de la plante a été détruit et remplacé par de l'argile , du grès micacé, souvent même par un grès grossier, sans aucun indice d'organisation ; quelquefois cependant cette destruction des tissus internes est moins complète : les plus résistants se sont conservés et sont passés à l'état charbonné : ce sont les parties ligneuses ou vasculaires dont la place et quelquefois même la structure est indiquée par des linéaments charbonneux ; c'est ce qu'on a remarqué depuis longtemps pour le *Stigmaria ficoïdes* et ce que M. Corda a observé dans plusieurs tiges des mines de houille de Bohême. Quelquefois, outre l'axe ou le cylindre ligneux proprement dit, il y a une zone corticale interne , puis l'écorce externe qui sont ainsi conservées et le tissu cellulaire intermédiaire est détruit. Ces diverses zones de tissu plus dense qui, séparées par de larges couches de tissu cellulaire détruit, s'enveloppent l'une l'autre comme autant de cylindres emboîtés les uns dans les autres et se sont conservées isolément , ont chacune leur forme spéciale et souvent une forme différente à leur surface externe et interne. Une même tige peut ainsi donner lieu à des formes très diverses, chacune cylindroïde et ressemblant à autant de tiges différentes.

J'ai déjà signalé, il y a très longtemps, ce fait pour les tiges de Sigillaire dont la tige, dépouillée de son écorce charbonneuse, superficielle, avait servi à constituer le genre *Syringodendron*.

Dans le *Lomatophloios crassicaule* de M. Corda, l'axe vasculaire forme un cylindre finement strié qui pourrait être pris pour une tige d'un genre particulier, et le cylindre médullaire que ce cylindre vasculaire entoure, offre des sillons transversaux , particuliers qui, suivant cet auteur , ont servi à caractériser le genre *Artisia* ; j'ajouterai que des échantillons de cette tige ou d'une autre espèce très analogue des mines de Saarbruck, m'ont offert une zone intermédiaire entre la surface externe et l'axe vasculaire qui paraît correspondre à l'origine des bases des feuilles, et qui offre tous les caractères de la tige figurés par M. de

Sternberg sous le nom de *Knorria Sellowii*.

On doit donc, dans ces tiges à tissus incomplétement conservés, bien distinguer les diverses zones de tissu d'une même tige, et leurs surfaces externe et interne qui produisent autant d'apparences différentes.

Ce que je viens de dire des tiges s'applique également aux fruits dont l'épaisseur du péricarpe donne souvent lieu à deux formes très différentes, et dont les cavités, dans d'autres cas, ne sont pas les cavités réelles, mais, au contraire, les espaces occupés par un tissu différent détruit et même quelquefois par toutes les parties solides.

Les Végétaux carbonisés ou passés à l'état de lignites donnent lieu à moins d'observations ; cependant il faut remarquer que dans cette altération leurs tissus ont souvent éprouvé des modifications qui en rendent la juste appréciation difficile. Enfin, assez fréquemment une portion des organes des Végétaux passés à l'état de lignite s'est transformée en pyrite, ou bien des pyrites sous forme globuleuse se sont formés au milieu de ces tissus et pourraient, au premier aspect, être pris pour un caractère d'organisation. La coupe de certains bois dicotylédons fossiles ressemble alors souvent à celle d'une tige monocotylédone.

La pétrification donne plus souvent lieu dans les tissus à des changements apparents dont il faut bien reconnaître l'origine.

1° Dans certains cas, tous les tissus ne se sont pas également conservés pendant la pétrification, et c'est surtout dans les bois silicifiés qu'on en voit des exemples fréquents. Le plus souvent les tissus mous, plus altérables, se sont détruits comme pendant une macération, tandis que la tige était placée dans les circonstances propres à la silicification, et les tissus plus résistants ont seuls conservé leur caractère en se silicifiant. Souvent alors le tissu cellulaire est remplacé par de la calcédoine amorphe, et les tissus ligneux et vasculaires se sont seuls pétrifiés en conservant les formes qui les caractérisent ; quelquefois, quoique plus rarement, c'est l'inverse qui a lieu : le tissu cellulaire s'est silicifié en conservant son organisation, et les tissus plus denses ont disparu pendant la pétrification en laissant alors des cavités à leur place, soit que ces tissus n'aient jamais été silicifiés, soit que,

transformés en une matière plus altérable, ils se soient détruits plus tard. Ainsi j'ai vu plusieurs exemples de bois de palmiers silicifiés dans lesquels la place des faisceaux fibreux était, en grande partie du moins, représentée par des cavités vides, le reste du tissu étant silicifié.

2° Quelquefois des tissus de même nature sont diversement conservés dans les diverses parties d'un même échantillon. Dans quelques cas, c'est comme une sorte de macération partielle qui a détruit la structure dans certaines parties, tandis qu'elle est bien conservée dans des points voisins ; mais il est d'autres cas où d'une manière nette, brusque et régulière, le tissu est pétrifié sur un point et détruit à côté ; c'est ce que montre surtout un bois fossile remarquable décrit par M. Witham sous le nom d'*Anabathra pulcherrima*, et ce que j'ai revu dans quelques autres échantillons. La pétrification siliceuse paraît avoir eu lieu d'abord sur certaines zones très nettement limitées et le plus souvent sous forme de sphères isolées. Dans toutes ces parties le tissu est parfaitement conservé ; mais autour de lui, dans les espaces intermédiaires, ce tissu s'est entièrement détruit et a été remplacé par de la silice amorphe. Au premier abord, et sur une coupe transversale, les parties silicifiées sembleraient autant de faisceaux ligneux distincts, et donneraient à ces tiges une structure très anomale ; mais un examen attentif montre que les rayons médullaires et les zones ligneuses sont continus d'une partie à l'autre, et qu'on peut rétablir, pour ainsi dire, le tissu partout. En outre, on voit que ces sortes de faisceaux ne se continuent pas dans la longueur : ce sont des sphères isolées, résultats d'une pétrification partielle, enveloppés dans une masse siliceuse amorphe.

3° Enfin il arrive très souvent que pendant la silicification le végétal a été comprimé, brisé et déformé, des fissures remplies par de la silice cristallisée ou amorphe le traversent, les tissus ne se continuent plus régulièrement ; mais il est presque toujours facile d'apprécier ces altérations et d'en annuler l'effet.

On voit qu'avant de chercher à comparer un végétal fossile aux Végétaux vivants, il faut : 1° reconstruire aussi complétement

que possible, d'après les parties conservées
et les données générales de l'anatomie et de
l'organographie végétale, les portions de
plante qu'on a sous les yeux.

2° Chercher quels pouvaient être les rapports de ces portions de plante avec les
autres organes de la même plante en recherchant surtout leurs points d'attache,
leurs formes et leurs rapports vasculaires;
tâcher en général de se diriger surtout d'après les traces de structure plutôt que d'après les formes extérieures.

3° S'efforcer de recompléter un végétal
en voyant si, parmi les fossiles du même
terrain et surtout des mêmes couches et de
la même localité, il n'y en aurait pas qui
pourraient appartenir à la même plante.
Tant qu'on n'a pas reconnu d'une manière
positive la connexité de ces divers organes,
on ne doit cependant considérer leur réunion
pour former une même plante que comme
une simple probabilité, que des faits positifs peuvent infirmer ou confirmer.

Cette connexion des diverses parties d'une
même plante est l'un des problèmes les plus
importants à résoudre de la paléontologie
végétale et c'est aux savants, qui peuvent
s'en occuper sur les lieux mêmes où ces fossiles se rencontrent, qu'on doit surtout le
recommander.

Je passe maintenant à l'énumération méthodique par famille des divers genres de
plantes fossiles observés dans l'ensemble
des terrains qui composent l'écorce du globe;
je n'entrerai dans quelques détails sur les
espèces que lorsqu'elles offrent quelque
chose de remarquable, ou lorsqu'elles doivent donner lieu à des remarques critiques,
nécessaires pour fixer les limites de certains
genres où l'on a, je crois, confondu des plantes très diverses.

Je donnerai ensuite une énumération,
par terrain, de ces mêmes genres, avec
l'indication approximative du nombre des
espèces, et un résumé du caractère particulier que leur réunion imprime à la végétation de chaque époque.

PREMIÈRE PARTIE.

ÉNUMÉRATION MÉTHODIQUE DES FAMILLES ET DES GENRES DE VÉGÉTAUX FOSSILES.

PREMIER EMBRANCHEMENT.

Végétaux cryptogames amphigènes.

(Cryptogames cellulaires.)

CLASSE Iʳᵉ. — FUNGINÉES.

Famille des Mucédinées.

On a signalé, dans ces derniers temps,
l'existence de ces petits Cryptogames, ou
peut-être, dans quelques cas, de Mycélium
de plus grandes espèces dans des bois fossiles de l'époque tertiaire. M. Unger en a
figuré dans le *Chloris protogea* deux espèces, qu'il rapporte au genre *Nyctomyces*
établi par Hartig pour des Mucédinées qui
se développent dans les bois pourris. On
n'en a pas encore indiqué dans les bois des
terrains plus anciens. Dans le succin,
M. Gœppert a observé une moisissure développée sur un Insecte mort, et l'a décrite
sous le nom de *Sporotrichites heterospermus*.

Famille des Hypoxylées.

Des Champignons parasites sur des feuilles
fossiles de divers terrains se rapportent a
cette famille, dont l'étude attentive des impressions de feuilles, surtout des terrains
tertiaires, augmentera probablement le
nombre. Sous le nom d'*Excipulites Neesii*,
M. Gœppert en a décrit une espèce observée sur des feuilles de Fougères du terrain
houiller de Silésie.

M. Unger indique dans les terrains tertiaires un *Hysterites labyrinthiformis* et un
Xylomites. Une autre espèce de ce dernier
genre est signalée par Gœppert sur des feuilles de *Zamia* du lias. Il indique aussi un
Rhizomorpha fossile sous des écorces de bois
fossiles des lignites tertiaires.

Enfin, j'ai observé sur des feuilles de graminées de Ménat une espèce de *Sphaeria*.

Ces faits nous montrent qu'anciennement, comme aujourd'hui, les plantes
étaient le siège de végétations cryptogamiques parasites.

Famille des Champignons

MM. Lindley et Hutton, dans leur *Fossil*

flora, ont désigné sous le nom de *Polyporites Bowmanni* un fossile qu'ils comparent, quoiqu'avec doute, à un *Polyporus*, et qui provient des mines de houille du pays de Galles. J'ai observé une empreinte analogue dans des échantillons du terrain houiller de Sardaigne, et qui ne me paraît pas différer du *Carpolithes umbonatus* de Sternberg; quelques points de cette empreinte offraient des pores peu profonds semblables à ceux de certains Polypores des pays chauds.

M. Goeppert a représenté, dans tous ses degrés de développement, un petit Champignon analogue à une Pézize, qui est fixé sur un Insecte de la famille des Lépismées, contenu dans du succin; il l'a décrit sous le nom de *Peziites candidus*.

CLASSE II. — ALGUES.

Je réunis sous cet ancien nom de famille toutes les plantes fossiles qui se rapportent à la classe des Algues sans les subdiviser en famille, parce que les caractères qui distinguent les familles qu'on admet actuellement sont fondés sur des détails d'organisation impossibles à apprécier sur les fossiles, et qui ne se traduisent pas d'une manière assez positive par des caractères extérieurs pour qu'on puisse les bien définir.

La variété même des formes de ces végétaux rend presque impossible d'en donner une définition générale; cependant l'absence presque constante de tiges et de feuilles distinctes, l'irrégularité fréquente de la fronde formée par la tige souvent étalée sous forme foliacée, l'absence de nervures nettes et régulièrement ramifiées, sont les caractères principaux qui les distinguent presque toujours des autres végétaux.

Quant aux genres dans lesquels on a tenté de les subdiviser, et de répartir les espèces assez nombreuses actuellement connues à l'état fossile, ils ont souvent été fondés plutôt sur une comparaison générale et assez vague avec les formes des genres vivants, que sur des caractères précis; nous tâcherons de les limiter par des définitions plus positives.

Les formes souvent peu régulières et si variées des Algues ont fait rapporter à cette famille beaucoup de végétaux mal conservés, altérés par la pétrification, mais qu'un examen plus attentif et la comparaison avec les fossiles mieux conservés de la même épo-

que et souvent de la même localité peut cependant faire reconnaître pour des végétaux d'autres familles fortement comprimés, à contours en partie effacés et dont les linéaments intérieurs ont souvent disparu. On verra plus bas que la plupart des *Caulerpites* des auteurs sont dans ce cas.

Toutes les Algues sont des Cryptogames aquatiques, et la plupart d'origine marine; on les trouve dans les terrains d'époques les plus différentes, depuis les terrains de transition jusqu'aux derniers terrains tertiaires marins, mais leurs espèces sont souvent caractéristiques de certaines formations.

CONFERVITES, Brong.

On a donné ce nom à des fossiles de forme filamenteuse, ressemblant aux plantes de l'ancien genre *Conferva*, et formés de filaments simples ou rameux et diversement entrecroisés ou subdivisés qui, lorsqu'ils sont bien conservés, montrent des traces de cloisons transversales.

On a distingué jusqu'à ce jour sept espèces, mais dont plusieurs sont très mal connues et ne montrent que des traces trop vagues pour qu'on puisse affirmer que ce sont des Cryptogames de cette famille et non pas des fibrilles radiculaires d'autres plantes.

CAULERPITES, Sternb. (*Fucoides*, § 9 *Caulerpites*, Brong.)

Ce genre d'Algues fossiles est celui qui a été le plus mal limité et dans lequel on a le plus souvent classé des plantes qui, mieux étudiées, me paraissent devoir occuper une position toute différente. J'ai commis moi-même cette erreur en rapportant aux Fucoides dans la section des Caulerpites, sous les noms de *F. Brardii* et *Orbignianus*, des plantes qu'un examen plus attentif et surtout une comparaison plus étendue m'ont fait reconnaître pour des rameaux de conifères du genre *Brachyphyllum*.

Mes *Fucoides Hypnoides* et *Lycopodioides*, et les *Caulerpites pteroides* et *Schlotheimii* de Sternberg sont dans le même cas et se rangent ainsi parmi les conifères dans le genre *Walchia*, ainsi que le *Caulerpites Brownii* du même auteur, qu'il avait lui-même rapporté plus tard aux *Lycopodites*.

Plusieurs des plantes des schistes cuivreux du pays de Mansfeld, décrites par M. de

Munster, comme des *Caulerpites*, ne me paraissent aussi que des états imparfaits de ces *Walchia*, si variés dans leurs formes suivant la partie de leurs tiges ou de leurs rameaux, qui sont passés à l'état fossile, et souvent très déformés dans ces schistes par la pétrification et la pression.

Les *Caulerpites patens*, *dichotomus* et *crenulatus*, décrits par M. Althaus (*in Dunk. et Mey. Paleontogr.*, I, p. 31, tab. 4, fig. 2, 3, 4, et tab. 1, fig. 2), sont évidemment, à mes yeux, des fougères identiques avec d'autres espèces de cette même époque, mais altérées par la pétrification. Les deux premiers se rapportent à des *Sphenopteris*, voisins du *S. dichotoma*, et le dernier un *Pecopteris*, probablement le *P. lodevensis*. Ces plantes, qui représentent pour ainsi dire la silhouette de ces fougères légèrement effacées, n'ont aucun rapport avec les espèces vivantes du genre *Caulerpa*. Cette opinion me paraît tout à fait confirmée par l'impression des mêmes schistes cuivreux, figurée par M. de Munster dans le 5° cahier de ses *Beytræge*, tab. 14, fig. 3, sous le nom de *Caulerpites bipinnatus*, et qui est bien clairement une fougère à fronde bifurquée, très voisine du *Sphenopteris dichotoma* de ces mêmes schistes.

Le *Caulerpites Gœpperti*, appartenant aussi aux schistes cuivreux d'Ilmenau, me paraît très voisine de l'*Alethopteris Martinsii*, Germar, provenant du même terrain; mais ces plantes, certainement étrangères aux Caulerpites, et qui me semblent devoir former un genre spécial, sont-elles des Algues ou des Fougères à frondes épaisses et coriaces; c'est ce qu'un nouvel examen très attentif des échantillons eux-mêmes pourra seul décider.

Les *Caulerpites*, du calcaire jurassique de Solenhofen, décrits par M. de Sternberg sous les noms de *C. princeps*, *ochreatus*, *sertularia*, *elegans*, *laxus*, et probablement *colubrinus*, me paraissent bien certainement n'être que des états plus ou moins altérés des mêmes espèces de *Thuites* que ce savant avait aussi rapportées au genre *Caulerpites*, sous le nom de *C. expansus*, *Bucklandianus*, *thuiæformis*, etc., et que M. Unger rapporte avec beaucoup de raison au genre *Thuites*. Le *Thuites divaricata* (*Caulerpites thuiæformis*, Sternb.) a été également trouvé à Solenhofen en échantillons parfaitement caractérisés, ainsi que le montre un échantillon plus complet qu'aucun autre que j'ai dessiné dans la collection de M. Stockes, à Londres; et avec un peu d'attention on retrouve facilement, sur les figures mêmes de M. de Sternberg, quoique assez imparfaites, l'insertion des feuilles et la disposition des rameaux qui caractérisent ce genre. D'autres espèces d'Algues de ce même terrain, le *Caulerpites longirameus* (Sternb., II, tab. 29, fig. 3), et le genre particulier nommé par M. de Sternberg *Baliostichus* (*ibid.*, tab. 25, fig. 3) et adopté sous ce nom par M. Unger, ne sont encore que des branches de conifères qui rentreraient dans le genre Thuites, tel qu'on l'a admis dans la plupart des ouvrages sur les Végétaux fossiles, mais qui, par leurs feuilles alternes en spirale, courtes, charnues et squamiformes, se rapportent au genre *Brachyphyllum*: genre qui, avec les Thuites cités ci-dessus, caractérise presque cette époque du calcaire jurassique.

La régularité de l'insertion des feuilles dans les échantillons bien conservés de ces fossiles, ne peut laisser aucun doute sur leur éloignement de la famille des Algues et des Caulerpa. Mais dans les échantillons fortement comprimés, en partie effacés, ou brisés et déformés, il faut se laisser diriger par la forme générale et par de légers indices pour classer ces empreintes imparfaites, dont chaque forme accidentelle est devenue un type spécifique.

On peut donner comme moyen général de distinguer les Caulerpa de certaines Conifères, que jamais ces Algues, telles que nous les connaissons dans le monde actuel, n'offrent de frondes à rameaux principaux pinnés: ils sont toujours fourchus ou plus ou moins régulièrement dichotomes: disposition qui permettrait plutôt de les confondre avec certains Lycopodes. Ce sont ces rameaux qui portent des appendices foliiformes, disposés avec peu de régularité tout autour de l'axe, ou distiques et très réguliers, comme des barbes de plume, mais dont le plan est dans le plan même de la fronde entière; au contraire, toutes les Conifères ont les rameaux pinnés ou verticillés, et jamais réellement dichotomes.

Je vais indiquer ici les espèces qui me paraissent pouvoir se ranger dans ce genre, en remarquant cependant qu'un examen plus attentif, et surtout de meilleurs échantillons, les en excluront peut-être.

Caulerpites sphæricus, Munst. Beytr., 5, p. 101, t. XIV, fig. 2.

Caulerpites selaginoides, Brong.

Caulerpites Nilsonianus, Sternb. (*Fucoides Nilsonianus*, Ad. Br., *Hist. Vég. foss.*).

Caulerpites Preslianus (*C. Preslianus et heterophyllus*, Sternb.; *Flor. de Vorw.*, 2, tab. 10, fig. 5, et tab. 24, fig. 4).

Caulerpites Agardhianus (*Fucoides Agardhianus*, Ad. Br.; *Delesserites Agardhianus*, Sternb.).

Caulerpites pinnatifidus (*Delesserites pinnatifidus*, Sternb., t. II, tab. 10, fig. 4).

Les deux premières espèces sont des schistes cuivreux du Zechstein; la troisième des lignites de Hœganes, en Scanie; les trois dernières des terrains tertiaires du Véronais.

CODITES, Sternb.

Ce genre présente une fronde épaisse, spongieuse, probablement cylindroïde, simple, ou plus souvent rameuse et irrégulièrement dichotome, inégalement contractée et renflée, dont la surface paraît avoir été hérissée ou veloutée.

M. de Sternberg en indique deux espèces du calcaire de Solenhofen; mais elles ne me paraissent que des formes accidentelles d'une même espèce. Son genre *Encælites* ne paraît pas pouvoir s'en distinguer génériquement; le seul échantillon indiqué provient des mêmes calcaires.

CORALLINITES, Ung.

Ces plantes, analogues aux Corallines des mers actuelles, ont une fronde incrustée, dure, rameuse, articulée, tomenteuse, à articles aplatis ou cylindroïdes.

M. Unger en a représenté deux espèces (*Chlor. protog.*, t. XXXIX, fig. 6., 7) du calcaire jurassique d'Autriche. M. Pomel en a trouvé une espèce très élégante dans le calcaire grossier des environs de Paris, que je nommerai *C. Pomelii*.

AMANSITES (*Fucoides*, § *Amansites*, Brong., *Hist. Vég. foss.*).

Je ne connais que deux espèces de ce genre, déjà signalé comme formant une section spéciale des *Fucoides* dans mon *Hist. des Vég. fossiles*. On peut le définir ainsi: Fronde simple ou rameuse, à divisions linéaires planes, très régulièrement dentées des deux côtés ou d'un seul.

Ces plantes se rapprochent, par la régularité de leurs formes, des divers genres de la tribu des Amansiées; ainsi, l'*Amansites Serra* ressemble, à quelque égard, à l'*Amandia semi-pennata*, et l'*Amansites dentata* au genre *Epineuron*, de Greville. Ces deux espèces sont du calcaire de transition du Canada.

CHONDRITES, Sternb. (*Fucoides*, § *Gigartinites*, Brong., *loc. cit.*).

Je conserve à ce genre le nom de *Chondrites*, de M. de Sternberg, quoique le genre *Chondrus* de Lamouroux et des botanistes modernes, ayant pour type le *Chondrus crispus*, Lam., ou *Sphærococcus crispus*, Ag., diffère beaucoup par sa fronde plane, membraneuse, coriace, dichotome, des Algues fossiles de ce genre, dont le caractère essentiel est d'avoir les divisions de la fronde cylindriques ou peu aplaties; mais quelques espèces vivantes cependant, telles que le *Chondrus Griffitsiæ*, se rapprochent davantage des espèces fossiles, et l'on peut dire, en général, que c'est dans les genres *Chondrus*, *Gelidium*, *Dumontia*, *Halimenia* et *Gigartina*, que se trouvent les Algues vivantes dont la forme générale se rapproche le plus des espèces fossiles rapportées d'une manière positive à ce genre; ils ressemblent surtout aux *Chondrus*, *Dumontia* et *Halimenia*, par leur surface lisse et sans tubercules. On peut, en effet, caractériser ainsi les *Chondrites*: fronde épaisse, rameuse, pinnatifide ou dichotome, à divisions cylindroïdes ou claviformes, et renflées vers l'extrémité, grêles et filiformes ou épaisses et assez grosses, à surface lisse et sans tubercules.

Ce dernier caractère le distingue essentiellement des deux genres suivants. Les espèces de *Chondrites* sont au nombre d'environ dix-huit, et c'est à ce genre qu'appartiennent les *Ch. Targionii*, *intricatus*, etc., caractéristique du terrain à fucoïdes de la période crétacée. Quelques autres, moins bien connues, sont du calcaire jurassique de Solenhofen, ou de l'époque tertiaire; enfin une espèce fort différente par sa fronde aplatie appartient aux terrains de transition. Une révision de toutes ces espèces serait très nécessaire pour les bien limiter et fixer leurs rapports avec les époques géologiques.

PHYMATODERMA.

Je distingue, sous ce nom, un genre qui me paraît différer essentiellement des Algues vivantes connues et des genres déjà établis parmi les fossiles. Ce genre est important, parce qu'il me paraît fournir un caractère distinctif de l'époque liasique, du moins par son espèce type, le *Phymatoderma granulatum* (*Algacites granulatus*, Schloth.), très abondante dans les schistes du lias de Boll. On peut le définir ainsi :

Fronde cylindrique ou aplatie, épaisse, charnue, rameuse, dichotome, à surface couverte d'éminences aplaties, contiguës, ovoïdes ou polygonales, séparées par des sillons étroits, réticulés, dirigés transversalement.

La forme de la surface de ces Algues les caractérise parfaitement. Pour la bien reconnaître, il faut, en général, étudier le moule qu'elles laissent dans la roche qui les renferme, la plante elle-même étant presque toujours remplacée par une substance argileuse tendre, qui reste adhérente à la roche environnante des deux côtés, et qu'on doit enlever par des lavages ou par d'autres moyens mécaniques pour reconnaître la forme de la surface de la plante qu'elle remplace.

Le *Chondrites cretaceus*, de Sternberg, provenant de la même localité, et le *Chondrites Bollensis*, de Kurr, me paraissent appartenir probablement à ce genre ; cependant l'examen d'échantillons bien conservés est nécessaire pour pouvoir en avoir la certitude.

Une espèce, trouvée en France, dans le Gault du département de l'Aube, *Ph. Lemerianum*, offre au contraire parfaitement les caractères génériques décrits ci-dessus.

GIGARTINITES.

Ce genre est caractérisé par sa fronde rameuse, pinnatifide ou dichotome, à rameaux grêles, cylindriques ou claviformes, portant des renflements ou tubercules fructifères, terminaux ou latéraux, épars, non contigus.

Il est destiné à renfermer les Algues dont la fronde, ayant une forme assez analogue à celle des *Chondrites*, porte des tubercules saillants formés par la fructification, mais ne couvrant pas toute la surface comme dans les *Phymatoderma*, et qui se rapprochent par ces caractères des genres vivants *Gigartina* et *Laurencia*. Ce genre ne comprend jusqu'à présent qu'une espèce le *Fucoides obtusa*, de Monte-Bolca.

SPHÆROCOCCITES.

Ce genre, dans lequel je rangerais la plus grande partie des *Sphærococcites* et des *Halymenites*, de M. de Sternberg, est un des plus difficiles à caractériser ; il me paraît cependant devoir renfermer les Algues à fronde membraneuse, en général d'apparence épaisse, coriace et souvent inégale, divisée en lobes pinnatifides ou digités, et dichotomes, larges ou étroits, souvent irréguliers et allongés, sans nervure, dont la surface est lisse ou porte des tubercules fructifères irréguliers et non contigus.

L'absence de nervures dans une fronde membraneuse, et la présence fréquente de tubercules irréguliers, sont les principaux caractères qui distinguent ce genre du suivant ; il comprend des plantes analogues aux *Sphærococcus* et surtout aux *Rhodomenia* de Greville, et à certains *Iridæa* de Bory Saint-Vincent ; mais ils diffèrent des *Halymenia*, tels qu'ils sont actuellement circonscrits, par leur surface souvent tuberculeuse.

Presque toutes les Algues de ce genre ont été trouvées dans le calcaire jurassique de Solenhofen.

DELESSERITES, Sternb. (*Fucoides*, § 6 ; *Delesserites*, Brong.)

Ce genre est caractérisé par ses frondes membraneuses, minces, planes ou ondulées, ordinairement traversées par une nervure moyenne, et souvent par des nervures secondaires peu marquées et mal limitées.

Ce genre comprend cinq à six espèces du terrain tertiaire de Monte-Bolca, et une espèce du Keuper (*Laminarites crispatus*, Sternb.).

HALYSERITES, Sternb.

La plante à laquelle M. de Sternberg a donné ce nom est une des plus remarquables de la famille des Algues. Elle présente

une fronde plane, membraneuse, régulièrement dichotome, traversée par une côte
moyenne très marquée, sans nervures secondaires.

L'absence de nervures secondaires, malgré la largeur de l'expansion membraneuse
qui borde la côte moyenne, semble bien
ranger cette plante dans la famille des Algues et la rapprocher des *Halyseris*. La seule
espèce connue a été trouvée dans les couches
du grès vert de Niederschoena, en Saxe, par
M. Reich, auquel elle est dédiée, *H. Reichii*,
Sternb., *Fl. der Vorw.* 2, tab. 24, f. 7. Elle
paraît y être assez abondante et atteindre
une plus grande dimension que ne l'indique
la figure citée.

ZONARITES, Sternb. (*Fucoides*, § 7; *Dictyolites*, Brong.).

Ces Algues fossiles ont, comme les *Dic-
tyota* et *Zonaria*, une fronde plane, membraneuse, flabelliforme, divisée en lobes
dichotomes, sans nervures, quelquefois marquées de zones transversales produites par
les fructifications.

On en connaît trois espèces: une des
schistes cuivreux du Zechstein les deux
autres des terrains tertiaires d'Italie.

RHODOMELITES, Sternb. (*Fucoides*, § *Fuciles*, Brong.).

Le seul Fucus rangé dans ce genre a
une forme très particulière. Sa fronde est
plane, dichotome, à divisions étroites, linéaires, très régulières, traversées par une
forte côte moyenne.

Ces caractères sembleraient le rapprocher
des *Halyserites*, mais la texture solide de
la plante, l'épaisseur de l'étroite expansion
membraneuse qui borde la côte médiane
font plutôt ressembler cette Algue au *Rhodomela obtusata* de la Nouvelle-Hollande,
plante du reste fort mal connue. Il serait à
désirer qu'on pût observer le mode de terminaison des rameaux de cette espèce fossile
qui établirait peut-être d'une manière plus
positive ses rapports avec les Algues vivantes. Elle vient des lignites inférieurs à la
craie de l'île d'Aix, près la Rochelle.

M. Eichwald indique un *Rhodomela bi-
jugata* dans les schistes houillers du Donetz;
mais cette plante, qui n'est pas figurée par
ce savant, se rapprocherait d'une section très
différente du genre *Rhodomela*.

LAMINARITES, Sternb.

Ce nom indiquerait, entre l'unique espèce
de ce genre et les *Laminaria*, des rapports
qui ne me paraissent pas probables; car sa
fronde simple, entière, membraneuse, mais
coriace, et traversée par une forte nervure
médiane, porte des tubercules fructifères,
mamelonnés, analogues à ceux des vraies
Fucacées, et très différens des plaques de
sporanges des Laminariées. Il me paraît probable que cette plante est le type d'un genre
détruit ou inconnu jusqu'à présent dans le
monde actuel.

La seule espèce qui lui appartienne (*Fucoides tuberculatus*, Brong., *Hist. vég. foss.*,
t. VII, f. 5.) a été trouvée dans les lignites
inférieurs à la craie de l'île d'Aix.

MUNSTERIA, Sternb.

Les plantes dont M. de Sternberg a formé
ce genre paraissent, en effet, constituer un
groupe assez distinct, se rapprochant cependant spécialement du genre vivant *Splachnidium* (*Ulva rugosa*, Linn.) des mers de
l'Afrique australe. Ce sont des Algues à
frondes cylindroïdes, épaisses, coriaces, simples ou dichotomes, croissant en touffe,
marquées de plis transversaux, formant des
stries peu régulières, rapprochées, et portant des fructifications sous forme de tubercules hémisphériques épars entre les
stries.

La principale différence entre ces fossiles
et les *Splachnidium*, quant à la forme générale, consiste en ce que ces derniers ont des
rameaux naissant latéralement de la fronde
principale, par une base contractée, tandis
que la plante fossile, lorsqu'elle n'est pas
simple, se divise en rameaux dichotomes qui
ne sont ni contractés ni articulés.

M. de Sternberg a distingué six espèces
dans ce genre; mais il a, je crois, attribué
trop de valeur à des formes individuelles,
et ces espèces doivent probablement se réduire à trois ou quatre, dont il serait fort à
désirer que la structure fût mieux étudiée.
Elles proviennent du calcaire jurassique de
Solenhofen et des calcaires marneux gris des
environs de Vienne.

CYSTOSEIRITES, Sternb.

Le genre *Cystoseira* est un des plus remarquables et des plus variés dans les mers des régions tempérées chaudes ; il présente évidemment plusieurs analogues dans les terrains tertiaires, et peut-être sous crétacés de l'Allemagne orientale. M. Unger en a figuré trois espèces dans le *Chloris protogœa* et M. de Sternberg deux autres ; ces plantes sont caractérisées par des frondes très rameuses, à rameaux filiformes, renflés vers leur base ou leur partie moyenne en vésicules fusiformes ou moniliformes, et se terminant en ramules filiformes ressemblant souvent à des feuilles étroites.

SARGASSITES, Sternb. (*Fucoïdes*, § 1 ; *Sargassides*, Brong.).

Les espèces analogues au grand genre *Sargassum*, si abondant dans les mers équatoriales, sont beaucoup plus douteuses. J'ai cité quelques formes qui s'en rapprochent un peu, mais leur analogie est fort vague. Le *S. septentrionalis*, de Hœganes, en Scanie, est celui dont la ressemblance est la plus frappante, et a été également admise par Agardh. Ces Algues se distinguent par une tige filiforme, rameuse, portant des appendices foliacés, réguliers, souvent pétiolés, et tout à fait semblables à des feuilles et des vésicules globuleuses pédicellées.

Outre ces Algues, classées par genres fondés sur des caractères assez positifs et qui permettent de les comparer aux genres d'Algues vivantes, il en reste plusieurs qui, par leurs formes mal caractérisées, ne peuvent être classées avec précision, et que des échantillons plus parfaits ou une comparaison plus attentive feront peut-être sortir de cette famille. Tels sont les *Fucoïdes* de Monte-Bolca, que j'ai nommés *turbinatus* et *distophorus*, ceux que M. Harlan a désignés sous les noms de *Alleghaniensis* et de *Brongniartii* ; telles sont enfin les tiges très singulières, indiquées par M. Gœppert, sous les noms de *Cylindrites*, dont il a distingué plusieurs espèces trouvées dans le Quadersandstein de Silésie, qu'il est difficile de ne pas considérer comme des corps organisés, et que leur irrégularité ne permet guère de comparer qu'à des Algues. Des corps analogues ont été observés dans les calcaires jurassiques et crétacés, mais leurs grandes dimensions et l'irrégularité de leurs formes n'ont jamais permis de les bien décrire, ni de leur trouver d'analogues dans le monde actuel.

CLASSE III. — LICHENÉES.

L'absence de toute plante de la famille des Lichens à l'état fossile est encore un des faits singuliers de la géologie botanique ; doit on l'attribuer à leur absence à ces diverses époques, ou à quelque difficulté dans leur conservation dont on ne se rend pas bien compte. M. Gœppert indique un *Verrucarites geanthracis* sur les écorces du lignite de Maskau en Silésie ; mais cette espèce fossile n'est ni décrite ni figurée.

DEUXIÈME EMBRANCHEMENT.

Végétaux cryptogames acrogènes.

CLASSE III. — MUSCINÉES.

Famille des Hépatiques.

Il y a peu de temps, aucun représentant de cette famille n'avait encore été indiqué à l'état fossile. Quelques échantillons, fort bien conservés, trouvés dans le calcaire siliceux des environs de Sesanne (partie inférieure du terrain tertiaire), y montrent évidemment la présence d'une espèce de *Marchantia* à fronde assez grande, lobée à lobes allongés, accompagnée de portions incomplètes des organes de fructification que je ferai connaître sous le nom de *Marchantites Sesannensis*.

M. Gœppert, dans son bel ouvrage sur les corps organisés du Succin, a figuré et décrit avec détail trois espèces de *Jungermannia* du groupe des Jungermannes à tiges distinctes, portant des feuilles distiques ; il les a désignées sous le nom de *Jungermannites*, et leur analogie avec les *Jungermannia* du monde actuel ne laisse aucun doute.

Famille des Mousses.

J'ai déjà indiqué, sous le nom de *Muscites*, quelques fossiles qui me paraissaient rentrer dans cette famille ; mais des échantillons plus complets m'ont prouvé que les petits rameaux que j'avais décrits sous le nom de *Muscites squamatus*, sont des fragments de branches d'une Conifère voisine du *Taxo-*

dium europæum, à petites feuilles imbriquées. J'en ai observé de grandes branches avec des fruits provenant des meulières de Neauphle-le-Château, près de Versailles.

Le *Muscites Stoltzii* de Sternberg a déjà été rapporté aux *Juniperites* par M. Unger, et le *Muscites Sternbergianus* (Dunker, *Weald*, p. 20, tab. 7, fig. 10) me paraît aussi plutôt un rameau de Conifère, ainsi que M. Dunker en exprime lui-même le doute.

Il n'y aurait donc, parmi les plantes anciennement rapportées à la famille des Mousses, que le *Muscites Tournalii* du terrain d'eau douce tertiaire d'Armissan qui représenterait cette famille à l'état fossile.

Mais les recherches de M. Gœppert, sur les plantes contenues dans le Succin, ont fourni des additions importantes à nos connaissances dans ce genre; il y a signalé, en effet, cinq espèces de cette famille, dont quatre me paraissent bien évidemment lui appartenir; la dernière, *Muscites hirtutissimus*, me paraît plus douteuse.

La rareté des Mousses fossiles et leur absence complète jusqu'à ce jour dans les terrains anciens sont cependant un des faits les plus singuliers de la botanique géologique, car ces plantes sont actuellement les compagnes ordinaires des Fougères et des Conifères, dans la plupart des localités où ces familles sont abondantes.

CLASSE IV. — FILICINÉES.

Famille des Fougères

La famille des Fougères, si nombreuse à l'état fossile dans les terrains de presque toutes les époques, mais surtout dans les terrains anciens, est une des plus faciles à reconnaître à la forme et à la structure de ses frondes, même dans le cas très ordinaire de l'absence des fructifications.

Dans leur état parfait, on sait que les Fougères présentent une tige tantôt rampante, souterraine ou superficielle, souvent appliquée sur les troncs d'arbres, les rochers ou le sol; tantôt dressée, soit courte et peu apparente, soit très allongée, et s'élevant sous la forme d'un tronc simple ou quelquefois bifurqué, qui peut atteindre jusqu'à 10 à 15 mètres de hauteur.

Ces tiges ont une structure interne qui les fait facilement reconnaître. Elle consiste en des faisceaux vasculaires, cylindriques ou aplatis et à coupe sinueuse, formant par leur réunion un cylindre ligneux qui entoure une moelle centrale; chacun de ces faisceaux est, en général, contenu dans un étui d'un tissu ligneux, plus dense, et présente au contraire, au centre, le faisceau ou la bande des vaisseaux rayés qui forme un de leurs caractères essentiels.

Ces gros faisceaux fibro-vasculaires, peu nombreux et constituant le cercle ligneux de ces tiges, se modifient cependant dans certaines tribus; ainsi, dans les Dicksoniées, ces faisceaux se réunissent en une zone continue, sinueuse, qui n'est plus séparée par des espaces celluleux, continus au tissu cellulaire central et cortical.

Dans les Marattiées (*Angiopteris* et *Danæa*), les faisceaux vasculaires n'offrent plus la même disposition régulière en un seul cercle, et ne sont pas circonscrits par un étui fibreux, dur et résistant, comme dans les Fougères ordinaires, et surtout dans les Cyathéacées.

La forme cylindroïde et non aplatie, à coupe sinueuse, de ces faisceaux, fournit encore un caractère propre à distinguer la plupart des Fougères herbacées et les *Lomaria* ou *Blechnum* arborescents des Cyathéacées.

Tous ces caractères, comme on le verra, ont beaucoup d'importance pour la distinction des tiges fossiles de Fougères qui, quoique moins fréquentes que leurs frondes, se sont cependant montrées souvent dans divers terrains.

Extérieurement, ces tiges se reconnaissent encore à leur forme cylindrique, simple, rarement bifurquée, mais surtout aux impressions laissées par les pétioles qui ne sont jamais amplexicaules, mais toujours circulaires ou elliptiques, à grand axe vertical, ou rhomboïdales, quelquefois enfin semi-circulaires ou reniformes; même lorsque le pétiole est ailé à sa base ou comme auriculé, ainsi qu'on l'observe dans l'*Osmunda regalis*, l'*Angiopteris*, les *Marattia*, etc., il se rétrécit à son insertion et n'embrasse pas la tige par les expansions latérales.

Ces pétioles présentent à l'intérieur un ou plusieurs faisceaux vasculaires très symétriquement disposés. Tantôt un seul dont la coupe est en forme de demi-cercle ou d'U , ou replié régulièrement et enroulé aux deux extrémités. Cette forme, très prononcée chez les *Dicksonia*, se retrouve chez les *Osmunda*, *Aneimia* et genres voisins, et ce caractère se montre après leur chute sur les cicatrices qu'ils laissent sur la tige.

Tantôt, au contraire, les faisceaux sont nombreux, étroits, et laissent des cicatrices punctiformes, disposées avec symétrie.

Quant aux frondes, leur extrême régularité, leurs découpures ordinairement profondes, répétées, leurs nervures fines, souvent dichotomes, les font habituellement reconnaître au premier aspect. Mais il faut cependant signaler des exceptions essentielles à se rappeler pour ne pas exclure de cette famille des plantes qui lui appartiennent. Ainsi les feuilles des *Platycerium* ou *Stemaria*, les feuilles avortées et basilaires des mêmes plantes et des *Drynaria*, ne sont plus régulièrement symétriques.

Quant aux nervures, si elles conservent généralement leur finesse et leur netteté, elles sont souvent anastomosées, suivant des modes très variés qui permettent presque toujours au botaniste exercé à l'étude de cette famille de les reconnaître, mais qui exigeraient de longs détails descriptifs pour les signaler et les faire comprendre sans le secours de figures.

Enfin, dans la plupart des Fougères, les fructifications sont portées à la face inférieure des feuilles, et la disposition des groupes que leurs capsules constituent forme un des caractères les plus essentiels pour la détermination des genres de Fougères ; cependant quelquefois le parenchyme des feuilles disparaissant dans les frondes fertiles, ces parties fructifiées semblent alors former des grappes ou des épis indépendants des feuilles.

Mais à ces caractères de disposition générale des fructifications s'ajoutent, comme caractères très essentiels, la présence, dans beaucoup de cas, d'une membrane qui les recouvre ou les enveloppe, et surtout la structure même des capsules. Ainsi les caractères fondamentaux de la classification générique des Fougères vivantes sont :

1° La structure des capsules ;

2° La disposition du tégument membraneux qui les accompagne souvent ;

3° La forme et la position des groupes de capsules ;

4° Le mode de nervation des feuilles.

De ces caractères, les deux premiers nous manquent complétement dans l'étude des Fougères fossiles, ou du moins les cas où l'on peut réellement observer avec quelque certitude la structure des capsules sont extrêmement rares ; le troisième peut s'observer plus souvent, mais il ne l'a pas été cependant dans un dixième des espèces fossiles connues ; enfin le dernier, considéré dans les Fougères vivantes comme le moins essentiel, et n'ayant été introduit que récemment dans la délimitation des genres, est le seul que nous puissions observer sur tous les échantillons bien conservés de ces fossiles.

Placé dans des conditions semblables, devons-nous chercher à calquer la classification des Fougères fossiles sur celle des Fougères vivantes, et employer des dénominations trompeuses en donnant les noms de *Gleichenites*, d'*Adiantites*, de *Cheilanthites*, d'*Hymenophyllites*, de *Trichomanites*, de *Diplazites*, d'*Asplenites*, d'*Acrostichites*, de *Woodwardites*, d'*Aspidites*, de *Cyatheites*, d'*Hemitelites*, de *Polypodites*, à des plantes fossiles dont les affinités avec les genres dont on a dérivé leurs noms sont non seulement très faibles et très douteuses dans beaucoup de cas, et pourraient être aussi intimes avec d'autres genres vivants, mais sont quelquefois même contraires à toutes les vraisemblances ?

Aussi M. Gœppert, qui avait introduit la plupart de ces dénominations, espérant trouver, dans les caractères de fructification qu'il avait observé plus fréquemment que les savants qui l'avaient précédé, un moyen de faire concorder la classification des Fougères fossiles avec celle des Fougères vivantes, a-t-il renoncé depuis, dans la plupart des cas, à ces dénominations pour admettre une nomenclature, une division par genre indépendante de celle adoptée pour la création actuelle ; nomenclature qu'on peut ne considérer, si l'on veut, que comme provisoire, mais qui est préférable tant que l'on ne sera pas parvenu à connaître avec plus de précision, dans la généralité de ces fossiles, les caractères de fructification, base de la classification des fougères vivantes, ou à déterminer des relations certaines et constantes entre ces caractères et ceux qui ont été conservés dans les fossiles.

M. Unger a suivi en partie, dans son *Synopsis*, cette réforme de M. Gœppert; mais on doit, je crois, cependant encore simplifier cette classification et ne considérer que comme des sections de genre les groupes dont les caractères ne peuvent pas s'exprimer avec précision.

Ainsi le genre *Gleichenites*, établi autrefois par Gœppert et encore admis par Unger, n'a pas la moindre ressemblance avec les *Gleichenia* du monde actuel; la bifurcation de leur fronde est probablement accidentelle comme dans beaucoup de Fougères de tous les genres, et elle serait constante, que ce serait à peine un caractère spécifique, quand nous voyons les conditions qui la déterminent souvent actuellement.

J'en dirai autant du genre *Polypodites* qui réunit les espèces les plus hétéromorphes et dont quelques unes seulement ressemblent à une des divisions de l'ancien genre *Polypodium*.

Les *Adiantites*, *Cheilanthites*, *Aspienites*, *Aspidites*, ont été abandonnés avec raison par M. Unger; car si quelques espèces de chacun de ces genres offrent une analogie assez marquée avec des espèces des genres vivants des mêmes noms, elles en ont de presque aussi intimes avec d'autres, et il serait impossible de définir ces genres autrement que par ces mots: Fougères ressemblant par leur aspect général aux *Adiantum*, *Asplenium*, etc.

Je suis donc persuadé qu'il faut se borner à établir, dans les Fougères fossiles, des genres fondés sur l'étude attentive de la nervation, et de ses rapports avec les formes des pinnules et des frondes, en ne faisant intervenir les caractères de fructification qu'en second ordre jusqu'à ce qu'on soit parvenu à les observer dans la grande majorité des espèces, et en excluant ces caractères vagues de ressemblance que je ne voudrais admettre que dans quelques cas où l'analogie est très prononcée et évidente pour tous les botanistes, et où elle peut en outre se définir par quelques caractères souvent légers, mais précis et constants.

On doit aussi faire grande attention dans cette famille à la manière dont les caractères mêmes de nervation se modifient dans les diverses parties d'une même fronde, et je suis persuadé que c'est en négligeant de suivre ces différences de la base au sommet d'une fronde ou d'une de ses pennes, qu'on a quelquefois, à tort, mis dans deux genres des plantes d'une même espèce. Je pourrais en citer des exemples, surtout pour les *Pecopteris* et *Alethopteris*, que la plupart des auteurs modernes séparent peut-être avec raison, mais dont on ne doit prendre les caractères distinctifs que dans les pinnules complétement développées, et non dans celles qui approchent de l'extrémité des pennes.

Ce que je viens de dire pour les genres s'applique à plus forte raison aux ordres, analogues des familles ou des tribus, qu'on a prétendu introduire dans les Fougères fossiles.

Ainsi la classe naturelle des Fougères ou Filicinées, ancienne famille des Fougères, qui, pour la plupart des botanistes, comprend les familles, ordres ou tribus des *Ophioglossées*, *Marattiées*, *Schizeacées*, *Osmundées*, *Gleichenidées*, *Cératoptéridées*, *Hyménophyllées*, *Cyatheacées* et *Polypodiacées*, fondées sur la structure des capsules, est divisée, parmi les fossiles, par M. Unger, en *Danaeacées* ou *Marattiacées*, *Gleicheniacees*, *Neuroptéridées*, *Sphénoptéridées* et *Pécoptéridées*.

C'est-à-dire que les deux premières familles, supposées les analogues des familles du même nom parmi les Fougères vivantes, sont fondées sur des caractères de fructification, et les trois dernières, qui ne correspondent à aucune des divisions actuelles de ce groupe, sont basées sur les caractères assez vagues de la nervation.

J'ajouterai qu'il est très douteux que la plupart des plantes placées parmi les *Danaeacées* et les *Gleicheniacées* appartiennent réellement à ces familles et non pas à d'autres familles de Fougères, et que les familles des *Hyménophyllées* et des *Cyatheacées*, qui ont certainement des représentants dans le monde ancien, n'y sont pas séparées des Fougères ordinaires qui constituent la masse des trois dernières divisions.

Je pense donc que dans l'état actuel de la science, on ne doit faire des Fougères fossiles qu'une seule famille naturelle correspondant à l'ancienne famille des Fougères ou à la classe des Filicinées, que dans cette famille on peut, avec avantage, établir des sections artificielles fondées sur le mode de distribution des nervures , et dans chacune de ces divisions former essentiellement les genres sur les mêmes caractères , sur la forme des frondes et des pinnules, et n'admettre comme caractères génériques les caractères de fructification que lorsqu'ils ont été observés avec beaucoup de précision , et qu'ils ont quelque chose de remarquable. Ces genres seront alors des genres réels et définitifs, mais qu'il ne faudra mêler aux genres provisoires, et probablement encore longtemps provisoires , fondés sur l'observation seule de la nervation , que lorsqu'ils sont parfaitement définis.

Je passe maintenant à la révision des genres dans l'ordre artificiel qui me paraît le plus précis, en indiquant, sinon l'énumération des espèces, ce qui sortirait du cadre que je suis obligé de me tracer, du moins quelques espèces-types lorsque toutes les espèces des auteurs récents ne doivent pas y rentrer dans ma manière de voir.

On est obligé de distinguer d'abord les divers organes qui ont été conservés séparément à l'état fossile, et qu'on ne peut pas jusqu'à présent rattacher les uns aux autres; ce sont les frondes , les pétioles et les tiges.

1. Frondes stériles ou fructifiées.

A. Fronde simple, ou pinnules des frondes composées, sans nervure médiane, ou à nervure médiane existant vers la base, mais diminuant et disparaissant vers le sommet.

I. Cyclopteris, Brong.

Fronde simple, pédicellée, symétrique, arrondie, cordiforme ou flabellée, entière ou lobée, sans apparence de nervure médiane, toutes les nervures partant de la base du limbe, et se divisant en se dichotomant pour atteindre la circonférence.

Ce genre ainsi limité ne comprend plus que les *Cyclopteris reniformis, trichomanoides, digitata, Branniana, Huttoni*, peut-être les *C. flabellata* et *crassinervis* , et quelques espèces mal connues.

Ce sont toutes des Fougères complètes et non pas des parties d'une plante à feuilles composées ou des feuilles stériles ou anomales se rapportant à d'autres espèces.

Lorsqu'on les connaîtra plus complétement, il est probable qu'on reconnaîtra encore parmi elles deux groupes distincts, celui des espèces du terrain houiller et celui des espèces de l'époque jurassique , qui se confondent presque avec le singulier genre *Bajera* ; mais jusqu'à présent on n'a vu aucune fructification sur les plantes de l'une ou de l'autre de ces sections.

H. Neuropteris (*Cyclopteridis*, Spec.).

Frondes isolées , simples , sessiles , obliques, non symétriques, arrondies ou cordiformes , ordinairement concaves et ombiliquées à leur base.

En séparant sous ce nom les *Cyclopteris obliqua, orbicularis, dilatata, oblata*, etc., je réunis des Fougères qui ne me paraissent que des portions, ou plutôt des frondes spéciales d'autres Fougères.

Déjà M. Goeppert a émis cette opinion en comparant les *Cyclopteris*, en général, aux frondes des jeunes individus d'*Allosorus* et d'autres espèces aux folioles inférieures, et portées sur le rachis commun de certains *Neuropteris*.

Je suis disposé à penser que les espèces ci-dessus nommées forment un groupe spécial composé de feuilles anomales basilaires , comme celles des *Platycerium* et des *Drynaria*, mais appartenant à un genre tout différent, probablement aux *Neuropteris* ou aux *Odontopteris*.

Leur forme oblique et très souvent ombiliquée indique surtout cette origine. Si jamais on peut établir la concordance de ces feuilles, ce genre devra être supprimé; mais jusque là il constitue un groupe très naturel.

Quant aux portions de frondes pinnées ou bipinnées, et aux folioles oblongues planes, auriculées, ce sont évidemment des portions de fronde de *Neuropteris*, ou quelquefois de *Sphenopteris*. Je crois que sur trente espèces énumérées par M. Unger dans son *Synopsis*, ou indiquées depuis cette publication comme appartenant au genre *Cyclopteris*, il y en a au moins vingt qui sont dans ce cas, et qui n'appartiennent ni aux *Cyclopteris*, ni aux *Nephropteris*.

Toutes les plantes de ce genre sont propres au terrain houiller.

III. Neuropteris, Brong.

Frondes pinnées, bi ou tri-pinnées, à pinnules ordinairement contractées à leur base et insérées seulement par leur partie médiane, rarement adhérentes par toute leur base au rachis commun. Nervure médiane à peine distincte ou marquée dans une assez grande étendue, s'évanouissant vers l'extrémité; nervures secondaires nombreuses, égales entre elles, naissant très obliquement du milieu de la base de la pinnule ou de la nervure médiane, arquées, dichotomes, ordinairement très fines, non réticulées.

Cette forme des pinnules et surtout des nervures qui les parcourent, distingue généralement fort bien ce genre de toutes les autres Fougères; cependant il y a, parmi les *Pecopteris* à nervures obliques et dichotomes, des espèces qui s'en rapprochent, et quelques unes même ont été rapportées aux *Neuropteris* par divers auteurs.

On peut distinguer, dans ce genre fort nombreux et comprenant, en effet, environ cinquante espèces, deux principaux groupes, l'un renfermant cinq espèces du grès bigarré des Vosges, décrites par MM. Schimper et Mougeot. Le *Neuropteris Dufrenoyi* des ardoises de Lodève, et le *Neuropteris Gaillardoti* du Muschelkalk de Lunéville, c'est-à-dire toutes les espèces postérieures à la formation houillère, ont les frondes une seule fois pinnées; leur forme et leur aspect général les rapprochent un peu, surtout celles du grès bigarré, de certains *Lomaria* à folioles courtes.

L'autre groupe, beaucoup plus nombreux, comprend des plantes dont les frondes sont au moins bipinnées et souvent tripinnées. Toutes ces espèces, à ce que je crois, appartiennent au terrain houiller. Une seule espèce, bien évidemment de ce genre, est citée dans le Keuper de Sinsheim et de Gotha: c'est le *Neuropteris distans* Sternh. (*Flor*, 2, t. 40, f. 4). Son origine est-elle bien certaine?

Trois espèces des terrains oolithiques du Yorkshire sont placées dans ce même genre par MM. Lindley et Hutton; mais toutes trois me paraissent bien différentes des vrais *Neuropteris* par leurs nervures secondaires écartées, une seule fois fourchues, ainsi que par leur aspect général. Je crois qu'elles sont mieux placées parmi les *Pecopteris* où elles se rapprochent beaucoup d'autres espèces des mêmes terrains; j'exprimerai la même opinion, relativement au *Neuropteris Gœppertiana* Munst. (in Gœpp. Gen. pl. foss., liv. 5, 6, t. 8, 9, fig. 10) de la formation du lias de Bayreuth. Sa nervure médiane très marquée; ses nervures secondaires droites, l'éloignent des vrais *Neuropteris* et le rapprochent du *Pecopteris Whitbiensis*; mais les détails des nervures manquent.

Parmi les espèces mêmes du terrain houiller, il y a quelques plantes rapportées par MM. de Sternberg, Gœppert et Unger aux *Neuropteris*, et qui me paraissent s'en distinguer facilement par leurs pinnules adhérentes par toute leur base au rachis, un peu décurrentes et très obliques; elles se rapprochent beaucoup plus, à mes yeux, des *Pecopteris gigantea* et *punctulata* dont elles ont l'aspect général et dont elles se rapprochent aussi par leurs pennes décurrentes sur le rachis commun; ce sont les *Neuropteris conferta* Sternb., *obliqua* Gœpp. Ces plantes forment mon genre *Callipteris*.

Le *Neuropteris conjugata* est aussi plutôt un *Pecopteris* de la section des Neuroptérides, ou *Cladophlebis*, qu'un véritable *Neuropteris*.

Enfin, je crois que M. Gœppert a placé à tort, dans ce genre, quelques espèces qui rentrent mieux dans les *Odontopteris*, et sont très voisines surtout de l'*Odontopteris Schlotheimii*; ce sont les *Neuropteris lingulata* et *subcrenulata*.

Même après ces retranchements, il restera dans cette seconde section des *Neuropteris*, à laquelle on doit, comme je l'ai dit plus haut, rapporter plusieurs plantes classées artificiellement parmi les *Cyclopteris*, environ quarante espèces qui en forment un des groupes de Fougères les plus caractéristiques du terrain houiller, puisque ces espèces, si l'on en excepte l'indication peut-être erronée du *Neuropteris distans* (Sternb. *Flor. der Forw.*, vol. II, p. 136, t. 40, fig. 4, non *Neuropteris distans*, Sternb., vol. I, p. 17), sont toutes propres à ce terrain.

Ce groupe de Fougères n'a pas d'analogues bien évidents parmi les Fougères actuelles; mais il paraît se rapprocher surtout des Fougères rapportées anciennement au genre *Pteris* et maintenant au genre *Allosorus*.

Quelques espèces présentent un caractère

remarquable, c'est d'offrir, outre les pinnules portées sur les rachis secondaires, des pinnules plus larges et d'une autre forme, qui s'insèrent sur le rachis commun au-dessous des pennes, comme par une décurrence de celles-ci. Ces pinnules se rapprochent un peu de certaines espèces de *Nephropteris*, mais peuvent assez facilement en être cependant distinguées. Le *Neuropteris auriculata* Brong. (*Hist. Veg. foss.*, pl. 66) présente un bel exemple de la réunion de ces deux formes. Quant à la nervure médiane des pinnules, elle disparaît plus ou moins promptement et quelquefois presque immédiatement; alors M. Gœppert a rapporté ces plantes à feuilles bipinnées au genre *Cyclopteris*. J'avoue que le caractère de la forme générale me paraît, dans ce cas, l'emporter sur la forme particulière des pinnules, et je crois qu'on doit faire de son *Cyclopteris pachyrachis* Gœpp., liv. 5, 6, tab. 4, 5, fig. 13, un *Neuropteris*, mais fort remarquable, sans doute, et qui deviendrait le type d'un nouveau genre, si des exemples de cette forme se répétaient, d'autant plus que cette plante anomale a été observée dans le lias.

IV. Odontopteris, Brong.

La forme des pinnules et la disposition des nervures caractérisent parfaitement ce genre. Les frondes sont bipinnatifides et peut-être tripinnatifides dans l'*Odontopteris Schlotheimii*; les pennes allongées, d'une largeur uniforme, portent des pinnules distinctes, mais adhérentes au rachis par toute leur base, de forme oblongue, aiguës ou obtuses, ordinairement entières, quelquefois denticulées, parcourues par des nervures fines, égales, naissant la plupart de la côte moyenne de la penne et quelquefois en partie d'une nervure médiane qui disparaît presque immédiatement en se divisant en nervures nombreuses.

Ce sont de très grandes Fougères, surtout l'*Odontopteris Brardii*, dont les pinnules inférieures de chaque penne sont plus grandes que les autres et d'une forme différente mais non décurrentes sur le rachis; dont les parties foliacées paraissent très minces, parfaitement plates.

Les espèces appartenant avec certitude à ce genre sont toutes du terrain houiller et peu nombreuses; car plusieurs de celles décrites et figurées par M. Guttbier me paraissent bien voisines de celles décrites précédemment dans mon *Histoire des Végétaux fossiles*.

D'un autre côté, on doit, je crois, placer dans ce genre les plantes décrites et figurées par M. Gœppert sous les noms de *Neuropteris lingulata* et *subcrenulata*, mais surtout la première qui me paraît à peine différer de l'*Odontopteris Sternbergii* du même auteur.

On n'avait, jusque dans ces derniers temps, aucun indice de la fructification de ces plantes; mais M. Gœppert me paraît avoir bien établi que la plante figurée par Schlotheim sous le nom de *Filicites vesicularis*, à laquelle M. Gœppert avait, plus tard, donné le nom de *Weissites vesicularis*, et dont il a redonné une meilleure figure, d'après l'échantillon même de Schlotheim, est l'état fructifié de l'*Odontopteris Schlotheimii*. Cette fructification paraît occuper la face inférieure des folioles contractées, concaves, presque vésiculeuses, un peu comme dans les *Onoclea*; mais il n'y a rien d'assez net dans ces échantillons pour qu'on puisse se former une idée juste de ce mode de fructification qui, par sa forme générale, indique cependant que le genre *Odontopteris* se distingue parfaitement de tous les genres actuellement vivants.

M. Guttbier a représenté une fronde de ce genre naissant d'une sorte de tubercule écailleux qui semblerait avoir quelque analogie avec ceux des *Marattia*.

M. Bunbury a figuré une espèce de ce même genre provenant des terrains houillers de la Nouvelle-Écosse (*Odontopteris subcuneata*), qui s'éloigne beaucoup des autres, quoiqu'on ne puisse, pour le moment, la classer ailleurs.

Ce genre, qui semble se rapprocher surtout du *Neuropteris* et s'éloigner, comme lui, de toutes les Fougères vivantes, ne paraît propre au terrain houiller ou n'avoir que des représentants très douteux dans les terrains plus récents. Tels sont les *Odontopteris cycadea* et *Bergeri* Gœpp., qui ne sont probablement qu'une seule et même plante. Sa nervation étant inconnue, ainsi que la forme générale de la fronde, on peut douter, non seulement que ce soit un *Odontopteris*, mais même que ce soit une Fougère; ce serait peut-être plutôt une Cycadée, voisine des *Pterophyllum*.

C'est dans cette même famille des Cycadées que doivent, je crois, se placer les *Odontopteris acuminata* et *Otopteris* de Gœppert, que MM. Lindley et Hutton avaient placé avec raison dans leur genre *Otopteris*, ainsi que M. Gœppert l'a reconnu récemment.

Parmi les espèces mêmes du terrain houiller, rapportées à ce genre, il en est quelques unes qui doivent aussi en être exclues : ainsi l'*Odontopteris Munsteri* (Eichw. Russ., 1, tab. 3, fig. 2) est une nouvelle espèce du genre *Dictyopteris* que j'ai vu fréquemment dans les échantillons du terrain houiller du Donetz, et dont la nervation réticulée, figurée fig. 2 b, indique bien la classification.

Les *Odontopteris stipitata* Gœpp. (Gen., 5, 6, tab. 7, f. 2) et *Neesiana* Gœpp. (*Gleichenites Neesii* ejusd. fil. foss., 1, 3, fig. 12) qui me paraissent à peine différents l'un de l'autre, me semblent aussi ne pas pouvoir se séparer du *Neuropteris obliqua* du même auteur, et devoir plutôt se placer dans le genre *Callipteris* avec les *Pecopteris gigantea* et *punctata*.

Les trois plantes citées ci-dessus, outre leur affinité de forme, sont toutes trois des schistes bitumineux d'Ottendorf, et ne sont peut-être que des parties différentes d'une même plante dont la nervation n'a jamais été bien observée ou du moins bien figurée.

V. DICTYOPTERIS, Gutb.

Par la forme générale de ses feuilles et par celle des folioles, ce genre se rapproche beaucoup des *Neuropteris* dont il diffère, comme les *Lonchopteris* des *Pecopteris*, par l'anastomose des nervures en mailles régulières ovales, formant un réseau qui semble s'épanouir du centre de la base de la foliole pour s'étendre jusqu'à la circonférence; les folioles sont ovales-elliptiques ou oblongues, dans la même feuille, elles sont arrondies, entières, légèrement cordiformes à la base et fixées au rachis seulement par leur milieu, la nervure moyenne est à peine indiquée à leur base et disparaît immédiatement, la fronde est bipinnée et les pennes sont décurrentes sur le rachis commun qui porte ainsi des folioles successivement décroissantes, comme dans quelques Neuropte-

ris (*N. auriculata*) dont ces fougères ont tout à fait l'aspect.

M. Guttbier qui a établi ce genre n'en indique qu'une espèce du terrain houiller de Swickau sous le nom de *Dictyopteris Brongniarti* (Guttb., *Verst. der Swick. Schwartz Kohl.*, p. 63, pl. 11, f. 7, 9, 10).

Mais il y en a une seconde espèce fréquente dans les terrains houillers de la Russie méridionale, indiquée par Eichwald, sous le nom d'*Odontopteris Munsteri*, c'est le *Dictyopteris Munsteri*.

M. Bunbury a aussi figuré sous le nom de *Dictyopteris obliqua*, une espèce de ce genre qui provient des terrains houillers de la Nouvelle-Ecosse; enfin, j'en ai quelques folioles isolées venant des montagnes de la partie orientale de l'Égypte qui appartiennent, sans aucun doute, à ce genre, dont toutes les espèces paraissent propres au terrain houiller.

Ces citations prouvent que ce genre, quoique peu nombreux en espèces, est répandu sur une très vaste étendue du globe; quant à la distinction positive des quatre espèces indiquées ci-dessus, une comparaison très minutieuse, et des échantillons plus complets seraient nécessaires pour les bien différencier, d'autant plus qu'on peut juger par la figure générale de Guttbier, que les formes des folioles varient beaucoup suivant la situation qu'elles occupent sur la fronde.

6. Fronde pinnée, bi ou triplinnée, à pinnules rétrécies à la base, flabelliformes, entières, ou à peine lobées, à nervures divergentes dès la base, sans nervure médian plus prononcée.

ADIANTITES (*Adiantitum*, Spec., Gœpp.)

En limitant le genre *Adiantites* par le caractère ci-dessus, on le borne, il est vrai, à un petit nombre d'espèces, telles que A. nervosa (*Sphenopt. nervosa* Brong., *Hist. v. Foss.*), A. concinnus Gœpp. (*Sph. adiantoides* Lindl. et Hutt.), Ad. oblongifolius Gœpp. et quelques autres analogues, mais on lui donne un caractère assez précis et on le borne, en outre, à des plantes qui ont, en effet, des rapports très prononcés avec les *Adiantum* de l'époque actuelle.

L'absence de nervure médiane, le grand nombre des nervures secondaires régulièrement divergentes, flabelliformes, presque parallèles et dichotomes, les divisions peu marquées des pinnules forment leurs caractères distinctifs.

C. Fronde pinnée, bi ou tripinnée, à pinnules rétrécies à la base, lobées et enrlobées, à nervures pinnées ou bipinnées vers la base, divisions secondaires très obliques.

SPHÉNOPTÉRIS.

Malgré la difficulté d'établir des limites dans les divisions de ce genre nombreux, je crois qu'on pourra y parvenir en combinant convenablement les caractères tirés de la forme générale des pinnules et de leur mode de division, et ceux fournis par les nervures; mais ce n'est pas ici le lieu de faire cette révision générale des espèces.

Unger rapporte au genre *Sphenopteris*, après en avoir distrait les *Hyménophyllites* et les *Trichomanites*, 69 espèces, auxquelles il faudrait déjà en ajouter quelques unes décrites plus récemment; mais, d'un autre côté, la section nommée par lui *Dicksonioides* passe, par des nuances presque insensibles, à certaines formes de *Pecopteris*.

Les *Sphénoptéris* se rapprochent de beaucoup de genres de Fougères vivantes fort différents, et tant que le mode de fructification ne sera pas mieux et plus généralement observé, on devra rester dans le doute relativement à ses affinités. Comme tous les genres de Végétaux fossiles qui renferment évidemment des types très divers, ce genre se retrouve dans tous les terrains, mais surtout dans les terrains houillers et dans la période jurassique jusqu'au terrain wealdien. Je n'en connais pas d'espèce bien positive dans le grès bigarré, car M. Schimper avec raison a reconnu le *Sph. palmetta* pour une fronde à pinnule lacérée d'un *Nevropteris*, et je crois que le *Sph. myriophyllum*, rapporté aux Trichomanites, pourrait bien n'être que le squelette des nervures d'un *Pecopteris* voisin du *P. Sultziana*.

M. Unger (*Chloris Protogœa*, p. 124, t. 37, fig. 5) en a décrit une espèce, *Sph. recentior*, des terrains tertiaires, espèce qui me paraît très voisine ou même identique avec une des Fougères trouvées dans le calcaire siliceux de Sézanne, et portant des fructifications analogues à celles des *Asplenium*.

HYMÉNOPHYLLITES, Gœpp.

Ce nom a été appliqué à une forme de *Sphénopteris* qui paraît se rapprocher, d'une manière assez positive, des *Hymenophyllum* et des *Trichomanes* du monde actuel, mais qui ne mérite peut-être pas plus d'être distingué génériquement que plusieurs autres formes de *Sphénopteris*. On les caractérise par leur fronde mince, plane, nullement coriace et recourbée sur leur bord, à pinnules ordinairement divisées en lobes linéaires uninerviées, et à rachis souvent bordé d'une aile membraneuse.

De ces caractères, le plus réel est celui tiré de la consistance mince et membraneuse de la fronde; mais il est bien difficile d'en fixer les limites et souvent de le reconnaître avec certitude sur des empreintes plus ou moins altérées. Dans quelques cas, on a aperçu des traces de fructifications terminant les lobes des pinnules et dont la position viendrait ainsi confirmer l'analogie indiquée par le nom générique.

Les espèces sont, les unes du terrain houiller, les autres de l'époque jurassique.

Parmi ces dernières, l'une des plus remarquables est le *Hymenophyllites macrophyllus* (*Sphenopt. macrophylla* Brongn., *Hist. des vég. foss.*, 1, t. 58, fig. 3), observée d'abord à Stonesfield, près d'Oxford, mais dont un échantillon très complet, trouvé dans le calcaire jurassique de Morestel, près Lyon, est venu confirmer la nature. Presl l'avait considéré comme un genre d'Algue particulier sous le nom de *Rhodea*.

TRICHOMANITES Gœppert.

Les lobes des pinnules étroits, filiformes, réduits presqu'à leur nervure, caractérisent ce genre qui ne correspond, par ce caractère, qu'à quelques Trichomanes vivants, la plupart d'entr'eux ayant une fronde analogue à celle des *Hymenophyllum*. Une espèce décrite par M. Gœppert lui a même offert des traces de fructification paraissant analogues à celles des Trichomanes et qui viennent ainsi confirmer cette analogie.

Ce genre serait, du reste, borné à trois ou quatre espèces; car il faut éviter de confondre avec lui des Fougères dont les nervures seraient dépouillées de leur parenchyme.

C'est dans cette même section que devrait se placer un genre de Fougères fossiles du terrain houiller des environs de Saarbruck, établi par M. Pomel (*Bulletins de la Société géologique*, 1846, p. 634) sous le nom de LOXOPTERIS, nom que j'avais déjà indiqué pour la forme de folioles qui le caractérise : ce sont des Fougères à pinnules obliques, presque dimidiées, à nervure principale, correspondant au bord inférieur, émettant des nervures secondaires, simples ou divisées seulement par son côté supérieur. Le bord supérieur des pinnules est plus ou moins profondément lobé.

M. Pomel en indique deux espèces que je n'ai pas eu occasion d'examiner.

B. *Fronde simple, pinnée ou bitripinnatifide, à pinnules généralement adhérentes par leur base au rachis, souvent confluentes, et ne formant que des lobes plus ou moins profonds, entiers ou denticulés, non lobées ; nervures secondaires pinnées, simples, dichotomes ou réticulées.*

I. *Nervures simples, bifurquées, ou dichotomes non réticulées.*

TÆNIOPTERIS, Brong.

Ce genre, limité en ce moment d'une manière arbitraire, renferme probablement des Fougères très diverses.

1° Des espèces à frondes très probablement simples, comme le *Tæniopteris vittata*, qui, par sa forme linéaire, oblongue, sa côte moyenne, très forte, et ses nervures simples ou rarement bifurquées à leur base et perpendiculaire au rachis, semble se rapprocher des *Acrostichum* à fronde simple, rapportés, la plupart, au genre *Olfersia* par Presl, ou *Elaphoglossum* de Schott.

Cependant quelques échantillons du *Tæniopteris vittata*, type de ce groupe, semblent indiquer une fructification punctiforme, comme celle des Polypodes, et, dans ce cas, ces espèces pourraient se rapprocher des *Oleandra* (*Aspidium articulatum, nodosum, neriifolium*).

2° Des espèces à frondes probablement pinnées ou bipinnées, mais à folioles articulées, à nervures également simples et perpendiculaires au rachis, sur lesquelles M. Gœppert a observé des fructifications très analogues à celles des *Angiopteris*. Tel est son *Tæniopteris Munsteri* des schistes charbonneux du lias de Bayreuth.

On ne saurait douter de la position de ces espèces dans la famille des *Marattiacées*.

3° Des espèces à fronde pinnée, à folioles non articulées, à nervures un peu obliques et souvent bifurquées ; telle est le *Tæniopteris Bertrandi* et une autre espèce nouvelle aussi des terrains tertiaires d'Italie.

Ces espèces me paraissent se rapprocher surtout des vrais *Pteris* des auteurs modernes ; tels que les *Pteris longifolia* et *cretica*.

On n'a pas encore observé de traces de fructification sur ces fossiles.

ANOMOPTERIS, Brong.

Ce genre, toujours borné à une seule espèce, *Anomopteris Mougeotii*, caractéristique du terrain de grès bigarré, a été de nouveau parfaitement décrit et figuré par MM. Schimper et Mougeot, dans leur belle *Monographie des plantes fossiles du grès bigarré des Vosges*. D'après des échantillons plus complets, ils admettent que les pennes latérales que j'avais considérées comme simplement crénelées, sont pinnées et portent de petites pinnules ovales, contiguës, sans nervures distinctes. Ces pinnules sont très nombreuses sur chacune des pennes longues et linéaires de ces frondes. Toutes celles placées vers la base des pennes, dans une portion plus ou moins grande de leur étendue, sont stériles ; celles placées vers les extrémités, sont plus étroites, contractées et comme réfléchies ; elles paraissent concaves et fructifères.

Les frondes entières ont souvent plus de 1 mètre de long.

CREMATOPTERIS Schimper (*Reussia* Sternberg *Scolopendrites* Gœppert).

Cette Fougère, l'une des plus anomales, a été décrite d'une manière beaucoup plus complète par M. Schimper, d'après des échantillons plus parfaits que ceux connus précédemment, mais qui laissent cependant encore beaucoup à désirer. Suivant lui, les frondes de ces Fougères sont une seule fois pinnée, à rachis épais, les pinnules sont insérées presque perpendiculairement sur le rachis et contiguës ; les inférieures sont fertiles, les supérieures sont ovales oblongues, sans nervures apparentes dans les échantillons imparfaits observés jusqu'à ce jour ; les pinnules, fertiles, légèrement réfléchies, paraissent dimidiées, comme celles de certains *Adiantum* et *Lindsea*, la nervure principale

occupant le bord supérieur et donnant naissance à des nervures secondaires dichotomes
qui se dirigent vers le bord opposé. Toute la
face inférieure de ces pinnules paraît couverte de capsules qui sont, en partie, recouvertes par un tégument membraneux qui
naît du bord supérieur de la nervure principale.

Ces caractères, que des échantillons plus
parfaits permettront peut-être de compléter
et de rendre plus certains, font de ces Fougères un genre évidemment tout particulier
et très différent de tous ceux du monde
actuel.

J'avais autrefois décrit, sous le nom de *Filicites scolopendrioides*, et d'après des échantillons moins complets, cette fronde dans une
position inverse qui était plus en rapport
avec la position habituelle des fructifications
des Fougères vers l'extrémité de leurs
frondes.

PHYLLOPTERIS.

Je crois devoir distinguer, sous ce nom,
quelques Fougères que j'avais autrefois placées parmi les *Glossopteris*, qu'on a rapporté
depuis aux *Tæniopteris* et qui se distinguent
par des caractères assez précis des uns et
des autres. Ce sont mes *Glossopteris Phillipsii* et *Nilsoniana*. Ces deux plantes présentent des folioles provenant sans doute d'une
fronde pinnée ou digitée, ainsi qu'on peut le
présumer d'après la courbure de leur nervure médiane, plus ou moins lancéolées ou
linéaires, à nervure médiane très prononcée,
à nervures secondaires très obliques, dichotomes, nullement réticulées.

L'obliquité et la dichotomie des nervures
secondaires les distinguent des *Tæniopteris*
dont elles s'éloignent aussi par leur forme
lancéolée; le défaut de réticulation partielle,
et, à plus forte raison, générale de ces nervures, les éloignent des vrais *Glossopteris* à
frondes simples, et des *Sagenopteris* avec
lesquels on a confondu la plante que j'avais
décrite sous le nom de *Glossopteris Phillipsii*
qui, aussi bien que celle figurée par Phillips
(*Yorksh.*, pl. 8, fig. 8), a les nervures simplement dichotomes et nullement réticulées.

Il y a donc, à Whitby et Scarborough,
deux plantes de forme générale assez analogues: celle figurée par Phillips et par moi
qui appartient au nouveau genre *Phyllopteris*, et celle figurée par Lindley et Hutton
(*Foss. Flora*, pl. 63), qui est un *Sagenopteris* très voisin de ceux du lias de Bayreuth.
Quant à leur analogie avec les Fougères actuelles, elle est difficile à établir, d'après les
échantillons incomplets et dépourvus de
fructifications que nous connaissons. Leur
nervation se rapproche de celle des folioles
de diverses espèces des genres *Anemia*, *Allosorus*, *Oifersia*.

Les deux seules espèces fossiles connues
sont de l'époque liasique ou jurassique.

A la suite de ces genres d'une forme exceptionnelle, viendrait le genre *Pecopteris*,
tel que je l'avais établi, dans l'*Histoire des
Végétaux fossiles*, mais, depuis cette époque,
de nombreuses observations ont été faites,
des espèces nouvelles ont été ajoutées, plusieurs ont été trouvées avec des fructifications plus ou moins bien conservées, et plusieurs essais ont été tentés pour établir des
subdivisions dans ce vaste groupe. C'est là
surtout que la difficulté se présente; car
autant il est facile maintenant de distinguer
les *Pecopteris* des autres Fougères fossiles,
même dans un état de conservation assez
imparfait, autant il deviendra difficile de
distinguer les genres fondés sur les détails de
la nervation dans des impressions où les linéaments délicats manquent souvent. A cela
on peut répondre que la classification n'est
pas destinée à classer et à déterminer des
échantillons incomplets et mal conservés.

On peut tirer du fond même du sujet,
abstraction faite de ces considérations acces-
soires, une objection plus grave. Les formes
et le mode d'union des pinnules, la disposition des nervures qui les parcourent, varient
dans les diverses parties d'une même
fronde. Des pinnules décurrentes et adhérentes entre elles vers le sommet des pennes ou
de la fronde sont distinctes et libres vers la
base; les nervures qui sont simples et indi-
vises dans les petites pinnules du sommet
sont bifurquées dans celles de la partie,
moyenne de la fronde ou trifurquée vers sa
base.

Cette considération m'avait empêché jusqu'à présent d'admettre des coupes génériques parmi les *Pecopteris*. Cependant il est
difficile de ne pas classer méthodiquement

les espèces au nombre de plus de 150 qui rentreraient actuellement dans ce genre.

C'est ce que j'avais déjà fait, dans l'*Histoire des végétaux fossiles*, en partageant ce genre en sept sections basées sur le mode d'union des pinnules et la division des nervures.

Est-il préférable de conserver des divisions de cette nature comme de simples sections ou de les élever au rang de genres? C'est une question fort douteuse, mais celle qui ne l'est pas à mes yeux, c'est qu'il faut donner à ces divisions des caractères aussi précis que possible et, pour cela, il faut s'appliquer à les tirer des parties moyennes des frondes qui, seules, peuvent se comparer entre elles et s'attendre que les espèces, classées d'après des échantillons incomplets ou partiels, devront souvent sortir du genre où on les avait d'abord placées. Il faut aussi admettre que ces divisions rompront souvent des rapports naturels qui ne pourront être rétablis que lorsque la fructification, ayant été observée dans la plupart des espèces, pourra être introduite dans les caractères génériques.

Les genres ou sous genres qu'on peut, à ce que je pense, admettre parmi les *Pecopteris*, sont les suivants, au nombre de huit, et peuvent être ainsi caractérisés :

GONIOPTÉRIDES (*Polypodium* Unger).

D'après les principes admis dans la classification des Fougères fossiles, il est impossible de ne pas faire un genre particulier de la plante parfaitement décrite et figurée par Unger, dans son *Chloris protogæa* (p. 121, tab. 36), sous le nom de *Polypodites styriacus*. La nervation très remarquable de cette plante est tout à fait celle des *Goniopteris*, et la position ainsi que l'aspect des fructifications, joint à la forme générale des frondes, me semblent, ainsi que l'a indiqué M. Unger, établir des rapports très intimes entre cette Fougère et le *Goniopteris fraxinifolia* Presl.

On doit cependant remarquer que la même disposition des nervures se retrouve aussi dans le genre *Cyclodium* et dans plusieurs *Nephrodium*, de la tribu des Aspidiacées.

Le mode de nervation qui caractérise cette plante peut, en effet, être considéré comme résultant de longues pennes dont les pinnules sont soudées entre elles de manière à ne former qu'une grande foliole à larges dents ou crénelures correspondant à chacune de ces pinnules non séparées. Mais chacune de ces pinnules a sa nervure médiane et des nervures pinnées simples qui s'unissent à celles de la pinnule voisine pour former par leur anastomose une nervure parallèle à la nervure médiane des pinnules, mais correspondant au sinus des lobes et non pas à leur sommet ; les fructifications sont portées vers le milieu des nervures secondaires pinnées. Cette disposition est analogue à celles du genre suivant, si ce n'est que dans ce dernier, les nervures secondaires se prolongent parallèlement les unes aux autres sans s'anastomoser jusqu'au bord de la fronde.

DESMOPTÉRIDES (*Diplazites* Gœppert).

Fronde bi-tri pinnatifide ; pinnules entières ou largement crénelées ; nervures secondaires pinnées et comme fasciculées près de leur origine, se dirigeant presque parallèlement au nombre de quatre à six vers le bord de la feuille, sans s'anastomoser avec celles des faisceaux voisins.

Cette disposition, que j'avais déjà signalée dans le *Pecopteris longifolia*, observée également dans une seconde espèce par M. Gœppert, l'a déterminé à en former un genre spécial bien caractérisé, qui correspond à ma première section *Diplazites* des *Pecopteris* (*Histoire des végétaux fossiles*, t. I, p. 273). Dans les vrais *Pecopteris*, les nervures sont tout au plus trifurquées ou plutôt pinnées, à deux branches latérales seulement, tandis qu'ici il y en a cinq ou six ; quand, dans les *Pecopteris*, une même nervure se divise en quatre ou cinq branches, c'est par la bifurcation des rameaux inférieurs ; en outre ici, les divisions ont lieu très près de l'origine de la nervure principale ou centrale du groupe.

Cette disposition rappelle, en effet, la nervation de quelques *Diplazium*, tels que les *Diplazium plantagineum* et *grandifolium* ; mais on la retrouve aussi dans quelques *Cyathea*.

On doit aussi rapporter à ce genre une Fougère remarquable des terrains permiens de la Russie, figurée dans le bel ouvrage de MM. Murchison et de Verneuil, sous le nom de *Pecopteris Gœpperti*.

Enfin, aux espèces citées ci-dessus, on doit peut être ajouter l'*Hemitelites Trevirani* Gœppert, espèce très différente des autres plantes rapportées par ce savant au genre *Hemitelites*, mais qui diffère des plantes précédentes en ce que les nervures secondaires sont par faisceaux de trois seulement; peut être cette plante, peu connue, doit-elle rester parmi les *Pecopteris*, §2. *Dicrophlebis*.

ALÉTHOPTERIS, Sternb.; *Pecopteris*, Spec., Brong.

Les motifs donnés par M. Gœppert me décident a adopter ce genre fort naturel dans son ensemble, quoique difficile a bien limiter et à distinguer dans ses confins du genre *Pecopteris*; aussi ne lui donnerai-je pas tout à fait la même étendue que MM. Unger et Presl. On doit, je crois, le limiter à la seconde section des *Pecopteris* ou *Pteroides*, de mon *Histoire des Végétaux fossiles* (t. I, p. 275), en complétant ainsi le caractère qui la distingue.

Frondes bi- tripinnatifides. *Pennes* ne se prolongeant pas par décurrence sur le rachis commun, mais présentant souvent leur pinnule inférieure plus grande que les autres. *Pinnules* élargies et décurrentes à leur base, unies entre elles par cette expansion inférieure qui borde la côte moyenne des pennes, traversées par une nervure moyenne forte, droite et perpendiculaire sur le rachis, s'étendant jusqu'à l'extrémité des pinnules, et produisant des nervures secondaires, rapprochées, presque perpendiculaires, fourchues ou dichotomes, naissant aussi le long du rachis commun. *Fructification* paraissant, lorsqu'on en voit des traces, marginale et continue.

Je dois immédiatement faire observer que dans les parties inférieures des pennes et surtout vers la base de la fronde, les pinnules, au lieu d'être décurrentes et de border le rachis commun, sont libres et même contractées a la base, comme on le voit dans l'*Alethopteris vulgatior* Sternb., qui ne paraît pas différer de certaines formes de l'*Alethopteris lonchitica*. Ce genre nombreux, dans le terrain houiller, n'a pas été trouvé dans les terrains plus récents; il ne doit comprendre que les espèces indiquées dans la seconde section des *Pecopteris* de l'histoire des Végétaux fossiles, c'est-à-dire les espèces 1 à 11 du *Synopsis* de Unger, auxquelles cependant il faut ajouter le *Neuropteris oblongata* Sternb., Unger (*Syn*, p. 18),

c'est alors un groupe fort naturel, analogue à certaines formes du genre *Pteris* dont il avait probablement la fructification.

CALLIPTERIS.

On peut, je crois, former sous ce nom une section ou un genre fort naturel de Fougères fossiles, placées en partie parmi les *Hemitelites* et les *Alethopteris*, et en partie parmi les *Neuropteris* par M. Gœppert, dans son *Essai sur les Fougères fossiles*, et par M. Unger qui l'a suivi dans cette classification; j'y comprendrais, en effet, les *Pecopteris gigantea*, *punctulata* et *sinuata* (*Hist. Vég. foss.*, I, p. 293, tab. 92-93), les *Neuropteris conferta* Sternb. et *obliqua* Gœpp., et probablement le *Pecopteris Wangerheimii* Ad. Brong. (in Murchison et de Verneuil, *Russie*, pl. F, fig. 2). Ce genre peut être ainsi caractérisé:

Fronde bipinnatifide à pennes allongées, décurrentes sur le rachis commun. *Pinnules* contiguës, adhérentes entre elles et légèrement obliques à la base; celles qui naissent du rachis commun au-dessous des pennes successivement décroissantes; nervure médiane arquée naissant obliquement du rachis; nervures secondaires, obliques, simplement bifurquées, peut-être dichotomes dans les parties inférieures de la fronde. *Fructification* punctiforme insérée sur une des divisions des nervures près de leur bifurcation.

Ces belles Fougères ont un peu de l'aspect des grandes frondes des *Cnemidaria* de l'Amérique équatoriale. Mais il y a cependant des différences assez prononcées pour qu'on doive éviter le nom d'*Hemitelides*, qui aurait le double inconvénient d'établir une comparaison tout a fait fausse avec les vrais *Hemitelia* du cap de Bonne-Espérance, et de ne pas s'appliquer même exactement aux anciens *Hemitelia*, qui forment le genre *Cnemidaria* de Presl.

PÉCOPTÉRIS, Brong.

Fronde bi-tripinnatifide, pennes allongées, pinnatifides, à pinnules adhérentes par la base au rachis et souvent entre elles, dans une étendue plus ou moins grande, non décurrentes, contiguës ou presque contiguës. *Nervures* secondaires partant toutes de la nervure médiane des pinnules, simples, bifurquées ou rarement trifurquées.

§ 1. *Aplophlebis.*

Je réunirais sous ce nom tous les *Pecopteris* à fronde bipinnatifide, ou probablement plus souvent tripinnatifide, dont les pinnules, le plus souvent adhérentes entre elles dans une assez grande étendue, sont traversées par une nervure droite donnant naissance à des nervures *latérales simples*, ordinairement obliques, quelquefois presque perpendiculaires sur la nervure médiane.

C'est ce caractère des nervures simples qui me paraît propre à distinguer ce groupe fort nombreux, mais il faut souvent faire attention à l'observer sur des pinnules bien développées appartenant aux parties moyennes de la fronde, car, dans les espèces de la section suivante, les nervures qui sont bi ou trifurquées sur les pinnules principales, sont simples dans celles des extrémités des frondes ou des pennes.

Ce sous genre comprend quelques espèces de la section des *Cyathoides* et une grande partie de celle des *Unitæ* de l'histoire des Végétaux fossiles. Il correspond aussi, mais en partie seulement, aux *Asplenites* et *Aspidites*, et à quelques *Cyathestes* de M. Gœppert.

Je citerai comme exemple, les *Asplenites ophiodermaticus*, *trachyrachis*, *divaricatus*, *nodosus*, l'*Aspidites silesiacus*, le *Steffensia daralloides* de Gœppert, les *Pecopteris arguta*, *unita*, *delicatula*, *Biotii*, *aspera*, *acuta*, *æqualis*, *aspidioides*, *platyrachis*, *arborescens.*

Cette dernière espèce si voisine du *Pecopteris cyathea* qui a les nervures tantôt simples, tantôt bifurquées, prouve combien le passage de ces deux groupes est insensible, et c'est ce qui m'a porté à les considérer comme deux sections d'un seul genre sous le nom de *Pecopteris.*

La fructification, lorsqu'on en a vu des indices assez nets, est tantôt un peu allongée comme dans les *Asplenium*, tantôt ponctiforme comme dans les *Aspidium* et les *Cyathea* ou *Alsophila*; mais ces caractères ne se montrent pas avec assez de précision et n'ont encore été observés que dans trop peu d'espèces pour qu'on puisse les introduire comme caractères génériques.

§ 2. *Dicrophlebis.*

Ces espèces se distinguent à leurs nervures bifurquées ou trifurquées, c'est-à-dire divisées en deux rameaux dont un se bifurque de nouveau; les pinnules oblongues ou ovales sont adhérentes par toute leur base au rachis et même ordinairement un peu soudées entre elles; elles sont tantôt droites sur le rachis commun, tantôt assez obliques, ainsi que les nervures qui les traversent.

Ces plantes se rapportent en partie à notre ancienne section des *Cyathoides* et en partie à celle des *Unitæ*, ce sont les *Pecopteris Cyathea*, *oreopteridius*, *Candolleana*, *affinis*, *Bucklandi*, *pennæformis*, *plumosa*, *dentata*, *lepidorachis*, *Pluckenetii*, *abbreviata*, *nervosa*, *Sauveurii*, *muricata*, etc., du terrain houiller, *nebbensis*, *denticulata*, *Phillipsii*, *insignis*, etc., de la formation jurassique. La plupart paraissent se rapprocher des *Alsophila* et *Cyathea*, et des genres de la tribu des Aspidiées. Mais ces analogies n'auront rien de certain tant que la fructification de ces fossiles ne sera pas bien connue; car c'est parmi les formes de frondes analogues à celles de ce genre et du précédent, que se classeraient la plupart des genres, souvent remarquables par leur fructification, qui ont été décrits depuis quelques années, et que j'indiquerai à la suite des divers genres analogues aux *Pecopteris.*

CLADOPHLEBIS (*Pecopteris*, § III, *Necropteroides*).

Ce genre, qui correspond à la section des *Pecopteris neuropteroides*, de l'histoire des Végétaux fossiles, me paraît encore, après une étude plus prolongée, un groupe naturel et assez facile à caractériser pour pouvoir être élevé au rang de genre; il forme réellement le passage des *Pecopteris* aux *Neuropteris*, il diffère de ces derniers par les pinnules qui ne sont pas isolées du rachis, mais qui lui sont adhérentes quoique souvent libres entre elles, et même en partie contractées, présentant alors de courtes oreillettes arrondies à leur base; ce qu'on voit surtout dans les *Pecopteris Nestieriana* et *Defrancii.* Les nervures sont moins fines, plus séparées, et naissent moins obliquement de la nervure médiane qui, quoique s'atténuant vers l'extrémité, se prolonge d'une manière distincte jusqu'au sommet. Ces plantes diffèrent des autres genres formés aux dépens des *Pecopteris*, et particulièrement des vrais *Pecopteris*, par leurs nervures secondaires recourbées et dichotomes.

Le *Cladophlebis pteroïdes* a tant de rapport avec les vrais *Neuropteris*, par ses caractères absolus, que peut-être doit-on le ranger dans ce genre, quoiqu'il n'en ait pas l'aspect. Plusieurs espèces de ce genre appartiennent aux terrains secondaires, mais la plupart sont cependant du terrain houiller.

CONIOPTERIS (*Pecopteris*, § VI, *Sphenopteroïdes* et *Sphenopteridis* spec.).

Ce genre ou cette ancienne section des *Pecopteris*, forme pour ainsi dire le passage aux *Sphenopteris*, comme la précédente établit le passage aux *Neuropteris*.

Ici les pinnules sont détachées du rachis commun, mais elles sont lobées et denticulées, de sorte qu'on pourrait les considérer comme des pennes raccourcies et légèrement pinnatifides, forme qui se rapproche extrêmement de celle des *Sphenopteris Dicksonioïdes*, telles que les *Sphenopteris fragilis, Dubuissonis, Gravenhorstii*, qui seraient peut-être mieux placées dans ce genre avec les *Pecopteris chœrophylloïdes, athyrioïdes, cristata* et *Murrayana*. Ces plantes sembleraient par leurs formes générales se rapprocher des plantes de la tribu des *Dicksoniées*, et quelques échantillons fructifiés viennent confirmer cette analogie. Ainsi, le *Balantites Martii* Gœpp. (*Syst. fl. foss.*, t. XXXVII, f. 5-6), paraît bien rentrer dans ce groupe, et M. Gœppert lui attribue une fructification analogue à celle du *Balantium*, genre de Dicksoniées, fructification qu'il n'a malheureusement pas représentée sur ses figures. D'après une lettre et un dessin que m'a adressés M. Williamson, en 1844, le *Tympanophora racemosa* du *Fossil flora*, n'est pas autre chose que la partie inférieure et fertile de la fronde du *Coniopteris Murrayana* (*Pecopt. Murrayana, Hist. veg. foss.*, tab. 126), disposition tout à fait analogue à celle du *Thyrsopteris*, Fougère arborescente de l'île Juan-Fernandez, de la tribu des Dicksoniées.

Je vais maintenant citer ici quelques genres fondés sur l'examen plus ou moins précis de la fructification, qui, par la forme de leurs frondes, me paraissent se rattacher aux genres précédents, surtout aux *Pecopteris* proprement dits, et dont quelques unes méritent cependant d'être distingués d'une manière positive.

GLEICHENIA, Gœpp.

Ce genre fondé sur une seule espèce figurée (*Syst. fl. foss.*, t. XXXIX, f. 2-3) présente, entre la figure et la description, si peu de rapports, que je ne puis pas me rendre compte de ses caractères. La figure très nettement lithographiée ne montre aucune trace de nervures ni de fructification, et la description les indique, en renvoyant à la figure de détail, comme terminant les nervures, et ayant quelque analogie avec celles des *Marattia*. L'auteur compare la plante elle-même au *Marattia cicutæfolia*, dont il figure une foliole, et j'avoue qu'il m'est impossible de trouver la moindre analogie entre les deux plantes; la forme générale de la fronde est celle d'un *Pecopteris* du groupe des *Unitæ*, et l'absence des nervures rend son classement précis impossible.

DANÆITES, Gœpp.

Cette plante, décrite et figurée dans le *Systema fil. fossil.* de Gœppert, n'offre dans le fragment grossi que des traces si vagues de fructification, que je ne conçois pas qu'on ait pu les comparer à celles des *Danæa*, dont cette plante n'a nullement la forme générale. A moins que le dessin ne représente très mal la nature, on doit reconnaître qu'il est impossible de classer cette plante d'après ses caractères de fructification; sa forme générale et les indices vagues de fructification la rapprocheraient du *Pecopteris hemitelioïdes*, dont Sternberg ou Presl ont formé le genre *Partschia*.

PARTSCHIA, Stern.

M. de Sternberg, ou plutôt je crois M. Presl, qui a concouru à l'ouvrage de celui-ci, surtout pour la classification des Fougères, a établi ce genre d'après mon *Pecopteris hemitelioïdes* sans en donner de nouvelle figure. Il a rapproché cette plante des Gleicheniées, et cependant le peu qu'on voit de sa fructification et que j'ai représenté fidèlement, indique plutôt un *Cyathea*, car c'est le moule laissé par la feuille fructifère qu'on peut observer, et ce moule montre des conceptacles globuleux fixés sur des nervures simples ou bifurquées. Je crois que M. de Sternberg ne s'est pas rendu compte de ce mode de conservation, et il en résulte que sa définition du genre est incompréhensible.

La disposition des nervures laisse des doutes relativement à la position de cette plante dans la première ou la seconde section des *Pecopteris*.

STENOPTERIS, Sternb.

Ce genre me paraît encore la même plante que la précédente, ou une forme très voisine qui rappelle les parties à pinnules allongées du *Pecopteris hemitelioides*, comme le *Partschia* rappelle celles à pinnules plus courtes, représentées les unes et les autres sur un même échantillon dans mon *Histoire des Végétaux fossiles*, pl. 108. Mais on ne conçoit pas que sur des traces aussi vagues de fructification, que celles représentées par M. de Sternberg, il ait pu établir des caractères génériques.

GOEPPERTIA, Sternb.

La plante élevée par M. de Sternberg sous ce nom au rang de genre, me paraît un *Aplophlebis* ou *Pecopteris* à nervures simples, divergentes, très voisin des *Asplenites* de Gœppert, et offrant aussi des fructifications analogues à celles des *Asplenium* ou des *Davallia*, comme dans le *Staffeuria* de M. Gœppert.

Les cinq genres précédents ne présentent, comme on l'a vu, que des traces très vagues de fructification qui ne peuvent réellement pas servir à les caractériser d'une manière précise; tous les cinq ne comprennent chacun qu'une seule espèce provenant des terrains houillers.

Les suivants ont offert des détails de structure plus précis dans leurs organes reproducteurs.

OLIGOCARPIA, Gœppert.

Cette plante, aussi des terrains houillers, que les caractères de sa nervation et la forme générale de sa fronde rapportent aux *Pecopteris* voisins du *P. oreopteridius*, a offert à M. Gœppert des échantillons fructifiés assez bien conservés pour qu'il ait pu observer les capsules qui constituent les groupes arrondis ou sores qui terminent les nervures latérales.

Les capsules sont en petit nombre, cinq environ, se recouvrant mutuellement en partie, sessiles, obovales, entourées d'un anneau élastique complet, et ressemblent, par ces caractères, à celles des *Alsophila* dont cette plante me paraît avoir presque tous les caractères, quoiqu'elle diffère des espèces actuelles par le petit nombre des capsules qui composent chaque groupe.

SCOLECOPTERIS, Zenker.

La Fougère, qui constitue ce genre, a été observée dans un état de pétrification tout à fait insolite, dans des roches calcédonieuses, probablement de même époque que les *Psaronius*, c'est-à-dire à peu près contemporaines des terrains houillers.

Des coupes diverses ont permis à M. Zenker de décrire avec beaucoup de détail la fructification toute particulière de cette plante (*Nov. Linnæa*, 1837, p. 509, tab. 10).

Les fragments de feuilles contenus dans cet échantillon silicifié unique présentent des portions de pennes portant des pinnules obliques, à bords recourbés, à nervures latérales simples, obliques, droites, ressemblant beaucoup aux pinnules du *Pecopteris arguta*. De chaque côté de la nervure médiane et probablement vers le milieu des nervures secondaires, se trouvent des groupes de quatre capsules, quelquefois trois ou cinq, et même une ou deux seulement, portées sur un pédicelle commun, dressées, rapprochées, ovales, lancéolées, aiguës, et s'ouvrant par une fente longitudinale interne. Malgré de nombreuses différences, cette disposition rappelle celle des *Angiopteris* parmi les *Marattiacées*; quant au mode de rapprochement des capsules et à leur déhiscence, et la disposition pédicellée a été observée dans une forme spéciale de *Marattia* dont on a formé le genre *Eupodium* J. Smith.

ASTEROCARPUS, Gœppert.

Ce genre comprend, d'après Gœppert, plusieurs espèces analogues par la structure de leurs capsules, mais fort différentes par la forme de leurs frondes.

L'*Asterocarpus Sternbergii* Gœppert, du terrain houiller, a des frondes semblables à celle des *Pecopteris Oreopteridius*, etc., mais dont les contours et la nervation ont disparu par le mode de conservation et la présence des fructifications qui les couvrent. Ces fructifications paraissent des capsules à peu près globuleuses, à quatre ou cinq lobes qui semblent résulter de la soudure d'autant de capsules, comme dans les Marattiées et surtout dans le *Kaulfussia*, ou seulement de leur rapprochement, comme dans les *Mertensia* ou *Gleichenia*. L'absence de toute trace d'anneau élastique est plus favorable à la première opinion.

À cette espèce des terrains houillers, il faut ajouter celle parfaitement figurée par Germar (*Die Verst. Wettin*, V, tab. 17) sous le nom de *Pecopteris truncata*, provenant aussi de ce terrain, analogue par sa forme générale, et dont les capsules, représentées avec une netteté admirable, si rien n'est ajouté à la nature, semblent indiquer une structure toute spéciale; la forme générale rapproche cette plante du *Pecopteris polymorpha*.

C'est aussi dans ce groupe que doit se classer l'*Asterocarpus multiradiatus* Gœpp. (*Gen. plant. foss.*, liv. 1-2, t. 7) dont les fructifications sont cependant très vagues; sa forme générale est analogue à celle du *Pecopteris unita*, et les nervures non apparentes.

Ces plantes, si l'on juge leur structure d'après les figures si précises de M. Germar, sembleraient surtout se rapprocher du genre *Matonia*, de la tribu des Cyathéacées dont le tégument vésiculeux, régulier, ne contenant qu'un seul rang de capsules, ressemble beaucoup aux fructifications de ces *Asterocarpus*.

Deux autres espèces des terrains secondaires liasiques des environs de Bayreuth ont été rapportées par Presl, l'une au genre *Lacopteris*, l'autre à un genre spécial établi sous le nom de *Phialopteris*; ici la forme des folioles, sinon celle de la fronde entière, et la disposition des nervures sont apparentes et, dans la dernière, cette disposition se rapproche plus de certains *Neuropteris* que des *Pecopteris*; les nervures simples, dans l'*Asterocarpus heterophyllus*, dichotomes dans l'*Asterocarpus lanceolatus*, comme dans les *Mertensia*, portent des capsules arrondies, déprimées, divisées en cinq parties par des lignes rayonnantes et ressemblent assez à

celles du *Kaulfussia*. Mais des détails suffisamment grossis manquent pour bien apprécier cette structure.

HAWLEA Corda.

Fronde bi-tripinnatifide; pinnules adhérentes par la base; nervure médiane simple, nervures secondaires...; groupes de capsules globuleux, disposés en une série de chaque côté de la nervure médiane, insérés probablement sur les nervures secondaires, nus, formés de trois à six capsules. Capsules pyriformes, sessiles, fixées à un réceptacle central saillant.

Une seule espèce, *Hawlea pulcherrima* Corda (*Beytr.*, p. 89, tab. 57, fig. 7, 8), provenant des schistes houillers de Beraun en Bohême, est connue jusqu'à ce jour.

Ce genre me paraît bien voisin de l'*Asterocarpus* de Gœppert et surtout de la première espèce décrite par ce savant. Cependant si, dans ce dernier genre, les capsules sont réellement soudées, la différence serait essentielle; mais l'état imparfait des échantillons figurés ne me paraît pas permettre de décider cette question. Quant à l'analogie de ce genre et du *Hawlea* avec les *Gleicheniées*, elle me paraît douteuse, tant qu'on n'aura pas observé la structure des capsules.

CROSSOPTERIS Corda.

Ce genre, considéré par Corda comme une *Gleicheniacée*, n'a été observé qu'en petits fragments de pinnules fertiles sans apparences de nervures. Il est décrit ainsi par cet auteur:

Groupes de capsules globuleux, disposés en séries fixées sur les nervures, renfermés dans un tégument d'abord clos, sphérique, épais, sessile, s'ouvrant ensuite en quatre valves aiguës. Capsules renfermées au nombre de quatre, ovales, remplies de spores sphériques, tétraèdres, lisses.

Je ne comprends pas sur quel motif M. Corda se base pour rapporter cette plante aux Gleicheniées dont les capsules ont une tout autre organisation. Il me paraîtrait y avoir plus de rapport entre cette plante et les *Marattiacées* et quelques affinités surtout avec le genre *Scolecopteris* indiqué ci-dessus.

SENFTENBERGIA.

Sous ce nom, M. Corda a décrit le genre de Fougère le plus parfait sous le rapport de la fructification qui soit connu à l'état fossile, et cette plante est d'autant plus remarquable qu'avec une forme générale, analogue à celle de la plupart des *Pecopteris* à fronde très découpée, à pinnules petites, comme dans le *Pecopteris arborescens*, elle présente une fructification tout à fait différente de celle des Fougères qui ont ce genre de fronde, et semblable à celle de la famille des *Schizéacées*. Ce genre est ainsi caractérisé :

Pinnules à nervures pinnées, simples ; capsules disposées en une seule série de chaque côté de la nervure médiane, sessiles, nues, surmontées d'un anneau élastique, terminal, hémisphérique, à plusieurs rangs de cellules. Tégument nul. Fronde bipinnée (plutôt tripinnatifide), à rachis grêle, canaliculé, glabre.

Cette disposition des capsules et leur structure rappelle celle des genres *Schizéa* et *Mohria*, et surtout celle de ce dernier genre où les capsules sont portées sur le bord de pinnules peu modifiées. Mais, quoique ce genre fossile se rapproche beaucoup du *Mohria*, il en diffère, non seulement par la forme générale de la fronde, mais surtout par les capsules dont l'anneau élastique est formé, dans le *Mohria*, d'un seul rang de cellules linéaires, radiées, tandis que, dans le *Senftenbergia*, d'après M. Corda, il est composé de plusieurs rangées régulières de cellules.

Cependant, sur un échantillon bien conservé de cette plante venant, comme ceux décrits par le savant cité ci-dessus, de Radnitz en Bohême, l'anneau élastique terminal me paraît bien moins régulier qu'il ne l'a représenté, et, par là, ce genre se distinguerait encore plus complètement du *Mohria*. Mais cet exemple est surtout remarquable en ce qu'il doit nous tenir en garde contre des rapprochements fondés seulement sur la forme générale des frondes ou sur des indices vagues et imparfaits de fructifications.

LACCOPTERIS, Presl.

Les deux espèces rapportées à ce genre par M. Gœppert (le *Laccopteris elegans* Presl), rentrant dans le genre *Asterocarpus* sous le nom d'*Asterocarpus lanceolatus*), sont remarquables autant par la forme générale de leurs frondes que par leur fructification. Ce sont des frondes longuement pétiolées, divisées au sommet en pennes digitées, radiées, au nombre de sept environ, simplement pinnatifides, allongées, à pinnules oblongues, adhérentes par leur base, comme dans les *Pecopteris*, et même en partie soudées entre elles, à nervures secondaires dichotomes, comme dans les *Cladophlebis*. Les fructifications, en groupes arrondis, disposées en une rangée de chaque côté de la nervure médiane, sont formées d'un petit nombre de capsules, cinq à sept en général, qui paraissent sessiles, obovales, et munies d'un large anneau élastique.

Cette disposition semble indiquer quelques rapports avec les *Gleicheniées*, mais la forme des capsules n'est pas assez nette pour décider ces rapprochements.

Ces deux plantes, fort remarquables, sont du lias de Beyreuth.

ANMIANA F. Braun.

Ce genre, provenant de la même localité que le précédent, et dont on ne connaît encore qu'une espèce, offre aussi une fronde à pennes digitées, radiées, partant du sommet du pétiole commun au nombre de neuf probablement, portées elles-mêmes sur un pétiole nu, assez long, profondément pinnatifides, à lobes linéaires, étroits, plus ou moins longs, suivant leur position, et atteignant jusqu'à 1 décimètre. Ces pinnules sont presque contiguës, parallèles, à nervures pinnées ; mais les nervures secondaires ont une disposition qui caractérise parfaitement cette plante ; elles sont semi-pinnées, c'est-à-dire que la nervure secondaire principale qui sort de la nervure médiane, n'émet des ramules que d'un côté, du côté qui correspond à l'extrémité de la pinnule ; ces nervures sont au nombre d'une ou de deux, suivant leur position, et celle d'en bas est souvent bifurquée ; c'est sur le rameau principal de celle-ci que se trouvent insérés des groupes de capsules arrondis, composés de cinq à six capsules sessiles, imbriquées, semi-circulaires, entourées à moitié par un anneau élastique, étroit.

A en juger d'après la figure de M. Fr. Braun, qui a décrit avec beaucoup de détail ce nouveau genre (in Munster, *Beytr.*, liv. 6, p. 42, tab. 9 et 10), les capsules, imbriquées régulièrement, différeraient entre elles par leur grandeur ; ce qu'on n'observe pas dans les autres Fougères.

La réunion de ces caractères semble indiquer quelque analogie entre ces plantes et les Gleichéniées; mais il y a cependant de grandes différences entre la forme des capsules de ce fossile et celle des plantes de cette tribu.

POLYPODITES.

On peut, je crois, laisser ce nom appliqué par MM. Gœppert et Unger à des plantes fort différentes par leur nervation, à deux espèces du terrain jurassique de Scarborough, les *Polypodites Lindleyi* Gœppert (*Pecopteris polypodioides* Lindl. et Hutt. *Foss. Flor.*, I, 60) et *Polypodites crenifolius* Gœppert (*Pecopteris crenifolius* Phill., *propinqua* Lindl. et Hutt., *loco citato*, t. 119).

Ces deux plantes ont, en effet, d'après les figures citées ci-dessus, la nervation et le mode de fructification des vrais *Polypodium*, c'est-à-dire une fronde pinnatifide, à pinnules adhérentes et confluentes par leur base, à nervures secondaires, non réticulées, émettant seulement un ou deux rameaux latéraux portant à l'extrémité de l'un d'eux un groupe de capsules arrondies.

Ces caractères se retrouvent dans les deux plantes fossiles et dans les vrais Polypodes (*Polypodium commune, sororium*, etc.). La grosseur des groupes de capsules semble indiquer qu'ils sont composés d'un grand nombre de capsules pédicellées, comme chez les plantes vivantes de ce genre, et ces divers caractères réunis les distinguent complètement du genre précédent dont les fragments stériles auraient cependant beaucoup d'analogie.

II. *Nervures anastomosées réticulées.*

* *Nervures anastomosées par arcades, aréoles quadrilatères pentagonales ou hexagonales. Réseau simple formé par des nervures du même ordre.*

PHLEBOPTERIS, Brong. (pro parte).

Dans les Fougères auxquelles nous réservons le nom de *Phlebopteris*, appliqué autrefois par nous à toutes les Fougères à nervures anastomosées par arcades, les nervures qui partent de la nervure médiane et qui sont assez espacées s'anastomosent par arcade, et donnent naissance par leur côté externe à des nervures simples ou bifurquées qui s'étendent jusqu'au bord de la pinnule.

Ce sont des Fougères à fronde pinnatifide, à pinnules allongées, confluentes par la base, ayant assez l'apparence de certains *Polypodium* appartenant actuellement au genre *Marginaria*, Presl.: tels sont les *Phlebopteris polypodioides*, Brong.; *Schouwii*, Brong.; *contigua*, Lindl. et Hutt.

M. Gœppert a placé ces plantes dans son genre *Hemitelites*, mais outre l'inconvénient de changer un nom donné depuis plusieurs années, ce nom indique des rapports qui ne me paraissent nullement vraisemblables entre ces fossiles et le genre *Hemitelia* ou *Caenidaria*, et réunit des plantes tout à fait dissemblables, telles que celles ci-dessus indiquées, et le *Pecopteris gigantea*.

Les *Phlebopteris* sont tous des terrains jurassiques. Une espèce trouvée dans les marnes du lias à Couches, près Autun, par M. Landriot, et que je nomme *Phl. Landrioti*, très voisine du *Phl. Schouwii*, en diffère cependant par la surface des pinnules fructifères. Ici, les fructifications bien conservées forment de petits groupes arrondis portés sur les nervures externes, composés de 5 à 8 capsules sessiles rayonnantes, à anneau élastique assez large, plat, strié comme celui des *Cyathéacées*, et diffèrent ainsi très notablement des fructifications des vraies Polypodiacées.

GUTTIERA, Presl.

Ce genre limité au *G. angustiloba*, Presl., diffère à peine du précédent, et une nouvelle comparaison conduira peut-être à les réunir, le mode d'aréolation des nervures paraît cependant un peu différent et les rapproche des *Polypodites*. Ce sont des Fougères à frondes pinnatifides, à pinnules étroites et allongées, analogues surtout à celles du *Phlebopteris Schouwii*, par leur dimension et par la forme mamelonnée des pinnules dans les points qui correspondent aux fructifications. Dans ces plantes comme dans les *Phlebopteris*, ces fructifications sont évidemment analogues à celles des *Polypodium*.

Cette espèce est du Keuper près de Bamberg.

WOODWARDITES, Gœpp.

M. Gœppert indique deux plantes fort analogues entre elles au premier abord, comme constituant un genre; cependant, d'après ses figures, l'une par ses nervures aréolées, à double ou triple arcade émettant ensuite des nervures simples qui s'étendent jusqu'au bord des pinnules, offre, en effet, beaucoup d'analogie avec la nervation du *Woodwardia*, l'autre (*Woodwardites aculi-loba* Gœpp.) me paraît offrir une réticula-tion à mailles ovales, régulières, comme dans les *Lonchopteris*, et ne diffère peut-être pas du *L. Brteii*, Brong. (*Hist. vég. foss.*, I, tab. 131). Le *Woodwardites obtusi-loba* du terrain houiller de Silésie, reste-rait donc seul de ces deux espèces dans ce genre, mais il faut y ajouter le *Woodwar-dites Munsterianus*, de F. Braun (*Flora*, 1841, p. 33; *Propl. Munsteriana*, Sternb., 2, t. XXXVI, fig. 2), et surtout le *Wood-wardites Roemerianus*, Ung. (*Chlor. prot.*, t. XXXVII, fig. 4) qui a tous les caractères des vrais *Woodwardia* actuels, tels que le *W. radicans*. Cette dernière espèce est des terrains tertiaires.

THAUMATOPTERIS, Gœpp.

Cette Fougère remarquable figurée avec beaucoup de détail dans le premier cahier des genres des plantes fossiles, par M. Gœp-pert, se rapproche du suivant par la forme générale digitée-pédée de sa fronde, forme si rare parmi les Fougères vivantes, et qui, déjà signalée dans les genres *Audriana* et *Lac-copteris*, se retrouve ici dans plusieurs es-pèces de divers genres de ce groupe de Fou-gères à nervures réticulées.

Le pétiole du *Thaumatopteris Munsteri*, long et grêle, se divise au sommet en trois branches courtes, bifurquées, formant au-tant de grandes pennes allongées pinnati-fides, à lobes courts et larges, ou longs et étroits, entiers ou quelquefois dentés vers leurs extrémités, dans les diverses formes que M. Gœppert admet comme de simples variétés. Chacun de ces lobes ou pinnules adhérentes entre elles par la base est traversé par une forte nervure médiane qui donne naissance à des nervures latérales qui s'ana-stomosent entre elles pour former un réseau uniforme, à mailles larges, pentagonales ou hexagonales, peu régulières, qui constituent une double série entre la nervure médiane et le bord des pinnules dans l'espèce décrite. L'uniformité de ce réseau qui ne renferme pas un réseau secondaire formé par des ner-vures plus fines, rapproche ce genre du

précédent et l'éloigne des trois suivants. Cependant des échantillons du bas de Bay-reuth qui me paraissent appartenir sans aucun doute à cette plante, laisse voir un réseau plus fin, peu apparent, formé par des nervures plus déliées occupant les mailles du réseau principal. Dans ce cas, je ne sais pas par quel caractère on peut distinguer ce genre du suivant.

Les fructifications observées par M. Gœp-pert paraissent couvrir toute la face infé-rieure comme dans les *Acrostichum*; mais la structure des capsules, si elle est aussi distincte que M. Gœppert la représentée, s'éloigne sensiblement de celle des Fougères de ce groupe par son anneau élastique complet et transversal, comme dans les Gleichéniées et les Hyménophyllées.

** Nervures anastomosées; réseau double, l'un formé par les nervures principales, constituant des aréoles polygonales ou quadrilatères; l'autre, plus fin, à mailles arrondies ou polygonales formé par des nervures tertiaires.

CAMPTOPTERIS, Presl.

Aréoles formées par les nervures prin-cipales inégales, irrégulières, polygonales, à 4, 5 ou 6 angles, réseau secondaire plus uniformes, à mailles à 5 ou 6 angles.

On n'a vu que rarement des frondes com-plètes de cette plante; mais le *Camptopte-ris Munsteriana*, si bien figuré et décrit par M. Gœppert (*Munst. Beptr.*, VI, p. 86, t. 3), peut donner une idée exacte de l'ensem-ble de ces plantes. On voit que ce sont des frondes à limbe probablement géminé au sommet d'un long pétiole et divisé en longs lobes pédés sur le côté supérieur d'une côte principale arquée, comme dans les feuilles pédées de certaines dicotylédones, telles que les Hellébores, si ce n'est qu'on ne voit pas de preuve de l'existence d'un lobe mé-dian. Une disposition analogue se présente parmi les Fougères vivantes dans le *Poly-podium conjugatum*, Kaulf., si ce n'est que les lobes sont dichotomes; mais la forme pédée est très prononcée dans le *Kaulfussia aesculifolia*. Ainsi cette disposi-tion, quoique rare parmi les Fougères vi-vantes, n'y est pas sans exemple, et la ner-vation elle-même n'est pas sans analogie avec celle de ces plantes. Dans le *Campto-pteris Munsteriana*, les lobes principaux sont allongés et profondément dentés à dents arrondies formant des lobes courts correspondant à des nervures secondaires pinnées; entre ces nervures se trouve un réseau assez irrégulier de nervures principales, et les aréoles de ce réseau sont occupées par des nervures plus fines formant un réseau à mailles assez régulières, polygonales. C'est ce double réseau des nervures qui distingue ce genre du précédent. On n'a encore observé aucune trace de fructification sur ces feuilles.

A cette espèce, la seule dont on ait vu des échantillons complets, on doit ajouter le *Camptopteris Nilsonii*, dont le *C. biloba* de Sternb. ne diffère pas. Les *C. Bergeri* et *crenata* sont des formes douteuses et connues trop imparfaitement; enfin, le *Camptopteris platyphylla*, décrit par M. Gœppert (*Gen. pl. foss.*, livr. 5-6, pl. 18-19), me paraît par ses aréoles carrées rentrer plutôt dans le genre *Clathropteris*. Quant au genre *Dictyophyllum* de MM. Lindley et Hutton, je ne doute pas qu'il ne comprenne des plantes voisines de celles-ci, mais l'état imparfait des échantillons ne permet pas d'apprécier assez leur mode de nervation pour les classer d'une manière précise.

CLATHROPTERIS, Broug.

Aréoles formées par les nervures principales quadrilatères, s'étendant transversalement d'une des nervures secondaires à l'autre. Réseau secondaire partagé par quelques nervures plus fortes, formant des aréoles petites à peu près carrées.

C'est la forme carrée des aréoles principales qui divisent l'intervalle de deux des nervures secondaires pinnées, partant de la côte moyenne de chaque grand lobe, en espaces quadrilatères formant une sorte de treillage, qui caractérise essentiellement ce genre, et le fait ressembler d'une manière frappante aux feuilles des *Polypodium* du sous-genre *Drynaria* et à quelques *Aspidium* (*A. alatum*, Wall.). Jusqu'à présent on n'a signalé dans ce genre que l'espèce que j'ai décrite anciennement sous le nom de *Cl. meniscioides*, et qu'on a retrouvée dans le grès du lias dans plusieurs parties de l'Europe. Mais je crois qu'on doit en distinguer une seconde confondue avec elle

ou placée dans le genre *Camptopteris* par d'autres auteurs.

La plante que j'ai observée à Huer, en Suède, a, sans aucun doute, la fronde pinnatifide, comme le montre la figure générale faite sur place, et les longues pinnules sont séparées presque jusqu'à la base.

Au contraire, dans une plante du grès du lias d'Halberstadt près Halle, décrite par M. Germar (*Dunker Palæont. fasc.*, 3, p. 117, tab. 16), comme appartenant à la même espèce, la fronde est évidemment digitée et à lobes moins profondément divisés; en outre, les nervures principales pennées sont plus espacées; enfin, des parties de cette fronde montrent un bord régulièrement denté, qu'on n'a pas encore observé dans l'espèce précédente, mais que j'ai vu d'une manière parfaitement distincte sur des échantillons de Lamarche dans les Vosges, échantillons qui par leurs moindre dimension paraîtraient appartenir à une troisième espèce.

Enfin, la plante décrite et figurée par M. Gœppert sous le nom de *Camptopteris platyphylla*, me paraît différer à peine de celle de M. Germar que je citais précédemment. Elle se distingue au contraire des vrais *Camptopteris* par les nervures principales de son réseau transversales formant des aréoles quadrilatères. Une dimension un peu moindre, et une fronde à surface plane et non mamelonnée entre les nervures, me paraissent la distinguer presque uniquement. Ainsi, il existerait deux et même probablement trois espèces de ce genre, toutes trois propres au grès du lias, dont elles caractériseraient l'époque.

HAUSMANNIA, Dunker.

Fronde flabelliforme, dichotome; nervures principales occupant le milieu des lobes, dichotomes; nervures secondaires transversales réticulées, formant des aréoles irrégulières presque quadrilatères.

Cette Fougère remarquable, dont M. Dunker (*Monog. Weald.*, p. 12, tab. 5, fig. 1) a figuré un échantillon incomplet, quoique assez étendu, se distingue par ses lobes allongés régulièrement dichotomes, et par ses nervures secondaires réticulées de toutes les autres Fougères fossiles. Les détails de la nervation ne sont pas représentés avec assez se précision pour qu'on puisse apprécier la forme du réseau avec certitude, et savoir s'il est simple ou double.

Il serait fort intéressant de connaître la forme générale de la fronde complète; il est probable qu'elle se rapproche de celle du *Thaumatopteris* et du *Camptopteris Munsteriana*, car cette Fougère me paraît avoir plus d'analogie avec les *Polypodium Wallichii et conjugatum* (espèces du genre *Phymatodes* de Presl ou *Dipteris* de Brinwardt) qu'avec les *Platycerium* (*Acrostichum alcicorne*, L.), auxquels M. Dunker la compare.

DIPLODICTYUM, Fr. Braun.

Aréoles formées par les nervures principales hexagonales régulières; réseau secondaire fin et régulier à mailles arrondies.

On ne connaît de ce genre qu'une espèce figurée par M. Fr. Braun, *Diplodictyum obtusilobum* (Muast. beytr., fasc. VI, p. 13, tab. 13, fig. 11, 12), provenant des schistes charbonneux du lias des environs de Bayreuth.

Par sa forme générale elle ressemble aux *Lonchopteris*, mais elle en diffère par le double réseau de ses nervures; elle se distingue des genres précédents par la grande régularité de ce réseau à mailles hexagonales.

Je ne connais pas de Fougère vivante qui présente ce double réseau régulier.

*** Réseau simple, uniforme, à mailles égales et régulières, paraissant résulter d'une anastomose par dichotomie.

LONCHOPTERIS, Brong.

Ce genre, quoique parfaitement caractérisé par ses pinnules adhérentes à leur base, et traversées par une nervure médiane très marquée comme celles des *Pecopteris*, et par ces nervures secondaires fines formant un réseau uniforme régulier à mailles ovales ou circulaires, a cependant été omis ou confondu avec d'autres par MM. Gœppert, Presl et Unger; cependant M. Gœppert, dans son dernier ouvrage, l'a adopté, et y a ajouté une nouvelle espèce fort remarquable.

Il comprend, en outre, les espèces déjà indiquées dans l'*Histoire des végétaux fossiles*; car il est certain que le *Lonchopteris*

Mantelli figuré par Mantell, et, plus tard, par moi, d'après les échantillons donnés par ce savant géologue, offre la réticulation des *Lonchopteris*, et n'a aucun rapport avec les *Polypodites*, auxquels MM. Gœppert et Unger l'avaient réuni.

SAGENOPTERIS, Prel. (*Acrostichites*, Gœpp. Ung.)

Ce genre est très différent du précédent par la forme générale de ses frondes à folioles distinctes, ovales, oblongues ou lancéolées, contractées à la base, et qui paraissent, dans tous les échantillons complets, provenir d'une fronde digitée à folioles au nombre de 3, 4 ou 5 portées sur un assez long pétiole. Ces folioles sont traversées par une nervure médiane très prononcée qui disparaît cependant vers l'extrémité, et de laquelle naissent des nervures très obliques qui s'anastomosent pour former un réseau à mailles ovales-oblongues qui couvrent tout le limbe de la feuille.

M. de Sternberg, et, plus récemment, M. Gœppert (qui adopte actuellement aussi le nom de *Sagenopteris*), ont figuré plusieurs échantillons fort complets de ces plantes provenant du lias des environs de Bayreuth, et du Keuper près de Bamberg; mais il me paraît peu probable que ces derniers constituent quatre espèces distinctes comme M. de Sternberg l'admet. Le *Glossopteris Phillipsii*, de MM. Lindley et Hutton (*Foss. Flor.*, t. 63), appartient aussi à ce genre, mais est fort différent du *Glossopteris Phillipsii*, figuré par Phillips et par moi, et que j'ai indiqué à l'article des *Phyllopteris*. Enfin l'on ne saurait rapporter au même genre, ainsi que l'avait fait anciennement M. Gœppert et M. Unger, le *Pecopteris Williamsonis*, qui a une nervation et une forme générale toute différente.

M. Gœppert, dans son dernier ouvrage, ajoute à ces espèces des terrains keupriques et jurassiques une espèce du terrain houiller, *Sagenopteris antiqua*, qui paraît bien avoir les caractères essentiels de la nervation de ces Fougères, mais dont il n'a vu qu'un fragment incomplet.

Les plantes de ce genre, par leur forme générale et leur mode de nervation, s'éloignent de toutes les Fougères que nous connaissons actuellement.

GLOSSOPTERIS, Brong.

Fronde simple, entière, traversée par une nervure médiane très marquée, d'où naissent des nervures très obliques anastomosées en un réseau à mailles oblongues, et se terminant par des nervures libres, parallèles, obliques, arquées, qui s'étendent jusqu'au bord de la feuille.

La réticulation partielle des nervures secondaires, seulement dans la partie voisine de la nervure médiane, est le caractère particulier qui distingue ce genre, limité ainsi aux *Glossopteris Browniana* et *angustifolia* des mines de houille de la Nouvelle-Hollande et de l'Inde.

On a, parmi les Fougères actuelles, quelques exemples de cette réticulation partielle des nervures, dans le genre *Hemidictyum*, par exemple ; mais elle est dans un ordre inverse, c'est-à-dire que les nervures libres et parallèles, près de la nervure médiane, s'anastomosent pour former un réseau régulier près du bord de cette feuille.

E. Fougères dont les nervures ne sont pas apparentes.

PACHYPTERIS, Brong.

Frondes pinnées ou bipinnées, à folioles ovales ou lancéolées, uninerviées, sans nervures secondaires apparentes.

On ne comprend pas sur quel motif M. Unger a pu se fonder pour placer ce genre à la suite des Cycadées. Le *Pachypteris ovata*, par sa fronde bipinnée, différerait de toutes les Cycadées connues, et la forme des frondes et des folioles est celle de plusieurs Fougères à tissu épais et coriace. Les deux plantes de ce genre anciennement connues sont du calcaire oolithique du Yorkshire.

Une petite espèce de l'oolithe de Verdun me paraîtrait rentrer dans ce genre, et Kutorga lui rapporte aussi une plante de la formation carbonifère de l'Oural, qui me paraît douteuse quant à ses affinités.

Un autre groupe, voisin de celui-ci par ses frondes à pinnules épaisses et coriaces sans nervures apparentes, aurait pour type l'*Alethopteris Martinsii* Germ. (Kurtze, *Comment.*, t. 3, fig. 2), des schistes bitumineux de Mansfeld. Une seconde espèce a été trouvée dans les calcaires jurassiques des environs de Châtillon-sur-Seine. Ces espèces ont des pinnules obovales obtuses, à base large, et les pennes décurrentes sur le rachis commun.

F. Fougères douteuses, à feuilles anomales.

SCHIZOPTERIS, Brong.

Je n'ai rien à ajouter à ce que j'ai dit du *Schizopteris anomala*, que j'ai décrit dans l'*Histoire des végétaux fossiles*. Cet échantillon est resté unique, et les plantes qu'on a rapportées depuis à ce genre me paraissent différentes. C'est toujours une plante très anomale, et dont la position, dans cette famille ordinairement si facile à reconnaître, est douteuse.

APHLEBIA, Sternb.

La plante, figurée dans le *Fossil flora* sous le nom de *Schizopteris adnascens*, diffère beaucoup de la précédente. Elle a été placée par M. Geppert dans ses *Trichomanites*, mais elle en diffère par l'absence de nervures apparentes. Sternberg l'a mise dans son genre *Aphlebia*, genre mal défini et qu'on ne sait où placer, mais dont plusieurs espèces semblent avoir de l'analogie avec cette plante ; d'autres par leur irrégularité ressembleraient à certaines Algues à frondes minces et très découpées, telles que celles de quelques Ulves ; d'autres enfin s'éloignent tellement des végétaux connus qu'on ne sait où les classer, telle est l'*Aphlebia palaeraformis* de Germar ; on ne peut donc pas considérer la plupart de ces plantes comme des Fougères, et c'est parce que ce genre a été placé dans cette famille que je le cite ici.

STAPHYLOPTERIS, Presl.

Sous ce nom, M. Presl a distingué génériquement la plante fossile très imparfaite que j'ai considérée comme analogue aux fructifications d'un *Polybotrya*, et que j'avais, par cette raison, nommée *Filicites polybotrya*. Tant qu'on n'en aura pas trouvé des échantillons plus complets avec les feuilles stériles, je crois qu'il sera difficile d'en former un genre bien déterminé ; elle provient du terrain d'eau douce tertiaire d'Armissan, près Narbonne.

II. *Tiges arborescentes ou herbacées, isolées ou accompagnées de leurs pétioles et de racines adventives* (Cauloptéridées).

M. Corda, dans son essai sur la *Flore de l'ancien monde*, me paraît avoir trop mulplié, pour l'état actuel de nos connaissances, les genres fondés sur les tiges des Fougères, dont nous ne connaissons généralement la structure que d'une manière trop imparfaite pour y établir des divisions bien définies; je crois qu'il vaut mieux pour le moment les réduire aux suivantes.

CAULOPTERIS, Lindl. et Hutt.

Tiges arborescentes; feuilles caduques. Cicatrices laissées par les feuilles oblongues, disposées le plus souvent en séries longitudinales. Traces des faisceaux vasculaires vagues et nombreuses.

Ce genre comprend les *Caulopteris*, *Ptychopteris* et *Stemmatopteris* de Corda, c'est-à-dire les quatre premières espèces de mon *Histoire des Végé aux fossiles*, et le *C. Phillipsii*, de Lindley et Hutton.

Ce sont toutes des tiges du terrain houiller qui paraissent se rapprocher de celles des Cyathéacées.

PROTOPTERIS, Sternb.

Tiges arborescentes; feuilles caduques. Cicatrices laissées par les pétioles ovales ou arrondis, disposées en spirale. Faisceau vasculaire unique en forme de demi-cercle, ou sinueux ouvert supérieurement.

Ces tiges, qui comprennent les *Protopteris*, *Chelipteris* et *Sphalmopteris*, de Corda, se distinguent essentiellement par la forme du faisceau vasculaire unique de chaque cicatrice foliaire qui les rend surtout analogues aux tiges des Dicksoniées arborescentes du monde actuel.

Dans quelques unes la structure interne a été observée, et elle vient confirmer cette analogie; c'est ce que montra le *Protopteris Cotteana* Presl., de l'époque houillère, parfaitement décrit et figuré dans ses détails anatomiques par M. Corda; c'est ce que j'ai aussi observé sur une nouvelle espèce de *Protopteris*, des grès ferrugineux de l'époque wealdienne des environs de Saint-Dizier, qui m'a été communiqué par M. Amand Buvignier. Les espèces du grès bigarré décrites par M. Schimper et la tige que j'avais admise comme appartenant à l'*Anomopteris Mougeotii*, et qui forme le genre *Sphalmopteris* de Corda, n'ont offert aucune trace de structure interne. Du reste ce caractère du faisceau vasculaire du pétiole n'est pas

propre uniquement aux Dicksoniés, il se retrouve dans les Osmondacées et dans plusieurs autres Fougères.

ZIPPEA, Corda.

Cette tige singulière n'offre plus que des rapports éloignés avec les Fougères arborescentes actuelles, quoique les points les plus essentiels de son organisation paraissent l'en rapprocher. Elle est cylindroïde, donnant naissance par sa surface à des fibrilles radiculaires adventives et à deux rangées opposées de feuilles distiques qui ont laissé des cicatrices rapprochées assez semblables par leur forme à celles de certaines espèces de Sigillaires, présentant des traces vasculaires nombreuses, irrégulières et assez vagues.

Intérieurement cette tige, sous une écorce épaisse, présente un cylindre ligneux et vasculaire continu. M. Corda le représente comme formé de deux moitiés inégales, mais la plus petite correspondant alternativement aux deux séries de feuilles et se séparant du cylindre principal, ne me paraît formé que par le faisceau vasculaire qui se porte dans chaque feuille, comme on le voit dans les autres tiges de Fougères arborescentes. Je suis donc porté à croire avec M. Corda que c'est une tige de Fougères à feuilles distiques.

COTTÆA, Gœpp.

La plante fossile du grès du Keuper des environs de Stuttgard, figurée par M. Jæger, qui a servi à constituer ce genre, est si vague et présente si peu de caractères précis, qu'il est presque impossible de définir ce genre autrement que par ces mots : tige non articulée, probablement dressée, couverte par les bases persistantes des pétioles disposées en spirale (Gœpp.).

M. Schimper a rapporté à ce genre la tige du grès bigarré que nous avions attribuée à l'*Anomopteris*, mais la disposition des faisceaux vasculaires des pétioles doit plutôt la faire considérer comme un sommet de tige de *Protopteris*, dont les pétioles ne sont pas encore complètement détruits.

THAMNOPTERIS.

Je désigne sous ce nom une tige de Fougère frutescente, dressée, mais à pétioles persistant autour d'une tige assez grêle qua-

M. Eichwald a désignée sous le nom d'*Anomopteris Schlechtendalii* (*Urw. Russi. fasc.*, 2, p. 180, tab. 4), parce qu'elle lui semblait offrir quelque analogie avec la tige que j'avais rapportée à l'*Anomopteris Mougeotii*, mais celle-ci en diffère notablement par sa tige très grêle, entourée de pétioles dressés très nombreux, et qui doivent évidemment persister comme ceux de nos Fougères herbacées, à tiges ascendantes ; celle-ci, par la structure générale de sa tige présentant un cylindre régulier de faisceaux vasculaires arrondis et presque contigus, et de ses pétioles, dont le faisceau vasculaire est unique, à coupe plus que demi-circulaire et formant souvent un cercle presque fermé, car les détails anatomiques manquent, paraît avoir beaucoup d'analogie avec la tige de l'*Osmunda regalis* et probablement des autres plantes de cette tribu. Je ne connais que cette espèce qui, jusqu'à présent, doive se ranger dans ce genre ; elle a été trouvée en Russie dans une formation indéterminée.

ASTEROCHLOENA, Corda.

Ce genre que M. Corda a établi d'après le *Tubicaulis ramosus*, Cotta, offre sans doute une forme de tige fort singulière par les saillies inégales qu'elle présente, mais tant que sa structure et surtout celle de ses parties vasculaires ne sera pas mieux connue, ce sera un genre très mal défini ; les pétioles qui l'entourent en grand nombre paraissent bien, par la forme légèrement concave ou lunulée de leur faisceau vasculaire unique, devoir faire classer cette tige dans la famille des Fougères, mais on ne peut pas préciser davantage ses rapports. Ce fossile, comme les autres décrits par M. Cotta, vient du grès rouge de Chemnitz, en Saxe.

KARSTENIA, Gœpp.

M. Gœppert a désigné sous ce nom générique deux sortes d'empreintes très vagues qu'il a observées dans les roches du terrain houiller de Charlottenbrunn, en Silésie, et qu'il a figurées dans son ouvrage sur les Fougères fossiles (pl. 33). Ce sont des empreintes de portions de tiges portant des cicatrices arrondies offrant un mamelon central et souvent un rebord annulaire, assez semblables à celles des *Stigmaria*. Mais ces cicatrices ne sont pas disposées régulièrement en quinconce, comme celles des *Stigmaria*, et ne paraissent pas avoir entouré la tige de toutes parts. M. Gœppert les compare aux rhizomes de certaines Fougères, telles que ceux des *Polypodium* qui, après la chute des feuilles, portent en effet des cicatrices d'une forme arrondie fort analogues à celles de ces fossiles.

Ce genre aurait besoin d'être étudié de nouveau sur des échantillons plus nombreux et plus complets.

III. *Pétioles ou rachis isolés, ou mêlés à des racines.* (Rachiopteridées, Corda.)

Sous ce nom de famille, mais qui ne peut être considéré que comme une désignation organographique, M. Corda a réuni divers genres établis sur des portions de pétioles dont la structure interne est conservée, et qui, par ce caractère, se rapportent à la famille des Fougères. Ces formes, utiles à distinguer, ne doivent cependant être considérées que comme des genres provisoires, comme beaucoup de ceux, du reste, que nous sommes obligés d'établir actuellement dans la classification des fossiles végétaux, les genres définitifs ne pouvant être réellement constitués que lorsqu'on pourra associer les frondes, les pétioles et les tiges d'une même plante.

Ces restrictions une fois établies, nous indiquerons brièvement les genres formés par M. Corda.

* Pétioles à faisceau vasculaire unique.

ZYGOPTERIS, Corda.

Pétioles épais, cylindriques, entremêlés de racines ; écorce épaisse. Faisceau vasculaire ressemblant dans sa coupe transversale à un I, à lignes horizontales inférieure et supérieure très larges. Racines très nombreuses, inégales, cylindriques ou anguleuses, à faisceau vasculaire central très petit.

Une seule espèce, le *Zygopteris primaria*, Corda (*Tubicaulis primarius*, Cotta, Dendrol., t. 1, fig. 12), constitue ce genre, dont le faisceau vasculaire des pétioles a une forme tout à fait insolite.

SELENOCHLOENA, Corda.

Pétioles arrondis, mêlés de racines nombreuses et petites. Faisceau vasculaire des

pétioles unique, à coupe transversale lunulée.

Ce genre me paraît se confondre avec le
Selenopteris du même auteur, fondé sur des
pétioles isolés ; il rapporte à celui-ci les *Tubicaulis solenites* et *dubius* de Cotta.

SCLÉROPTÉRIS, Corda.

Pétioles herbacés, presque triangulaires,
plats ou canaliculés en dessus; écorce assez
épaisse; moelle parenchymateuse mince.
Fascicule vasculaire simple, infléchi, à coupe
transversale lunulée ou hippocrépique, rarement recourbée vers son bord supérieur,
entouré d'une gaîne colorée étroite. Vaisseaux gros, poreux ou scalariformes.

M. Corda en indique deux espèces, contenues dans la Sphærosidérite des mines de
houille de Radnitz en Bohême.

GYROPTERIS, Corda.

Pétioles arborescents, écorce épaisse su-
béreuse, moelle large parenchymateuse.
Faisceau vasculaire, simple, infléchi, lunulé,
aplati sur sa face inférieure, à bords latéraux recourbés en dehors, entouré d'une
gaîne mince. Vaisseaux larges scalariformes.

Une seule espèce dans la Sphærosidérite
de Radnitz.

ANACHOROPTERIS, Corda.

Pétioles herbacés, à écorce épaisse, cana-
licules en dessus ou arrondis, glabres ou
couverts de poils; moelle continue. Fascicule vasculaire simple, réfléchi (recourbé en
dessous), à bords enroulés, à gaîne mal
limitée. Vaisseaux grands et poreux.

Deux espèces trouvées avec les précédentes. S'il n'y a pas erreur dans l'appréciation
des faces inférieures et supérieures de ces
pétioles, la disposition du faisceau vasculaire est contraire à tout ce que nous connaissons dans les pétioles des Fougères qui,
dans tous les cas où le pétiole n'offre qu'un
seul grand faisceau vasculaire, ont ce faisceau canaliculé à concavité dirigée du côté
supérieur, et jamais inférieurement. La
légère cannelure superficielle qui a décidé
M. Corda dans la distinction des faces inférieures et supérieures, est-elle assez prononcée pour l'emporter sur cette disposition constante du faisceau vasculaire des
Fougères vivantes?

J'ai un fragment silicifié des environs
d'Autun, que j'avais, depuis longtemps,
considéré comme un pétiole de Fougère qui
rentre dans ce genre, et se rapproche beaucoup de l'*Anachoropteris pulchra*; mais sa
coupe transversale ne permet pas de décider
quel est le côté supérieur ou inférieur du
pétiole: elle est elliptique transverse.

*** Pétioles à faisceaux vasculaires multiples.*

PTILORACHIS, Corda.

Pétiole ou rachis herbacé, à écorce mince,
à moelle large. Faisceaux vasculaires opposés ou annulaires irréguliers; vaisseaux
grands, égaux.

Cette forme me paraît très obscure et
mal déterminée. M. Corda n'en indique
qu'une espèce, *Pt. dubia* de Radnitz.

DIPLORHACHIS, Corda.

Pétiole épais, arborescent?, à écorce ca-
naliculée en dessus et à moelle large. Faisceaux vasculaires géminés en forme de ban-
delettes parallèles obtuses aux deux bords.
Gaîne propre nulle. Vaisseaux petits, anguleux, scalariformes.

Une seule espèce de la même localité,
présentant deux faisceaux vasculaires sinueux et à peu près parallèles, superposés.

CALOPTERIS, Corda.

Pétiole petit, herbacé, grêle, plissé en
dessus; écorce épaisse; moelle large. Un
large faisceau vasculaire à coupe lunulée,
enveloppant deux autres petits faisceaux
également lunulés, infléchis. Gaîne propre
nulle autour des faisceaux vasculaires. Vaisseaux larges, inégaux.

Une seule espèce dans la Sphærosidérite
de Radnitz.

TEMPSKIA, Corda.

Pétioles arrondis, cannelés ou ailés. Fas-
cicules vasculaires au nombre de trois, dont
un plus grand à coupe circulaire ou lunulée recourbé en dessus, accompagné de deux
plus petits également lunulés. Racines très
petites et très nombreuses.

M. Corda en distingue 4 espèces, qui
appartiennent, comme celles des deux genres précédents, aux couches dépendantes du
terrain houiller ou du grès rouge.

Famille des Marsiléacées

J'avais considéré, comme appartenant à

cette famille, les *Sphenophyllum* du terrain houiller. Maintenant la disposition générale de leurs épis de fructification indique de tels rapports entre ces plantes et les *Asterophyllites*, qu'il est impossible de les séparer et de ne pas en faire une famille spéciale, dont la position, dans la méthode naturelle, est loin d'être certaine, et qui, comme nous le dirons en parlant des *Asterophyllites*, oscille entre les Cryptogames, telles que les Marsiléacées, et les Équisétacées et les Phanérogames gymnospermes. Il ne resterait donc pas de plantes fossiles à classer parmi les Marsiléacées, si quelques plantes des terrains secondaires jurassiques ne paraissaient se rapporter à cette famille.

C'est ce que M. F. Braun a supposé pour la plante qu'il a décrite sous le nom de *Bajera dichotoma* (*Jeanpaulia dichotoma*, Ung.), nom que je crois devoir conserver, le *Bajera* de M. de Sternberg étant un végétal trop incomplet pour pouvoir constituer un genre, et pouvant être rapporté au genre *Culmites* sans aucun inconvénient. On peut ainsi caractériser ce genre :

BAJERA, F. Br.

Fronde pétiolée, flabelliforme, lobée, à lobes simples ou dichotomes; nervures principales dichotomes; nervures secondaires anastomosées formant des aréoles allongées, anguleuses. Conceptacles ovoïdes ou globuleux, groupés au sommet de pédicelles naissant d'un rhizome.

Ce genre a pour type le *B. dichotoma*, parfaitement figuré par M. F. Braun (*Munst. Beytr.*, fasc. VI, p. 20, t. 13), et provenant des schistes du lias de Bayreuth. Mais il doit probablement comprendre quelques autres plantes de la même époque ou des terrains jurassiques plus récents.

Tels sont les *Bajera* (*Jeanpaulia*) *Brauniana* et *nervosa* (Dunker, *Weald. form.*, p. 11, tab. 5, fig. 2, 3, 4). Telle serait aussi probablement une plante des mêmes terrains désignée par Dunker sous le nom de *Cyclopteris digitata*, mais qui me paraît différente de celle que j'ai décrite sous ce nom.

J'ai plus de doute relativement à quelques plantes du terrain oolithique de Whitby et de Scarborough, qui, par la forme de leurs frondes profondément lobées, flabelliformes, se rapprochent du *Bajera dichotoma*, mais qui m'ont toujours paru avoir les nervures parallèles et non anastomosées. Tel est le *Cyclopteris Huttoni* (*Cycl. digitata*, L. et H., *Foss. Flor.*, n° 64, Dunk., l. c., t. 5, f. 5, 6), et une espèce des mêmes localités à lobes linéaires.

Quant au *Solenites furcata* de Lindley et Hutton (*Foss. Flor.*, n° 209), sa forme générale est si différente qu'il me paraît difficile de le classer dans le même genre. Je le croirais plus voisin des *Psilotites*.

On doit aussi exclure des *Bajera* le *Sphaerococcites Munsterianus* de Sternb., que M. F. Braun classe dans ce genre ; ce n'est qu'une portion de mon *Sphenopteris macrophyllus*, dont j'ai maintenant une fronde complète du calcaire jurassique de Morestel, près Lyon.

Le *Sphaereda paradoxa*, L. et H., *Foss. Flor.*, n° 159, est très probablement la fructification d'une des espèces de ce genre trouvée dans le même terrain de Gristhorp-Bay, près Scarborough.

Il me paraît qu'on peut conclure de ces comparaisons que la famille des Marsiléacées est probablement représentée, pendant la période jurassique, par un ou peut-être deux genres de plantes comprenant cinq ou six espèces, à souche grêle, rampante comme celle des *Marsilea*, qui portait des feuilles pétiolées, dont le limbe, au lieu d'être divisé en quatre lobes réguliers, comme dans les *Marsilea*, était flabelliforme, à lobes dichotomes, cunéiformes ou linéaires, à nervures principales dichotomes, et à nervures secondaires anastomosées ou parallèles, et dont les conceptacles reproducteurs, assez analogues par leur forme à ceux des *Pilularia* et *Marsilea*, étaient réunis par petites grappes ou bouquets portés sur des pédicelles naissant du rhizome.

Famille des Characées.

Cette famille, placée tantôt près des Algues et des Conferves, tantôt près des Marsiléacées et des Équisétacées, et que nous croyons devoir placer à la suite de la première de ces familles, ne comprend que le genre CHARA dont les nombreuses espèces croissent dans les eaux douces de presque tout le globe, et sont facilement reconnaissables à leurs tiges articulées, lisses ou striées longitudinalement, grêles, composées d'un seul tube ou de plusieurs tubes fasciculés, portant des rameaux analogues verticillés, et surtout à leurs fruits ou graines sphéroïdales ou ellipsoïdes, dont la paroi est formée de cinq tubes contournés en spirales.

A l'état fossile, ce genre, représenté par ses graines anciennement décrites par Lamarck, sous le nom de *Gyrogonites*, et par des fragments de ses tiges, se rencontre abondamment dans les meulières du terrain d'eau douce supérieur des environs de Paris.

Quelques autres espèces moins abondantes ont été retrouvées dans d'autres parties des terrains tertiaires, et une étude attentive en multipliera probablement le nombre des espèces. Celles décrites jusqu'à ce jour sont au nombre de six, toutes des terrains tertiaires de France, d'Allemagne et d'Écosse.

Famille des Lycopodiacées.

Cette famille, qui, dans le monde actuel, ne joue qu'un rôle très secondaire dans la végétation du globe, me paraît, dans les premiers temps de la création du règne végétal, avoir rivalisé avec la famille des Fougères par la dimension des individus, la variété et le nombre des espèces.

La différence entre ses formes anciennes et celles qu'elle revêt actuellement a engagé divers auteurs à former plusieurs familles des végétaux que nous y plaçons. Il est évident que, mieux connus dans tous les points de leur organisation, ce que nous considérons actuellement comme des genres ou des tribus, pourra être élevé au rang de famille. Mais je crois que, dans l'état actuel de nos connaissances, les végétaux que je vais énumérer ici ont plus d'affinité avec les Lycopodiacées qu'avec aucune autre famille, et que les caractères sur lesquels nous pourrions nous fonder pour les en séparer ne sont pas d'une valeur suffisante pour distinguer deux familles, si nous les apprécions d'après leur importance dans les Lycopodiacées et les Fougères actuelles.

Si nous ne connaissions à l'état vivant que les petites Fougères à tiges grêles et rampantes, si abondantes encore maintenant et dont les tiges ont la structure interne que nous observons dans les *Polypodium*, *Asplenium*, etc., et que nous trouvons à l'état fossile des tiges de *Cyathea*, et surtout des tiges de *Dicksonia arborescens*, nous croirions aussi devoir en former des familles distinctes.

On doit, je crois, se prémunir contre cette disposition à séparer trop facilement, et à séparer surtout comme famille distincte, sans motif suffisant, les végétaux fossiles, parce qu'ainsi on fait disparaître les rapports qu'il est si important de conserver entre les végétaux de l'ancien monde et ceux de l'époque actuelle.

Si l'on se demande quels sont les caractères les plus essentiels des Lycopodiacées, on voit que ce sont:

1° Comme forme extérieure: une tige ordinairement dichotome, rarement simple, dont les divisions ne paraissent latérales que par l'inégalité de leur développement; des feuilles nombreuses simples, verticillées ou en spirales.

2° Pour organes reproducteurs, des capsules bi ou trivalves, ou d'une forme toute spéciale dans l'*Isoetes*, insérées sur la base même des feuilles à leur surface supérieure.

3° Comme structure interne, des faisceaux vasculaires en forme de bandelette réunis au centre de la tige ou formant un cylindre continu autour d'une masse de tissu cellulaire central.

Ce cylindre vasculaire, que j'ai fait connaître dans les genres *Psilotum* et *Tmesipteris*, est très important à remarquer, parce que c'est la modification de structure qui s'offre dans la plupart des tiges fossiles que je considère comme appartenant à la famille des Lycopodiacées, et que quelques savants en éloignent en se fondant surtout sur ce caractère général, et négligeant les points essentiels qui le distinguent du cylindre ligneux des végétaux dicotylédons.

Non seulement il est continu et non divisé en faisceau par des rayons médullaires, caractère que j'ai indiqué dans plusieurs familles très diverses de dicotylédones, mais les éléments qui le composent ne forment pas de rangées rayonnantes. Cette absence de direction radiée dans la disposition relative du tissu ligneux me paraît un caractère très essentiel, car elle indique la formation simultanée de ce tissu, et non sa formation successive du dedans au dehors, caractère de la zone ligneuse des dicotylédones. Aussi même, dans les plus grosses tiges de cette famille dont on ait observé la structure interne, ce cylindre reste très mince et n'offre aucun indice d'accroissement par couches successives. Enfin ces éléments du cercle ligneux sont tous des vaisseaux rayés, comme chez les Lycopodiacées et les Fougères.

Ce caractère me paraît moins important, et je concevrais parfaitement un mélange de fibres et de vaisseaux ou la division du cylindre en faisceaux secondaires ; mais je crois que jamais, dans ces Cryptogames, acrogènes comme les Fougères et les Lycopodes, les éléments du cercle ligneux ne seront disposés en séries rayonnantes et ne seront le résultat d'un développement successif vers l'extérieur.

Ce sont ces caractères existant d'une manière très prononcée dans les deux tiges de *Lepidodendron*, dont la structure interne est connue (*Lepidodendron Harcourtii* et *Lepidodendron* (*sagenaria*) *fusiforme* Corda) dans le *Lomatophloios crassicaule*, le *Leptoxylon geminum* et le *Calamoxylon cycadeum* qui me paraissent rapprocher d'une manière positive ces tiges du terrain houiller des Lycopodiacées, telles que les *Psilotum* et *Tmesipteris*, et les éloigner tout à fait des dicotylédones auxquelles M. Corda les compare ; ainsi les Crassulacées n'ont pas de rayons médullaires, mais leurs tissus sont disposés en séries rayonnantes, et les couches annuelles y sont bien distinctes dans les vieilles tiges. Dans les Euphorbées charnues, le tissu ligneux est quelquefois uniforme ; et non seulement il est disposé en séries rayonnantes, mais en outre il y a de très larges rayons médullaires, comme M. Corda l'a parfaitement représenté. A mes yeux, ces deux types d'organisation sont tout à fait différents et, nulle part, nous ne connaissons, chez les dicotylédones, des tiges dont l'axe ligneux, placé vers le centre d'une tige volumineuse, soit formé seulement par un cylindre très mince de tissu vasculaire disposé sans régularité.

J'ajouterai que cette constitution du système ligneux entièrement par des vaisseaux rayés ou scalariformes, larges et anguleux, est un caractère presque général de la classe des Filicinées.

Dans l'état imparfait de nos connaissances sur ces plantes fossiles, dont la fructification et la structure interne nous est le plus souvent inconnue, je crois pouvoir diviser la famille des Lycopodiacées en trois sections

artificielles, mais qui paraissent cependant assez en rapport avec l'ensemble de leurs caractères.

§ 1. *Tiges bulbiformes, capsules indéhiscentes (Isoètes).*

ISOÈTES.

Sous ce nom, M. de Munster a décrit une plante des terrains jurassiques de Solenhofen qui n'a que des rapports très douteux avec les *Isoètes*. M. Alex. Braun cite un *Isoètes* fossile du terrain tertiaire d'OEningen, et M. Unger considère, comme des feuilles d'*Isoètes*, la plante désignée par MM. Lindley et Hutton sous le nom de *Solenites Murrayana* (*Foss. Flor.*, nᵒ 121), qui provient des terrains jurassiques du Yorkshire.

Tous ces rapports sont fort peu certains.

§ 2. *Tiges herbacées, capsules déhiscentes (Lycopodites).*

LYCOPODITES.

Les plantes réellement analogues aux Lycopodes actuels sont très peu nombreuses à l'état fossile. Je n'en connais même aucune qui, par ses dimensions et la disposition de ses feuilles, puisse être comparée avec quelque certitude aux espèces du genre *Lycopodium* proprement dit, car la plupart des plantes que j'avais désignées ou qu'on a indiquées comme Lycopodites, sont probablement ou des parties supérieures de jeunes rameaux de *Lepidodendron*, ou des rameaux de Conifères.

Ainsi la plupart des Lycopodites à rameaux dichotomes, du terrain houiller, paraissent dans le premier cas ; les espèces à rameaux pinnés, distiques, sont évidemment des Conifères du genre *Walchia*. La plupart des espèces des terrains plus récents, du lias ou du calcaire oolithique, paraissent dans ce dernier cas ; tels sont particulièrement les *Lycopodites Williamsonis* et *patens*.

Parmi ceux-ci, il y a cependant une espèce qui a tous les caractères d'un Lycopode ou plutôt du genre *Selaginella*, qu'on a séparé avec raison dans ces derniers temps, c'est le *Lycopodites falcatus* (Lindl. et Hutt. *Foss. Flor.*, nᵒ 61), dont les rameaux fins et dichotomes, les feuilles en apparence distiques, mais probablement opposées et inégales, ont tout à fait l'aspect et les caractères essentiels des espèces si nombreuses du genre *Selaginella*.

Je ne connais aucune espèce qui ressemble aux vrais Lycopodes, tels qu'ils sont actuellement limités, ni au genre *Tmesipteris*.

PSILOTITES.

Ce nom a été donné par M. de Munster à une petite plante fossile du calcaire jurassique schistoïde de Daiting près Manheim, qu'il a comparé aux *Psilotum*, mais qui, par sa petite taille, presque microscopique, serait un bien singulier exemple de ce genre. Les caractères en sont trop vagues et incomplets pour admettre cette affinité d'une manière positive.

Le *Solenites? furcata* de Lindley et Hutton (*Foss. Flor.* n° 209), du terrain oolithique de Scarborough, a beaucoup l'aspect des tiges dichotomes des *Psilotum*; mais on n'y a pas observé ces feuilles rudimentaires qui indiqueraient clairement sa nature caulinaire, et on peut aussi admettre que c'est une feuille dichotome, comme celle des *Bajera* ou des *Schizopteris*.

§ 3. Tiges arborescentes; tissu vasculaire formant un axe cylindrique rempli par la moelle. LÉPIDODENDRÉES, Sternb.; Sagénariées, Corda.

Plusieurs auteurs ont considéré dans ces derniers temps ces plantes comme formant une famille distincte des Lycopodiacées, mais elles paraissent en différer plutôt par des caractères génériques que par des caractères d'un rang plus élevé.

Cependant leur grande dimension, leurs feuilles articulées à leur base et caduques, laissant une cicatrice nette et régulière, la structure particulière des *Lepidostrobus* que je n'hésite pas à considérer comme leurs organes reproducteurs, font du moins des *Lepidodendron* un genre tellement prononcé qu'on peut en former une section spéciale, d'autant plus que quelques autres genres peuvent se ranger auprès de lui. Aux caractères indiqués ci-dessus, il faut ajouter les caractères internes de structure que j'ai signalés plus haut dans ce genre et dans les *Lomatophloios* ou *Lepidophloios*, structure analogue à celle des *Psilotum* et des *Tmesipteris*, et qui diffère de celles des vrais Lycopodes; mais nous ne pouvons pas affirmer qu'elle se présente sans différence notable dans les autres *Lepidodendron*, car les espèces de *Lepidodendron* diffèrent assez nota-

blement par la forme de leur surface externe pour qu'on puisse supposer que des modifications d'organisation, analogues à celles que nous observons actuellement dans les divers genres de Lycopodiacées, pouvaient se présenter dans ce grand genre ou dans cette famille; il n'y aurait donc rien d'étonnant à ce qu'une partie du genre *Lepidodendron* offrît une structure analogue à celle des vrais Lycopodes; c'est ce que nous voyons exister dans les *Psaronides*, dont nous ne connaissons que la structure interne et que nous plaçons à la suite de cette tribu.

Une organisation presque semblable à celle des *Lepidodendron*, existe en plus grand dans le *Lomatophloios crassus* de M. Corda, qui me paraît rentrer par ses caractères extérieurs dans le genre *Lepidophloios* de Sternberg; — la disposition et la nature des tissus qui constituent la tige sont les mêmes dans cette plante et dans les *Lepidodendron Harcourtii* et *fusiforme*.

LÉPIDODENDRON, Sternb. (*Sagenaria*, Brong., Corda).

Tiges arborescentes, cylindriques, continues, dichotomes, conservant les traces des insertions des feuilles sur leurs parties les plus anciennes. Feuilles insérées en spirales vers le milieu de mamelons rhomboïdaux, ovales ou lancéolés, contigus ou presque contigus, séparés par des sillons formant un réseau très régulier, présentant chacun une carène inférieure, et deux carènes latérales correspondant aux angles médian et latéraux des feuilles, et une carène supérieure souvent obtuse, partant toutes quatre des angles de la cicatrice d'insertion des feuilles qui est transversale, marquée de trois points vasculaires. Feuilles (*Lepidophyllum*) d'une forme linéaire ou subulée, très entières sur leur bord, carénées en dessous; souvent très longues. Fructifications en épis terminaux (*Lepidostrobus*), formés d'écailles naissant à angle droit sur l'axe par une sorte de pédicelle, renflées vers son sommet et supportant un sporange ou conceptacle plein de spores, se prolongeant ensuite en une lame foliacée lancéolée ou linéaire (*Lepidophyllum*), dressée et imbriquée.

Le nombre des espèces de ce genre est

très considérable, mais leurs limites sont très difficiles à établir, parce que les cicatrices foliaires changent de forme, en se dilatant et en vieillissant, suivant qu'on les examine sur les rameaux, sur les branches ou sur les tiges. Plusieurs auteurs modernes ont cru pouvoir établir aux dépens de ce grand genre plusieurs genres distincts, fondés sur des caractères de détail des cicatrices qui ne me paraissent pas assez précis et d'une valeur suffisante : tels sont les genres *Sagenaria*, Sternb.; *Aspidiaria*, Sternb.; *Bergeria*, Sternb.; *Phillipsia*, Sternb.; toutes sont propres au terrain houiller ou aux formations plus anciennes que lui.

On a élevé des doutes sur les rapports des *Lepidostrobus* et des *Lepidodendron*, mais les exemples de jeunes *Lepidostrobus* mêlés aux rameaux de *Lepidodendron* et paraissant même les terminer, ne sont pas rares, et, d'un autre côté, si l'on rejetait cette relation si probable, on ne saurait à quel genre de tige attribuer ces fruits fréquents dans les localités riches en *Lepidodendron*, et qui paraissent manquer dans celles où l'on n'a pas trouvé de tiges de ce genre.

J'ai connaissance, pendant que cet article est sous-presse, d'une dissertation très importante sur ces fruits et sur les *Lepidodendron*, publiée par M. le docteur Jos. Hooker dans les *Memoirs of the Geological survey of great britain*, tom. II, p. 44, dont je m'empresse d'extraire les faits suivants. M. Hooker, qui admet comme moi l'analogie intime des *Lepidodendron* avec les Lycopodiacées, et qui considère les *Lepidostrobus* comme les fructifications indubitables de ces arbres, est parvenu, par l'étude d'un grand nombre de ces fruits pétrifiés dans les nodules de fer carbonaté des houillères, et surtout de ceux qui sont enveloppés dans les tiges mêmes du *Lepidodendron elegans*, à une connaissance beaucoup plus complète de leur structure au moyen de coupes diverses, dont quelques unes assez transparentes pour en observer les détails microscopiques.

Il établit : 1° que les sporanges ne sont pas renfermés dans une dilatation des écailles, mais fixés, comme dans les Lycopodes, sur le côté supérieur d'un pédicelle grêle qui se dilate ensuite en une écaille terminale épaisse.

2° Que ces sporanges contiennent de vraies spores ternées ou quaternées, d'abord anguleuses, ensuite à peu près globuleuses, exactement comme dans les vrais Lycopodes.

D'après leur association avec des tiges et des rameaux de *Lepidodendron*, M. Hooker pense que les *Lepidostrobus* qu'il a étudiés se rapportent à deux espèces de Lepidodendron, les *L. elegans* et *Harcourtii*.

Ces résultats, que je réduis aux points les plus essentiels, confirment complètement, comme on le voit, les rapports des Lépidodendrons et des Lycopodes, entre lesquels il n'existe certainement que des différences d'une valeur générique.

ULODENDRON, Rhode (*Ulodendron* et *Bothrodendron*, Lindl. et Hutt.).

Ce genre ne me paraît fondé que sur un état particulier de certains *Lepidodendron*, dans lesquels il se développe sur les tiges volumineuses des tubercules coniques ou hémisphériques, couverts de cicatrices foliaires et se prolongeant au centre en un commencement de branche ou de racine adventive. Ces sortes de mamelons orbiculaires sont disposés en série longitudinale sur les deux côtés opposés de la tige à des intervalles assez rapprochés. Cette disposition paraît se montrer dans plusieurs espèces différentes appartenant, par la forme de leurs mamelons foliaires, à un groupe particulier de *Lepidodendron*, qui mérite peut-être d'être distingué génériquement.

MEGAPHYTUM, Artis.

Cette forme de tige se rapproche encore beaucoup des *Ulodendron* et des vrais *Lepidodendron*. Ce sont ainsi des tiges volumineuses qui présentent sur leurs deux faces opposées de grandes cicatrices disposées en séries longitudinales, sans avoir la forme de disques convexes, comme dans le genre précédent, mais plutôt de rameaux dressés rompus à leur base. Les mamelons et cicatrices foliaires sont beaucoup moins nets, soit parce que sur de vieilles tiges ils sont en partie effacés, soit parce qu'en effet ils étaient moins marqués et disparaissaient plus promptement dans ces plantes.

Cette disposition de grosses cicatrices,

...duites probablement par des rameaux ou des pédoncules, ou par de grosses racines adventives, en deux rangées longitudinales opposées et souvent dans une grande étendue, comme le montre l'échantillon que j'ai représenté (*Hist. végét. foss.*, tom. II, t. 28, f. 5), est fort singulière. On ne sait à quoi l'attribuer, et les exemples analogues manquent dans tous les Végétaux vivants que je connais; mais il est impossible de ne pas considérer ces deux formes, les *Ulodendron* et les *Megaphytum*, qui, à mes yeux, ne devraient former qu'un seul groupe, comme des modifications du genre *Lepidodendron*. Le genre suivant paraît presque dans le même cas.

HALONIA, Lindl. et Hutt.

Les tiges assez rares et mal connues qui forment ce genre, offrent, sur les parties qui sont bien conservées, une écorce marquée de cicatrices foliaires disposées comme dans les *Lepidodendron*; mais la tige présente en outre de gros tubercules coniques disposés en quinconce, et sur lesquels s'étend uniformément l'écorce générale et les feuilles qu'elle supportait.

La disposition quinconciale des mamelons ou tubercules qui font saillie sur la tige, et la continuité de leur base avec le reste de l'écorce de la tige, distingue complétement ce genre des précédents. Ici les gros mamelons ne paraissent pas des cicatrices, mais des saillies sous-corticales, comme celles qui seraient produites par des racines non sorties de dessous l'écorce.

KNORRIA, Sternb.

Ce genre, dont je n'ai vu que des échantillons fort imparfaits, mais qui a été bien représenté dans les ouvrages de M. de Sternberg, et surtout de M. Gœppert, me laisse cependant des doutes assez nombreux dans l'esprit. Les détails donnés par ces savants, et les figures qu'ils ont publiées, ne me paraissent pas établir positivement si les échantillons qu'ils ont étudiés offraient leur écorce complète et, par conséquent, leur véritable surface externe, et si les tubercules coniques dressés et imbriqués qui couvrent ces tiges sont de vraies feuilles charnues et imbriquées comme ils l'ont admis, ou si ce seraient des tubercules sous-corticaux, correspondant à des mamelons d'insertion dont les cicatrices ne pouvaient exister que sur la surface externe, et analogues avec une saillie beaucoup plus grande, à ce que nous voyons dans les *Lepidodendron* dépouillés de leur écorce charbonneuse. Après avoir exprimé ces doutes, qui ne pourraient être levés que par l'examen de bons échantillons, dont on posséderait en même temps la tige et le moule dans la roche environnante, je dirai que M. Gœppert, qui dernièrement a donné les meilleures figures de ces tiges curieuses, les considère comme couvertes de feuilles courtes, charnues, coniques, imbriquées. Les tiges et les rameaux allongés se bifurquent comme ceux des *Lepidodendron*, et leur déformation fréquente semble aussi indiquer qu'ils ont été charnus; ils montrent comme les tiges des autres *Lépidodendrées*, un axe central, mais dont la structure n'a pu être étudiée.

En admettant cette disposition des feuilles, je serais porté à croire que les rameaux que j'ai décrits sous le nom de *Selaginites*, et qui se distinguent des *Lepidodendron* par leurs feuilles courtes, charnues et persistantes, sont des rameaux de ces mêmes plantes qui ne devraient former qu'un seul genre pour lequel le nom de *Knorria* serait préférable.

LEPIDOPHLOIOS, Sternb. (*Lomatophloios*, Cord., *Pachyphlœus*, Gœpp.).

Ces trois genres me paraissent des espèces différentes d'un seul et même genre, auquel je laisse le nom donné en premier par M. de Sternberg.

Les caractères extérieurs sont les mêmes, ou ne présentent que de légères différences; l'organisation interne n'a été observée que sur la plante admirablement décrite par M. Corda, sous le nom de *Lomatophloios crassicaule*. L'écorce de ces tiges est couverte d'écailles formées par les protubérances basilaires des feuilles; elles sont à peu près rhomboïdales, à grand diamètre transversal, terminées à leur angle supérieur par une cicatrice d'insertion des feuilles également rhomboïdale, transverse, marquée de trois points vasculaires; les feuilles qui s'y insèrent sont linéaires, longues et très étroites, carénées ou même à double carène en dessous. Sous la couche externe assez dense de l'écorce se trouve une zone épaisse de parenchyme, puis vers le centre ou dans une position excentrique (comme dans les *Lepidodendron*), un cylindre ligneux rempli par le parenchyme médullaire, et entièrement formé par des vaisseaux rayés anguleux, irréguliers, sans rayons médullaires, ni disposition sériale rayonnante, ni couches successives et ne formant, comme dans toutes ces plantes, qu'un cylindre assez mince d'où partent des faisceaux qui, traversant obliquement le parenchyme cortical, se portent dans les feuilles. Ces faisceaux foliaires se séparent comme dans les *Lepidodendron* de la face externe du cylindre vasculaire, ainsi que cela a lieu pour les Fougères et les Lycopodiacées, et non pas de la surface interne ou médullaire, ainsi qu'on l'observe dans les Dicotylédones où l'étui médullaire et le tissu ligneux contigu fournissent les faisceaux vasculaires qui vont dans les feuilles en traversant obliquement toute la zone ligneuse. Suivant M. Corda, le cylindre de parenchyme médullaire dépouillé de son enveloppe vasculaire charbonneuse, est marqué de sillons transversaux, et ce seraient ces cylindres isolés qui auraient été décrits sous le nom de *Sternbergia* ou *Artisia*.

Ces axes peuvent avoir quelquefois été confondus avec les vrais *Artisia*, et je crois que ceux figurés par M. de Sternberg (*Fl. des Vorw.*, 2, t. 53, f. 1-6) sont dans ce cas; mais je doute qu'il en soit toujours ainsi, et je pense qu'il y a des tiges désignées sous ce nom, encore mal connues, qui sont étrangères aux *Lepidophloios*; celles des mines d'Angleterre me paraissent surtout dans ce cas.

Sous le nom de *Leptoxylum*, M. Corda a établi un genre voisin de celui-ci et qui, dans les seules parties qui en sont connues, ne me paraît même pas en différer; son écorce extérieure est trop altérée pour qu'on puisse en apprécier la forme et la structure; dans l'intérieur de la tige se trouvent deux axes divergents qui indiquent une bifurcation de la tige, comme dans les *Lepidodendron*; ces axes sont formés d'un cylindre creux, à parois minces formées par de gros vaisseaux rayés, disposés sans ordre. C'est l'organisation du cylindre vasculaire des *Lepidodendron* et des *Lepidophloios*.

Je ne vois pas non plus sur quel carac-

tère on peut distinguer génériquement le *Calamoxylon cycadeum*, Corda (in Sternb., *Fl. der Vorw.*, t. II, p. 54, fig. 8 13), de l'axe ligneux ou plutôt vasculaire du *Lomatophloios* ou du *Leptoxylum* du même auteur. La structure essentielle est la même, le cylindre ligneux est un peu plus épais, et toute la zone corticale manque.

Ainsi le genre *Lepidophloios* renfermerait comme espèces différant légèrement par leurs formes extérieures, les *Lomatophloios* et *Pachyphlœus*, et, comme tiges analogues par leur structure interne, les genres *Leptoxylum* et *Calamoxylon*. Quant au *Calamoxylon*? *involutum*, Ung. (*Cycadites involutus*, Sternb., l. c., t. 51), c'est, à mes yeux, une plante toute différente appartenant à la famille des Cycadées, ou, plus probablement, a celle des *Sigillariées*.

Je crois enfin que la plante, figurée par M. de Sternberg sous le nom de *Cycadites columnaris*, mais dont la forme extérieure seule est connue, se rapporte encore au *Lepidophloios*, et se rapproche surtout beaucoup du *crassicaule* de Corda.

§ 4. Tiges arborescentes; faisceaux vasculaires aplatis, repliés, réunis vers le centre de la tige, le plus souvent entourés de racines adventives, nombreuses, descendant dans le tissu de l'écorce (PSARONITES).

Ces tiges remarquables, dont nous ne connaissons pas jusqu'à présent la forme externe, ont été rapportées par M. Corda, qui en a étudié la structure et les espèces avec beaucoup de soin, à la famille des Fougères, tribu des Marattiacées. Je crois qu'il y a plus de probabilité qu'elles proviennent de la base de tiges de Lycopodiacées arborescentes voisines des *Lepidodendron*, et confondues jusqu'à ce jour avec ce genre. C'est ce que je vais exposer, en indiquant les caractères des *Psaronius* ou Psarolithes.

PSARONIUS, Cotta.

Ces tiges, qui ont maintenant été trouvées dans des localités assez variées, appartenant aux parties supérieures de la formation houillère ou au nouveau grès rouge qui la recouvre, se sont toujours présentées en fragments peu étendus en longueur, qu'on n'a rencontrés que hors de place, ce qui ne permet pas de constater si ce sont des tiges allongées simples ou ramifiées. La présence des racines nombreuses, qui constituent leur partie externe, pourrait faire supposer que ce sont des bases de tiges souvent fort volumineuses, mais dans lesquelles la structure, telle que nous la voyons, ne se prolongerait pas dans les parties supérieures.

Ces tiges, lorsqu'elles sont à peu près complètes, présentent un axe central ordinairement de 5 à 10 centimètres de diamètre, formé de faisceaux vasculaires aplatis en forme de rubans, dont la coupe est souvent sinueuse et repliée, et qui sont plus ou moins parallèles à la surface externe ; ces faisceaux sont entièrement formés de vaisseaux rayés gros et anguleux, disposés parallèlement entre eux, mais sans ordre régulier ; ces divers faisceaux sont séparés par un tissu cellulaire très délicat, souvent en partie ou entièrement détruit. Enfin l'ensemble de ces faisceaux, qui constitue l'axe ligneux ou vasculaire de ces tiges, est souvent entouré par une zone continue étroite, mais dense, de tissu cellulaire allongé et fin analogue à celui qui forme un cylindre semblable dans les tiges de Lycopodes que j'ai figurées (*Hist. vég. foss.*, tom. II, pl 10, fig. 2, 3), et à celui qui entoure en particulier chaque faisceau vasculaire des tiges des Fougères arborescentes, tissu qu'il ne faut pas confondre avec les vaisseaux rayés formant les faisceaux du centre de la tige.

Dans d'autres espèces, ce cylindre de tissu ligneux manque, et la ligne de démarcation entre l'axe vasculaire et l'écorce, est moins prononcée, quoique facile à reconnaître, par la différence des parties qui constituent ces deux zones.

En dehors de l'axe vasculaire et ligneux se trouve le parenchyme cortical, dont la limite externe ne nous est pas connue ; c'est un tissu cellulaire fin, quelquefois détruit, dans lequel descendent, parallèlement à l'axe de la tige, de nombreuses racines légèrement sinueuses, cylindriques ou très comprimées, dont la grosseur et la structure varient beaucoup, suivant les espèces, et suivant aussi la position qu'elles occupent dans la tige. Elles présentent cependant toujours un étui cortical dur et fibreux, puis une zone cellulense plus ou moins lâche et lacuneuse ; et enfin au centre un seul faisceau vasculaire dont la coupe est en forme d'étoile. C'est

cette disposition qui avait fait donner anciennement à ces parties corticales le nom d'*Astérolithes*, ou *Staarstein* des auteurs allemands ; aux parties centrales dont les faisceaux vasculaires coupés ressemblent à des Vers, le nom d'*Helminthlithes* ou *Wurmstein*, et à l'ensemble de ces tiges fossiles, dont les coupes des racines forment des taches arrondies, le nom de *Psarolithes*.

Quand on compare cette structure à celles des bases de tiges de Lycopodes que j'ai représentées dans l'*Histoire des végétaux fossiles* (tom. II, pl. 8, 9, 10), il me paraît difficile, en faisant abstraction des différences de taille, ou plutôt en se représentant les différences qu'entraînerait la forme arborescente, de ne pas trouver plus d'analogie entre ces tiges de Lycopodiacées et les *Psaronius*, qu'entre ces derniers et les Fougères, même de la tribu des Marattiacées, qui s'en rapproche un peu plus. Dans les Lycopodiacées et les *Psaronius*, différence très tranchée entre l'axe vasculaire et la partie corticale occupée par les racines, souvent limitée par un cylindre fibro-ligneux, dans les uns et les autres, axe formé de nombreux faisceaux vasculaires sans enveloppe propre, aplatis et rapprochés ; dans les deux cas, racines nombreuses, se prolongeant parallèlement à l'axe de la tige dans une étendue qui, dans ces plantes comme dans les Fougères, doit augmenter, ainsi que leur nombre, avec l'âge de la tige.

Enfin ces racines sont contenues dans le tissu cortical, tandis que dans les Fougères elles en sortent directement pour descendre au dehors.

Tels sont les caractères qui me semblent assimiler les *Psaronius* plutôt aux Lycopodiacées arborescentes qu'aux Fougères. J'ajouterai que les empreintes du terrain houiller dont ces tiges sont contemporaines, nous annoncent l'existence de beaucoup de Lycopodiacées arborescentes (*Lépidodendrées*) et de très peu de Fougères, ayant des dimensions comparables à celles des *Psaronius*.

M. Corda énumère 26 espèces, décrites soit par lui, soit par M. Unger ; la plupart sont d'Allemagne, de Chemnitz en Saxe et de Neupaka en Bohême. A ces espèces, il faudrait en ajouter quelques nouvelles, trouvées aux environs d'Autun et une belle espèce du Brésil. Une espèce remarquable, qui m'a été remise par M. Viclet, a été trouvée à Mellier, près Souvigny (département de l'Allier), et annonce une localité nouvelle de ces fossiles intéressants, localité qui mériterait d'être explorée avec soin.

La grosseur et le tissu lacuneux et spongieux des racines de quelques espèces, semblerait indiquer que ces plantes croissaient dans des terrains marécageux comme les *Isoetes*.

HETERANGIUM, Corda.

Ce genre ne me paraît, jusqu'à ce jour, que fort incomplètement connu, par la description que Corda a donnée d'un seul fragment de tige fort imparfait, qui ne permet pas de juger des rapports des faisceaux vasculaires avec les autres parties de la tige.

Je ne puis pas cependant comprendre les figures de M. Corda exactement comme lui. Ainsi, ce qu'il appelle de petits vaisseaux mêlés aux grands, me paraît plutôt un tissu cellulaire interposé entre des faisceaux irréguliers de gros vaisseaux, comme dans les parties centrales des tiges de Lycopodiacées. Les parois régulièrement et finement réticulées de ces vaisseaux ressemblent surtout à celles de certains vaisseaux des pétioles de Fougères fossiles figurés aussi par Corda, tels que les *Anachoropteris* et *Selenopteris*.

DIPLOTEGIUM, Corda.

M. Corda forme de cette tige une famille spéciale sous le nom de DIPLOTEGIACÉES; mais j'avoue qu'elle me paraît trop imparfaitement connue jusqu'à ce jour pour prendre une détermination aussi absolue. Je crois qu'il est préférable, jusqu'à ce que des échantillons plus parfaits permettent de mieux apprécier sa structure interne, de la laisser à la suite des *Lycopodiacées*, près des *Psaronées*, avec lesquelles elle paraît avoir quelque analogie. L'échantillon étudié par M. Corda constituait une longue tige simple d'environ 20 pieds de long sur près de 5 pouces de diamètre, sans trace de ramification; vers la base, elle présentait, d'un côté, un profond sillon longitudinal, et l'écorce roulée en dedans, comme on l'observe souvent sur les grosses tiges de *Lépidodendron* et d'autres plantes charnues. La surface externe de l'écorce présente de nombreuses cicatrices des bases des feuilles disposées en quinconce; chacune de ces cicatrices, en forme linéaire-lancéolée transversale sans traces vasculaires bien distinctes. La structure de cette écorce me paraît difficile à bien apprécier, d'après les figures et les descriptions de M. Corda; car une de ses figures la représente comme formée de trois couches minces immédiatement superposées, et donnant lieu, lorsqu'on enlève les couches superficielles, a trois aspects différents de la surface, mais qui se suivent dans leurs ondulations. La coupe transversale indique, au contraire, une écorce interne ou liber, d'après M. Corda, composée de deux couches (*Bast Zonen*) placées assez profondément, dont l'une est assez épaisse, et qui ne sont pas parallèles a l'écorce externe, mais diversement repliées à l'intérieur.

Enfin, vers le centre, se trouve un cylindre ligneux, formé sur la coupe transversale de deux arcs de cercles opposés par leur concavité, en embrassant un troisième plus petit. La structure propre de ces diverses parties n'a pas pu être observée; elle était trop altérée.

Les replis que forme la zone que M. Corda appelle liber interne, ressemblent à ce que j'ai observé dans mon genre *Colpoxylon*; mais ici c'est la vraie zone ligneuse qui présente ces replis, et il n'y a pas d'axe central a l'intérieur (voyez a la famille des Cycadées).

Famille des Équisétacées.

La famille des Équisétacées, dont les caractères, parmi les plantes vivantes, sont si précis, puisqu'elle ne comprend que le seul genre *Equisetum*, et si différents de ceux de toutes les autres familles du même embranchement, est plus difficile a bien limiter parmi les fossiles dont les débris sont si souvent incomplets.

Il existe évidemment, à l'état fossile, de vrais *Equisetum*, qu'on ne saurait hésiter a placer dans ce genre, tant d'après la forme de leur tige et de leurs gaines, que d'après la présence dans quelques cas de la fructification.

Tels sont, 1° l'*Equisetites Munsteri*, Sternb., *Flor. der Vorw.*, 2, p. 43, t. 16, fig. 4-5, qui montre un épi fructifié très caractérisé; 2° l'*Equisetites Burchardti*, Dunker, monweald., t. 5, fig. 7, du terrain wealdien du nord de l'Allemagne; 3° les *Equisetites moniliformis*, *Roesserianus* et *Haslianus* de Sternberg, dont les deux premiers ne constituent peut-être pas des espèces suffisamment distinctes; 4° Les *Equisetum Meriani et dubium*, Brong., *Hist. Vég. foss.*, t. 12, fig. 13, et fig. 17, 18. Ce dernier seul appartient au terrain houiller, toutes les autres espèces étant de l'époque keupérienne ou wealdienne.

Un autre groupe d'*Equisetum* comprend des espèces à tiges beaucoup plus volumineuses que celle des *Equisetum* ordinaires, mais pourvues cependant de gaines multidentées, dressées et appliquées sur la tige, comme celles des *Equisetum* vivants. Quelques espèces appartiennent au terrain houiller; ce sont les *Equisetum infundibuliforme*, Brong., t. 12, fig. 14, 16, et *Equisetites mirabilis*, Sternb., 2, t. 1, fig. 1, qui n'en diffère peut-être pas spécifiquement; d'autres appartiennent au grès bigarré, *Equisetum Brongniartii*, Schimper et Moug., *Monog. Grèsbig.*, t. 27, ou au keuper et à la formation jurassique; ce sont l'*Equisetum columnare*, Brong., *Hist.*, 1, t. 13; *Equisetites Braunii*, *Schoenleinii*, *conicus*, *cuspidatus*, *acutus*, *elongatus*, *Seinsheimicus* et *arenatus*, de Sternberg, dont plusieurs ne sont probablement que de simples variétés.

Ces espèces diffèrent des vrais *Equisetum* et des espèces fossiles énumérées précédemment, non seulement par leur taille, mais par leur tige lisse, non striée, dont la surface ne présente pas de cannelures continues aux dents de la gaine; les stries qui les séparent, s'évanouissant avant la base même de la gaine. La fructification de toutes ces espèces est inconnue, et je serais fort porté à penser qu'elles peuvent former un genre très voisin, mais distinct, des vrais *Equisetum*. On pourrait leur réserver le nom d'*Equisetites*, ou adopter le nom d'*Oncylogonatum* donné par Kœnig à l'*Equisetum columnare*, et conserver celui d'*Equisetum* au premier groupe évidemment identique avec les *Equisetum* actuels.

La plante du calcaire grossier dont j'avais décrit le petit rameau, sous le nom d'*Equisetum brachyodon*, a été considéré, je crois avec raison, par M. Unger comme de petits fragments de rameaux d'un *Thuya* ou plutôt d'un *Callitris* qu'il a nommé *Thuyies callitrina*.

L'*Equisetum Braunii*, Unger, de la formation tertiaire d'Œningen, est probablement un vrai *Equisetum*, puisque M. Alex. Braun, dont tous les botanistes connaissent la précision, le compare à l'*Equisetum palustre*. Quant à l'*Equisetum stellifolium* (et non pas *stelliferum*) Harlan (*Phys Res.*, p. 390, f. 4), c'est un véritable *Annularia*, probablement l'*A. fertilis*.

Enfin l'*Equisetites Lindackerianus* Sternb. (*Flor.*, 2, t. 56, fig. 1, 8) de la formation du grès rouge, me paraît une vraie *Calamites*, dont il offre la structure interne, comme je l'indiquerai tout à l'heure.

Voici donc deux groupes de végétaux qui, en en excluant quelques plantes rapprochées d'eux à tort, sont évidemment de vrais Equisétacées, et on ne comprend pas pourquoi M. Unger les a placés dans une famille des *Calamitées* qui, comme on va le voir, est très hétérogène, en ne laissant dans les Equisétacées, et sous le nom générique d'*Equisetum*, que deux plantes, les *Equisetum Braunii* et *stellifolium*, dont la dernière est tout à fait étrangère à ce genre et même à cette famille.

Quant au genre *Calamites* Suck., adopté par tous les auteurs, et au genre *Calamitea* Cotta, ils ont, je crois, besoin d'un nouvel examen et de nouvelles limites.

Toutes les Calamites décrites jusqu'à ce jour, tant dans mon *Histoire des végétaux fossiles* que dans les ouvrages plus récents, appartiennent-elles au même genre, à la même famille, et quels sont leurs vrais rapports avec les tiges pétrifiées désignées sous le nom de *Calamitea*?

Je dois d'abord indiquer quelques faits qui me paraissent confirmer les rapports des Calamites ou du moins d'une partie d'entre elles avec les Équisétacées. On sait que les Calamites sont des tiges dont la surface externe est régulièrement articulée et striée, et ne présentant, en général, pas de vraies gaines ni aucun organe appendiculaire aux articulations, soit qu'il n'en ait jamais existé, soit qu'ils fussent très promptement caducs avant que la tige eût pris sa taille et sa forme caractéristique.

Quelques exemples se sont présentés de tiges ayant les caractères extérieurs essentiels des Calamites et offrant encore leur structure interne ; l'un a été figuré par M. de Sternberg sous le nom d'*Equisetites Lindackerianus* (vol. II, t. 56, fig. 1, 8) ; mais les détails de l'organisation de cette plante remarquable ne sont pas représentés ni décrits avec assez de précision pour qu'on puisse discuter son analogie avec les vrais *Equisetum* sans l'avoir vue. Les détails peu grossis semblent cependant indiquer beaucoup de ressemblance entre cette tige fossile et une grosse espèce de Prêle ; un échantillon du terrain houiller de Saint-Priest, que M. Dufresnoy m'a remis, semble aussi annoncer une Calamite a tige fistuleuse, ou dont le centre est occupé par un tissu cellulaire lâche, entourée d'un cercle étroit de tissu fibreux , formant les cannelures extérieures et se prolongeant a l'intérieur comme des lames courtes et saillantes qui doivent correspondre aux sillons du noyau central qui remplit ordinairement la tige. Si cette tige est complète a l'extérieur, elle n'offrirait donc qu'une zone ligneuse , très mince, correspondant à la couche charbonneuse des Calamites à écorce mince.

Enfin M. Petzholdt a décrit avec beaucoup de soin plusieurs échantillons de Calamites dont la zone externe serait plus composée, présentant de larges lacunes séparées par des cloisons de tissu fibreux formant des lames rayonnantes. Il admet que cette zone constitue a elle seule les parois d'une tige fistuleuse qu'il compare avec raison à celle des *Equisetum*. Il est cependant étonnant, si c'est la structure normale des Calamites, qu'elle se soit offerte si rarement. Les tiges de Calamites, telles que nous les connaissons habituellement, seraient ou des noyaux dépouillés de leurs parois organiques ou du moins de la partie externe de cette paroi, ou des tiges aplaties dans lesquelles les parois elles-mêmes comprimées, se seraient appliquées sur ces noyaux.

Ces Calamites auraient donc une tige fistuleuse, cloisonnée, dont les parois, quelquefois très minces, ne présenteraient que des crêtes internes, fibreuses, correspondant aux cannelures externes, sans lacunes longitudinales ; quelquefois, plus épaisses, offriraient des lacunes longitudinales nombreuses en rapport avec les cannelures externes (*Cal. Lindackerianus*) ; d'autres fois, enfin, beaucoup plus épaisses, mais susceptibles de s'affaisser par la compression, montreraient de grandes lames longitudinales, séparées et bordées par des lames de tissu disposé en séries rayonnantes correspondant aux stries de la surface externe et interne (tiges figurées par M. Petzholdt).

A l'article Calamites de ce Dictionnaire, j'ai exprimé la pensée que cette organisation pourrait ne s'appliquer qu'à l'écorce des tiges des Calamites dont l'axe ligneux serait représenté par les *Calamitea* ; mais, en y réfléchissant de nouveau et en examinant avec attention les diverses formes des échantillons de ces végétaux singuliers, il me paraît peu probable : 1° que cette zone externe ne soit qu'une simple écorce ; sa structure complexe et ses lacunes régulières ne semblent pas en rapport avec la structure des tiges des *Calamitea* ; 2° que la destruction de la partie ligneuse centrale fût complète dans les échantillons figurés par Petzholdt, si elle avait existé.

Je serais donc porté à penser qu'on a confondu sous le nom de Calamites deux groupes de végétaux très différents. L'un comprenant les Calamites à écorce mince, régulière, recouvrant le noyau central d'une couche charbonneuse qui en suit tous les contours , qui montre à sa surface externe des stries et des articulations très nettes, des insertions de rameaux appliqués sur ces articulations, articulations dépourvues de gaines ou en offrant quelquefois une étalée. Leur structure interne est celle que je viens de décrire. L'autre comprenant les Calamites à écorce charbonneuse, épaisse, qui, extérieurement, offre à peine des traces de stries longitudinales et d'articulations, dont le noyau interne correspondant à la tige est, au contraire, profondément sillonné et présente des articulations très marquées. Ces tiges, lorsque leur partie centrale a conservé sa structure, paraissent offrir celle décrite par MM. Cotta, Petzholdt et Unger dans les *Calamitea*, c'est-à-dire une moelle centrale, un cylindre ligneux, partagé par de nombreux rayons médullaires très réguliers, en faisceaux rayonnants, composés eux-mêmes de lames rayonnantes, de tissu vasculaire strié , analogue à celui des Fougères, des Lepidodendron, des Sigillaria et des *Sigmaria*, et de tissu ligneux plus fin, sans stries ni ponctuations.

Cette organisation est bien plus analogue à celle des Dicotylédones gymnospermes qu'à celle des vraies Calamites, et l'on ne saurait laisser ces plantes dans le même genre : les premières, vraies Calamites, resteraient parmi les Équisétacées ; les secondes, que je nommerais *Calamodendron*, pour ne pas employer un nom aussi semblable que celui de *Calamites*, trop facile à confondre avec *Calamites*, doivent entrer dans une famille toute différente, et je serais très porté à penser, avec MM. Lindley et Hutton, que les Astérophyllites seraient leurs rameaux.

Les vraies Calamites peuvent encore se diviser en deux sections qui deviendraient certainement deux genres, si le caractère qui les distingue se vérifie d'une manière constante.

La première, ne comprenant que le *Calamites radiatus*, est caractérisée par des gaines s'insérant sur les articulations, étalées dans un plan perpendiculaire à l'axe des tiges ; la seconde renferme des espèces qui paraissent constamment dépourvues de gaines et de tout autre organe appendiculaire. Elle renferme comme types principaux : les *Calamites Suckowii*, *decoratus*, *undulatus*, *cannæformis*, *verticillatus* Lindl., et probablement les *C. ramosus*, *dubius*, ainsi que plusieurs espèces imparfaitement connues.

Ainsi la famille des *Equisétacées* comprend : 1° de vrais *Equisetum*, les uns tout à fait identiques génériquement avec ceux de l'époque actuelle, par leur taille et leurs caractères ; les autres analogues dans tous les points essentiels de leur structure, mais différents par leur taille ; 2° les vraies Calamites, genre très distinct des *Equisetum*, mais qui paraît cependant offrir une organisation analogue. Ils servent de passage à la famille suivante, qui cependant me semble appartenir, par l'ensemble de ses caractères, aux *Dicotylédones gymnospermes*.

Phanérogames dicotylédones.

DICOTYLÉDONES GYMNOSPERMES.

Famille des Astérophyllitées.

Cette famille dont les caractères sont loin d'être complétement connus, et dont la position est même douteuse entre les Cryptogames et les Dicotylédones gymnospermes, me paraît cependant pouvoir comprendre des Végétaux tous remarquables par leurs tiges articulées, ou du moins à organes appendiculaires verticillés, tantôt herbacées, tantôt ligneuses et arborescentes ; à feuilles plus ou moins unies par leur base, de manière à former un anneau ou une courte gaine que dépasse un limbe foliacé étroit, mais très développé proportionnellement à la gaine, simple et entier. Ces organes appendiculaires, dans les vraies Astérophyllites, forment aux extrémités des rameaux des sortes de chatons, composés de ces feuilles plus ou moins soudées portant à leur surface supérieure des conceptacles à peu près globuleux, pleins d'une matière pulvérulente qu'on peut considérer comme du pollen, ou comme des spores, et ces épis seraient analogues ou aux chatons mâles des Conifères, ou des *Cycadées*, ou aux épis des Lycopodiacées. Mais la présence auprès de beaucoup des échantillons d'Astérophyllites, et au milieu de leurs rameaux, de petites graines ovales aplaties, quelquefois un peu ailées, ressemblant à celles des Ifs ou des Thuya, peut faire supposer que ces Végétaux sont plutôt phanérogames.

Cette probabilité est appuyée par l'analogie que paraissent avoir ces rameaux avec des tiges semblables par leurs formes aux Calamites, mais dont la structure interne serait très différente de celle des vraies Calamites, de la famille des Equisétacées : ce sont les *Calamodendron* renfermant une partie des *Calamites* et des *Calamitea*.

Ainsi nous comprendrons dans cette famille :

1° Les *Calamodendron*, tiges arborescentes ou du moins frutescentes, ligneuses intérieurement, ayant probablement les Astérophyllites pour rameaux.

2° Les *Astérophyllites*, rameaux avec feuilles, portés peut-être par les tiges précédentes et dont les épis, désignés sous le nom de *Volkmannia*, ne sont que les fructifications, et les genres *Beckera*, *Bornia*, et *Bruckmannia*, que des formes spéciales.

3° Le genre *Sphenophyllum*, très différent par la forme de ses feuilles, mais analogue aux Astérophyllites par son port et son mode de fructification.

4° Les *Annularia*, plantes herbacées, probablement flottantes, bien distinctes des précédentes.

5° Le genre *Phyllotheca*, de la Nouvelle-Hollande.

CALAMODENDRON.

Ce genre me paraît devoir comprendre les Calamites, dont l'écorce charbonneuse, épaisse, presque lisse extérieurement, n'offre ni stries longitudinales régulières, ni articulations sensibles, tandis que le noyau interne recouvert par cette écorce est profondément strié et articulé, et ressemble alors à celui des vraies *Calamites*. Ce sont des tiges de cette nature qui ont offert une structure interne ligneuse, toute particulière, et que M. Cotta a désignées par le nom de *Calamitea*. Mais les *Calamitea striata* et *bistriata* seules rentrent dans ce genre ; les *Calamitea lineata* et *concentrica* paraissent de vraies conifères : ce motif et la trop grande analogie des mots *Calamites* et *Calamitea* m'ont engagé à modifier un peu ce dernier nom.

La structure interne du *Cal. striatum* (*Calamitea striata*, Cotta), a été décrite et figurée avec détail par Unger dans l'ouvrage du docteur Petzholdt (*Ueber Calamiten*, tab. 7 et 8).

Cette tige, comme toutes les autres de ce genre, présente une moelle très volumineuse, souvent réduite par la compression à une forme elliptique ou même linéaire, entourée par une zone ligneuse de quelques centimètres d'épaisseur, sans zones d'accroissement distinctes, mais formée de bandes rayonnantes alternatives fort différentes de couleur et d'aspect, presque égales en largeur dans le *Cal. striatum*, alternativement larges et étroites dans le *Cal. bistriatum*. On croirait au premier abord que ce sont de très larges rayons médullaires alternant avec des faisceaux ligneux à peu près de même dimension ; mais l'anatomie microscopique a montré dans le *Cal. striatum* que la moitié de ces lames rayonnantes sont formées par des vaisseaux rayés, ou plutôt par de larges fibres rayées comme celles des *Psaronius* et des *Stigmaria*, séparées par des rayons médullaires très étroits, d'un seul rang de cellules, et peu étendus en hauteur; les lames qui alternent avec celles-ci sont formées de fibres ligneuses, plus fines, très nombreuses, disposées aussi en séries rayonnantes, et chaque lame est partagée dans son milieu par un rayon médullaire plus large, continu et composé de deux ou trois rangées de cellules dirigées, comme dans les rayons médullaires, du centre à la circonférence.

La structure de la zone corticale est inconnue. Cette organisation est toute spéciale, nous ne connaissons jusqu'à présent rien dans la nature vivante qui s'en rapproche ; mais cependant la disposition du cylindre ligneux et des rayons médullaires indique une plante dicotylédone, la nature des tissus les rapproche des Gymnospermes, mais surtout des genres fossiles du groupe des *Stigmaria* et des *Sigillaria*. Il nous manque, pour compléter l'anatomie de ces tiges, la connaissance de la structure de l'écorce et des modifications de disposition des tissus dans les points qui correspondent aux articulations; enfin, il faudrait savoir si cette organisation se répète exactement dans les autres espèces.

Par les formes extérieures, nous pouvons rapporter à ce genre les *Calamites approximatus, pachyderma, nodosus, Voltzii?, inæqualis?, gigas?* par la structure interne, les *Calamitea striata* et *bistriata*, et probablement plusieurs autres tiges analogues, appartenant également à l'époque houillère.

ASTÉROPHYLLITES.

Ce genre comprend des végétaux à tiges articulées, rameuses, portant des feuilles verticillées, étalées perpendiculairement aux rameaux qui les portent, ordinairement redressées vers leurs extrémités, égales entre elles, aiguës, uninerviées, libres ou très légèrement unies entre elles par leur base. Les rameaux sont aussi verticillés sur les tiges principales.

Ces plantes se distinguent des *Annu-*

lurai par la direction des feuilles et par leur égalité dans un même verticille, enfin parce qu'elles sont à peine réunies entre elles à leur base.

Le nombre des feuilles à chaque verticille varie suivant les espèces; mais il est difficile de les compter, parce qu'elles sont presque toujours en partie engagées dans la roche, et non étalées dans un même plan comme dans les *Annularia*. Les genres *Bechera*, *Bornia*, *Schlotheimia*, *Bruckmannia*, de Sternberg; *Casuarinites*, de Schlotheim, et une partie des *Volkmannia*, de Sternberg, ne sont que des formes diverses de ce genre, fondées sur des caractères vagues, ou dont la valeur n'a pas encore pu être bien constatée. La grandeur de ces Végétaux et surtout de leurs feuilles varie extrêmement depuis celles de l'*Astérophyllites delicatula*, qui n'ont que quelques millimètres, jusqu'à celles de l'*Ast. longifolia*, Brong., et de l'*Ast. jubata*, Lindl. et Hutt., qui ont plus d'un décimètre.

Il est presque certain qu'il y aura des coupes génériques à établir dans ce grand genre lorsque les espèces seront mieux connues, surtout à l'état fructifié.

On doit, en effet, reconnaître que les plantes décrites sous le nom de *Volkmannia* ne sont que des individus en fructification de divers Astérophyllites, mais l'assimilation spécifique des individus stériles et des individus fructifiés n'a pu jusqu'à présent être faite avec certitude; on y parviendra sans doute par l'examen de beaucoup d'échantillons, et surtout de ceux qui sont réunis dans la même couche d'une même mine.

Le *Volkmannia polystachya*, Sternb. (*Flor. de Forw.*, 1; tab. 51, f. 1) paraîtrait se rapporter à l'*Astérophyllites dubia* (*Bechera grandis*, Sternb., l. c., tab. 49 *bis*), ou à une forme très voisine, peut-être le *Calamodendron nodosum* (*Calamites nodosus*, Lindl. et Hutt., *Foss. fl.*, tab. 15 et 16). Et si cette dernière connexion est la véritable, comme je suis porté à le croire, nous aurions une tige assez grosse, presque arborescente, *Calamitode*, des rameaux avec feuilles d'*Astérophyllites*, et une fructification en épis de *Volkmannia* appartenant à la même plante.

Le *Volkmannia distachya* présente une forme d'épis très différente dont les verticilles, s'emboîtant en forme d'entonnoir, ressemblent beaucoup aux gaines que j'ai désignées sous le nom d'*Equisetum infundibuliforme*, et qui ne me paraît pas différer de la plante désignée par M. de Sternberg sous le nom d'*Huttonia spicata* (Verhandl., der Vaterl. Mus. in Bohm., 1837, p. 69), plante dont j'ai reçu un fragment des mines de Bohême.

Le *Volkmannia distachya* semblerait être la fructification de l'*Astérophyllites rigida*, ou *tenuifolia*, ou d'une plante très voisine.

Enfin, le *Volkmannia gracilis*, Sternb. (l. c., vol. II, tab. 15, f. 1-3), présente, d'après les figures de Sternberg, des épis de fructification et des rameaux tout à fait analogues à ceux des Astérophyllites.

Son *Volkmannia arborescens* (l. c., vol. II, t. 14, f. 1) offre au contraire réunis: une tige qui a la plus grande analogie avec celle du *Calamodendron approximatum*, et des rameaux d'une véritable *Astérophyllites* sans traces de fructification.

Nous croyons donc qu'on doit, non seulement réunir, comme l'a fait Unger, les *Astérophyllites*, *Bornia*, *Bechera* et *Bruckmannia*, mais aussi les *Volkmannia* et le *Huttonia* de Sternberg, jusqu'à ce qu'une connaissance plus complète permette de diviser, d'après des bases plus certaines, les formes diverses de ce grand genre.

Les échantillons fructifiés que j'ai observés indiquent déjà deux structures assez différentes qui donneraient lieu à la formation de deux genres, s'il était certain que l'une de ces formes n'est pas la fructification mâle, et l'autre, la fructification femelle de plantes analogues. Ainsi l'échantillon parfaitement figuré par Presl (*Verhandl. der gesellsch. des Vaterl. Mus. in Bohm.*, 1838, p. 27, t. 1), et plusieurs échantillons de diverses espèces que j'ai étudiés, ne montrent, à l'aisselle de chaque feuille bractéale des épis, qu'un seul corps lenticulaire, inséré ou à l'aisselle même de la feuille, ou très près de sa base; au contraire, plusieurs échantillons des mines d'Angleterre, très bien conservés dans les nodules de fer carbonaté lithoïde, montrent que sur chacune des feuilles bractéales verticillées, il y a trois conceptacles hémisphériques disposés à la suite les uns des autres en série rayonnante. Ces conceptacles sont ou des anthères comme celles des Cycadées et des Conifères, ou des sporanges; car, sous une membrane très mince et uniforme, ils renferment une poussière formée de globules qui peuvent être des grains de pollen ou des spores.

HIPPURITES, Lindl. et Hutt.

Quant à l'*Hippurites gigantea* de Lindley et Hutton (*Foss. flor.*, n° 114), rapporté par M. Gœppert et M. Unger aux Astérophyllites, mais énuméré en outre comme genre distinct par ce dernier auteur (*Synopsis*, p. 35), qui n'y rapporte que l'*Hippurites longifolia* du *Fossil flora*, sa forme est si différente qu'il me paraîtrait plus naturel de le laisser séparé jusqu'à ce que de nouveaux échantillons le fissent mieux connaître. On peut le caractériser ainsi : Tige épaisse, cylindrique, simple ou rameuse? articulée, lisse; feuilles verticillées, très nombreuses (environ 60 autour de la tige), courtes, subulées, presque confluentes par leur base, dressées et appliquées contre la tige : le nombre de ces feuilles, ou sortes de dents aiguës, rappelle les dents subulées des gaînes des *Equisetum*, et surtout des grandes espèces fossiles; on dirait une gaîne réduite à son bord denté. Dans l'*Hippurites longifolia*, ce sont de vraies feuilles dressées sur la tige principale, mais qui sur les rameaux ont tous les caractères des vraies Astérophyllites.

SPHENOPHYLLUM.

Le genre *Sphenophyllum* (*Rotularia*, Sternb.) est un des mieux limités de la botanique fossile, quoique, dans quelques circonstances, il faille une grande attention pour ne pas le confondre avec certaines espèces d'Astérophyllites. Il se rapproche, en effet, de ces plantes par la disposition verticillaire de ses feuilles; mais il en diffère par le nombre beaucoup moindre de ces organes à chaque verticille, 6 à 8 ou 10, et par leur forme qui est triangulaire, tronquée au sommet, ou dentés et lobés quelquefois très profondément. C'est cette forme, analogue à celle des folioles des *Marsilea*, qui m'avait porté à considérer ces plantes comme voisines de cette famille, analogie que nous examinerons tout à l'heure. Cette disposition à se lober, que présentent, à des degrés divers, les feuilles de ces plantes, que ce soit un caractère constant et spécifique ou le résultat de leur développement sous l'eau, comme pour les feuilles de beaucoup de plantes aquatiques, est telle que, dans quelques espèces, les lobes deviennent profonds, étroits et linéaires, et peuvent être pris pour autant de feuilles distinctes analogues à celles des Astérophyllites, avec lesquelles il est alors facile de les confondre. Les caractères de végétation des *Sphenophyllum* sont donc : Feuilles verticillées, cunéiformes, tronquées, entières ou dentées, émarginées ou profondément dichotomes, quadrilobées, à lobes plus ou moins profonds et grêles.

On a longtemps ignoré la forme des fructifications des *Sphenophyllum*, qui a cependant été signalée, dans ces derniers temps, par plusieurs naturalistes : par M. Presl, qui a figuré celle du *Sphenophyllum Schlotheimii* (*Rotularia marsileæfolia*, Presl, in *Verhandl. der Gesellsch. des Vaterl. Mus. in Bœhmens*, 1833, p. 29, t. 2, fig. 2, 3, 4); par M. Germar, qui a représenté les épis de fructification adhérant à des rameaux des *Sphenophyllum Schlotheimii* et *angustifolium*; et par M. Pomel, qui dit l'avoir observée dans des échantillons du bassin houiller de Saarbruck (*Bull. Soc. géol.*, juin, 1846, p. 654), et les décrit à peu près comme Presl.

Ce sont des épis axillaires ou terminaux, sessiles, formés de verticilles de feuilles bractéales très nombreuses recouvrant des conceptacles, suivant MM. Presl et Germar; de fruits rapprochés quatre par quatre et lenticulaires, d'après M. Pomel.

Ce mode de fructification, malgré l'obscurité qui environne encore sa vraie structure, est trop analogue à celui des Astérophyllites, pour qu'on puisse douter de l'affinité de ces deux genres. La ressemblance est telle que M. Unger attribue ces épis à une Astérophyllite, mêlée accidentellement à des rameaux de *Sphenophyllum*; mais l'examen des figures de Presl et de Germar ne permet pas d'admettre cette supposition.

Les feuilles de ces plantes sont également étalées tout autour des rameaux, et ne paraissent pas avoir été disposées toutes dans un même plan comme celles des *Annularia*; elles ne paraissent pas avoir flotté à la surlace de l'eau, mais plutôt y avoir été plangées ou appartenir à des plantes émergées ou terrestres. Rien n'indique que ce soient des rameaux de végétaux ligneux ; les échantillons ont toujours peu d'étendue, et ne s'insèrent pas sur des tiges fortes et d'apparence ligneuse. Tout annonce une plante herbacée ou frutescente. Doit-elle se rapprocher des Marsiléacées et des Équisétacées, réunissant les folioles des *Marsilea* à la disposition verticillaire des feuilles des *Equisetum*, ou, au contraire, serait-elle, ainsi que les autres Astérophyllitées, une Phanérogame gymnosperme à feuilles verticillées comme celles de certains Conifères (mais dans lesquelles les feuilles ne dépassent jamais trois par verticille), et se rapprochant par leur forme de celles du *Ginkgo biloba*? C'est ce qu'on ne pourra décider que lorsque les fructifications de ces plantes singulières seront étudiées plus complètement.

Le genre *Trizygia* de Royle, fondé sur une seule espèce (*Trizygia speciosa*) observée par ce savant dans les mines de houille de l'Inde (*Illust. of botany*, vol. I, p. 29, t. 2, fig. 8), me paraît seulement une espèce remarquable du genre *Sphenophyllum*.

Toutes ces plantes sont, sans exception, propres au terrain houiller ; car l'échantillon de la collection du comte de Münster, cité par Prest comme provenant du lias de Bayreuth, est évidemment le résultat d'une erreur d'étiquette.

Quant au genre *Vertebraria*, décrit par Royle dans l'ouvrage déjà cité, et dont il a figuré deux espèces des mines de l'Inde, ses rapports avec les *Sphenophyllum* sont très douteux.

ANNULARIA.

Ces plantes forment un genre parfaitement caractérisé, du moins dans les espèces qu'on peut considérer comme en étant le type, telles que les *Annularia longifolia* et *brevifolia*. Quelques autres espèces semblent se lier, d'une manière presque insensible, aux Astérophyllites par leur forme générale.

Les *Annularia* paraissent des plantes herbacées. On n'a jamais vu leurs rameaux en rapport avec des tiges plus volumineuses qu'on puisse considérer comme des tiges arborescentes ; ces rameaux se divisent très

régulièrement, et généralement deux rameaux secondaires seulement naissent opposés des deux côtés de la tige principale en s'étalant dans un même plan. Dans les divers verticilles qui se succèdent, les rameaux du troisième ordre sont aussi dirigés dans le même plan ; enfin les feuilles verticillées en grand nombre, à chaque articulation de la tige et des rameaux, sont aussi étalées dans le même plan. Et cette disposition qui donne à ces plantes, et surtout à l'*Annularia brevifolia*, une régularité et une élégance remarquables, ne paraît pas un résultat dû à l'aplatissement de la plante entre les feuillets des schistes qui la renferment ; car 1° la même chose n'a jamais lieu pour les Astérophyllites dont les feuilles restent, pour chaque verticille, dans un plan perpendiculaire au rameau qui les porte, ou se redressent régulièrement tout autour de lui ; 2° cette disposition des feuilles et des rameaux des *Annularia* s'observe même dans les roches non schisteuses, telles que les nodules de fer carbonaté qui en renferment souvent ; 3° enfin les diverses feuilles d'un même verticille ne sont pas symétriques, quant à leur longueur, dans tout le verticille, mais beaucoup plus longues d'un côté, et se dégradent insensiblement de manière à être plus courtes du côté opposé, et à présenter, dans un même rameau, toujours le côté le plus long dirigé dans le même sens.

Tous ces caractères semblent indiquer une plante dont les rameaux et les feuilles flotteraient à la surface des eaux à la manière des *Callitriche*, mais s'éloignant, par d'autres caractères, de toutes les plantes connues. Ainsi les verticilles sont composés de 24 à 30 feuilles linéaires, lancéolées ou oblongues et spatulées, généralement obtuses, uninerviées et paraissant assez rigides. Ces feuilles sont réunies à leur base de manière à former une sorte d'anneau qui entoure la tige, mais dont la surface est elle-même étalée, et ne forme pas une gaîne comme dans les Équisétacées.

On n'a vu jusqu'à ce jour aucun indice de fruits ou d'autres organes de reproduction en rapport avec ces tiges. Se rapprochent-elles, sous ce rapport, des Astérophyllites et des *Sphenophyllum*, avec lesquelles elles ont beaucoup d'analogie par la disposition géné-

rale de leurs feuilles ? C'est ce qu'on ne saurait dire. La manière dont leurs formes
semblent passer insensiblement à celles des
Astérophyllites peut le faire supposer.

On connaît huit à dix espèces assez bien
caractérisées de ce genre, dont plusieurs,
mais surtout les *Annularia longifolia* et *brevifolia*, sont très répandues dans la plupart
des terrains houillers.

PHYLLOTHECA.

J'ai établi ce genre pour une plante fossile des mines de houille de la Nouvelle-
Hollande, qui jusqu'à présent ne comprend que cette seule espèce, et n'a pas été
retrouvée ailleurs. C'est une plante très voisine des *Astérophyllites*, mais dont les feuilles sont soudées à la base en une gaîne assez
longue appliquée contre la tige, tandis que
leur limbe linéaire est étalé et même ordinairement réfléchi. Le port de ces plantes
est celui des *Astérophyllites*; mais les échantillons que j'ai examinés n'établissent pas si
la tige est rameuse : je n'ai vu que des portions de tiges simples. La direction dressée
de la gaîne, et l'égalité des feuilles étalées
tout autour de la tige, distinguent parfaitement cette tige des *Annularia*.

MM. Lindley et Hutton ont prétendu que
les feuilles ne faisaient pas suite à la gaîne,
mais entouraient plutôt une gaîne interne
distincte comme la gaîne stipulaire des
Polygonées. Un nouvel examen des échantillons ne me permet pas d'admettre cette
supposition ; car ce qui ferait dans ce cas
le bord libre de la gaîne, et que je considère
comme sa base, est parfaitement continu
avec la tige.

SCHIZONEURA, Schimp. et Moug.

La plante remarquable dont M. Schimper a formé ce genre avait d'abord été comparée par moi au *Convallaria verticillata*, et
nommée *Convallarites*. L'examen d'échantillons plus nombreux et plus variés a conduit M. Schimper à se former de sa structure
une idée différente que je suis porté à adopter, et qui éloignerait complétement cette
plante des Monocotylédones, et la placerait
soit auprès des *Equisétacées*, soit parmi les
Astérophyllitées.

Ce sont des plantes à tiges et à rameaux
articulées, portant à chaque articulation de
4 à 8 feuilles linéaires, verticillées et soudées
dans l'origine en une gaîne cylindroïde qui
se divise ensuite en plusieurs lanières,
formées tantôt d'une seule feuille, d'autres
de plusieurs, deux, trois ou quatre acco-
lées. Ces feuilles linéaires, obtuses, sont
quelquefois légèrement carénées dans leur
milieu, et paraîtraient avoir une nervure
médiane peu prononcée ; tantôt, au contraire, elles paraissent planes, sans nervures
distinctes.

M. Schimper fait remarquer que le nombre des feuilles composant les verticilles paraît moindre sur les rameaux que sur les
tiges principales, et il réunit, comme fondées seulement sur des différences de cette
nature, les deux espèces que j'avais distinguées, et dont il compose son *Schizoneura
paradoxa*, plante, en effet, très paradoxale,
et qui serait peut-être la dernière forme de
cette curieuse famille, actuellement détruite, des Astérophyllitées.

Il me paraît très probable, comme à
M. Schimper, qu'une partie des Calamites
des grès bigarrés sont des tiges plus volumineuses de ces plantes, de même que certaines Calamites du terrain houiller, les *Calamodendron*, sont probablement des tiges
d'Astérophyllitées. Enfin je me demanderai si
le singulier genre *Æthophyllum*, trouvé dans
les mêmes couches du grès bigarré, ne serait
pas formé par des inflorescences et des épis
de fructifications de ces *Schizoneura*. Ici, il
est vrai, les bractées nombreuses et les rameaux ne paraissent pas verticillés ; mais
on sait que souvent l'ordre opposé ou verti-
cillé se change en une disposition spirale en
passant aux organes reproducteurs, et déjà
une modification de ce genre se montre
peut-être dans le terrain houiller, dans les
singulières empreintes figurées par M. Lindley et Hutton sous le nom d'*Antholithes
Pitcairniæ*. Les *Æthophyllum speciosum* et
stipulare ont à leur base des feuilles fort
analogues à celles des *Schizoneura*, et qui
sembleraient souvent provenir d'un verticille
en partie dissocié ; et les épis allongés de
l'*Æth. speciosum* seraient assez analogues,
relativement aux *Schizoneura*, à ce que sont
les *Volkmannia* par rapport aux *Astérophyllites*. Cette supposition ne pourra se vérifier
que par l'observation de nouveaux échantillons de ces deux genres, qui malheureuse-

ment paraissent rares dans les carrières de grès bigarré de Sultz-les-Bains, près Strasbourg.

Famille des Sigillariées.

Le genre *Sigillaria*, si nombreux dans le terrain houiller, offre une structure si particulière, tant extérieurement qu'intérieurement, qu'on doit, sans aucun doute, le considérer comme le type d'une famille spéciale autour duquel viennent se grouper quelques autres genres encore moins bien connus; mais ici, comme dans d'autres cas, je crois qu'il n'y a pas d'avantage, dans l'état imparfait de nos connaissances sur ces végétaux, à en multiplier les subdivisions. Aussi réunirai-je, sous le nom de *Sigillariées*, les *Sigillariées*, les *Diploxylées* et les *Stigmariées* de Corda.

Le caractère essentiel de ces plantes, c'est de présenter, dans l'intérieur de leur tige, un cylindre ligneux entièrement composé de vaisseaux rayés ou réticulés disposés en séries rayonnantes, séparés en général par des rayons médullaires ou par les faisceaux vasculaires qui, de l'étui médullaire, se portent vers les feuilles. Cette organisation est presque identique avec celle des Cycadées; mais outre la différence des formes extérieures, les principaux genres de cette famille, ceux qui appartiennent sans aucun doute à de vraies tiges, présentent, en dedans du cylindre ligneux dont je viens de parler, un cylindre intérieur, sorte d'étui médullaire, continu et sans rayons médullaires dans le *Diploxylon*, divisé en faisceaux correspondant aux faisceaux principaux du cylindre ligneux dans le *Sigillaria*, enfin composés de nombreux petits faisceaux arrondis, non appliqués contre le cercle ligneux dans le *Myelopitys*. En outre, dans ce dernier genre, la moelle est moins volumineuse, et il y a plusieurs couches de tissu ligneux, ce qui annoncerait une structure très différente. Mais ce genre est si imparfaitement connu qu'il ne peut être classé qu'avec beaucoup de doute.

Quant aux *Stigmaria*, ils diffèrent des précédents par l'absence de ce cylindre vasculaire médullaire, et ce caractère serait sans doute fort important, s'il ne me paraissait à peu près certain maintenant que ces fossiles sont plutôt des racines, et les racines des *Sigillaires*, qu'un genre spécial. Les observations directes faites en Angleterre sur des *Stigmaria*, formant le prolongement de la base de grosses tiges de *Sigillaria*, semblant l'établir d'une manière positive, et confirmer ainsi la présomption que j'avais eue d'après la structure anatomique de ces deux genres de tiges. C'est ce que M. Binney de Manchester avait annoncé d'après les observations qu'il avait faites sur des tiges mises à découvert dans les travaux du chemin de fer de Bolton, et l'examen qui en a été fait plus récemment par M. J. Hooker semble mettre hors de doute ce fait important.

Quant à leur forme externe, on voit que les tiges des Sigillaires, cylindriques, simples ou dichotomes au sommet, sans branches latérales, souvent très longues (10 à 15 mètres), offrent un diamètre très considérable relativement à celui de l'axe ligneux qui les traverse; leur écorce superficielle, qui paraît avoir été dure et résistante, était souvent cannelée longitudinalement et portait des cicatrices laissées par les feuilles, cicatrices d'une forme remarquable, arrondies en haut et en bas, et anguleuses sur les côtés, souvent oblongues dans le sens de la longueur de la tige, et montrant trois cicatricules vasculaires, une petite centrale, et deux latérales plus grandes et lunulées. Cette forme des cicatrices m'avait fait comparer ces plantes aux Fougères, dont les bases des pétioles ont souvent cette forme et cette organisation. Mais la structure interne de ces tiges s'oppose à tout rapprochement avec ces plantes. Je dois ajouter qu'un grand échantillon de vraie Sigillaire à côtes longitudinales nombreuses et très prononcées, voisine du *Sigillaria scutellata*, et provenant des mines de Saarbruck, m'a présenté des feuilles naissant en grand nombre de ces insertions, et ce sont des feuilles linéaires carénées, ressemblant beaucoup à celles que j'avais déjà figurées dans le *Sigillaria lepidodendrifolia*.

M. Corda compare ces plantes aux Euphorbes charnues, telles que les *Euphorbia mamillaris*, *hysteix*, etc. Il y a certainement quelques points d'organisation communs, mais l'ensemble des caractères me paraît très différent. L'homogénéité du tissu ligneux, la nature des vaisseaux rayés ou réticulés, si constante dans toutes ces plantés, me paraissent plutôt annoncer les rapports de cette famille détruite avec la classe des Gymnospermes, dont c'est un caractère presque constant, qu'avec quelques Dicotylédones angiospermes, parmi lesquelles ce n'est qu'un caractère exceptionnel et accidentel. Toutes les plantes rapportées à cette famille appartiennent, sans exception, à l'époque houillère ou de transition; avec les *Lépidodendrées*, elles forment le caractère le plus remarquable de cette végétation primitive.

Les genres de cette famille sont :

SIGILLARIA, Brong. (*Aspidiaria*, *facularia*, *Rhytidolepis*, Sternb.)

Leurs tiges sont tantôt cannelées, tantôt à surface unie ou réticulée et mamelonnée, avec des cicatrices foliaires discoïdes dont le diamètre vertical est presque toujours plus grand que le diamètre transversal. La structure interne de ces tiges est celle indiquée plus haut. Mais elle n'a été observée jusqu'à ce jour que sur une seule espèce, le *Sigillaria elegans* (voy. Brong., *Arch. Mus.*, t. I, p. 405, pl. 25-28). Les espèces de ce genre sont fort nombreuses : on en compte plus de 50.

STIGMARIA, Brong.

Ce genre est, au contraire, l'un des plus complétement étudiés. MM. Lindley et Hutton ont commencé à le faire connaître dans plusieurs des points les plus intéressants de son organisation; j'ai ajouté quelques figures anatomiques aux leurs, plus récemment M. Corda en a publié une anatomie très complète, et M. Jos. Hooker vient de faire connaître plusieurs détails intéressants sur leur structure. Cependant les opinions diffèrent encore sur la nature de ces Végétaux.

MM. Lindley et Hutton les ont décrits comme des Végétaux à tiges rampantes, dichotomes, naissant en rayonnant d'une masse centrale qu'ils ont nommée un dôme. Ces tiges rampantes porteraient des feuilles cylindriques, charnues, simples ou bifurquées, légèrement contractées à leur base, et n'ayant qu'une seule nervure. M. Corda paraît adopter sur ces singuliers Végétaux une opinion analogue. Il a donné de bonnes coupes de leurs feuilles qui montrent qu'elles étaient cylindriques, avec leur nervure ou faisceau vasculaire central, et que leur épiderme, formé de cellules très régulières, n'avait pas de stomates.

Ces caractères me paraissent s'expliquer bien plus facilement en admettant, comme les observations faites par M. Binney sur le *Bolton-railway*, et confirmées par M. Jos. Hooker, le prouvent, que le prétendu dôme est la base élargie et conique rompue d'une tige de *Sigillaria*, bases de tiges qui, à cause de cette forme conique, ont reçu des mineurs le nom de cloches; que de cette base partent, en effet, horizontalement et en rayonnant, comme MM. Lindley et Hutton l'ont figuré, des racines rampantes, dichotomes, assez charnues et faciles à déformer, couvertes de radicelles rayonnant dans tous les sens, spongieuses, molles et n'ayant, comme cela s'observe dans les radicelles, qu'un seul faisceau vasculaire central. Le seul fait qui soit contraire à cette manière de voir, c'est que les radicelles ne sont pas disposées en séries longitudinales limitées, mais en quinconces.

J'ajouterai que j'ai vu un échantillon qui offre la terminaison d'une tige ou racine de *Stigmaria*, et que l'absence de toute apparence d'un bourgeon terminal, son extrémité arrondie et un peu plissée avec une sorte de mamelon central qui représente l'extrémité de l'axe, avec la disparition graduelle des cicatrices arrondies des organes appendiculaires, s'accordent difficilement avec l'idée de branches garnies de feuilles. Ce mode de terminaison est tout différent de celui des branches des *Lépidodendron*, et rappelle celui d'une grosse racine charnue.

Tous ces faits ne me paraissent plus permettre de douter que les *Stigmaria* sont les racines des *Sigillaria*, opinion parfaitement développée, et appuyée de preuves nombreuses dans le Mémoire cité ci-dessus de M. le docteur Joseph Hooker.

Quant à la moelle qui occupe le centre de l'axe ligneux, je rappellerai qu'elle existe dans plusieurs racines, et particulièrement dans les racines des *Zamia* que j'ai étudiées.

Je me suis étendu davantage sur ce qui concerne ce genre, parce que c'est un des plus répandus dans tous les terrains houillers, parce qu'il y occupe une position presque toujours particulière sous les couches de houille et non au-dessus, comme la plupart des autres fossiles, ce qui semblerait s'accorder avec la nature radiculaire que je lui attribue. Enfin, ses formes peu variées, qui n'en ont fait distinguer que peu d'espèces, sembleraient aussi d'accord avec cette hypothèse. Cependant M. Corda vient de montrer que des échantillons ayant toutes les formes du *Stigmaria ficoides*, ont leur cylindre vasculaire formé de vaisseaux réticulés; tandis que d'autres attribués aussi à cette plante, mais qu'il nomme *Stigmaria anabathra*, ont des vaisseaux rayés comme M. Lindley et moi les avons observés.

Je serais porté à croire que le *Cycadites taxularius*, Sternb. (*Flor. der Vorw.*, II, tab. 61), se rapproche beaucoup plus de cette plante que des vraies Cycadées. Sa structure et son gisement semblent l'indiquer; mais sa forme extérieure étant inconnue, la question est difficile à résoudre.

Quant à l'*Anabathra pulcherrima*, décrit d'abord et figuré par M. Witham, et que M. Corda suppose très voisin de cette plante, on verra, à l'article du *Diploxylon*, que c'est avec ce dernier genre que cette tige a le plus d'affinité.

SYRINGODENDRON, Sternb.

Les tiges, peu nombreuses, que nous désignerons sous ce nom, ne correspondent qu'à une partie du genre Syringodendron de M. de Sternberg, la plupart n'étant que des *Sigillaria* dépouillées de leur écorce charbonneuse; elles sont cannelées comme celles de la plupart des Sigillaires, mais les cicatrices qu'elles portent sont plus petites et ne présentent, ou aucune trace vasculaire, ou qu'un seul faisceau central peu prononcée.

La structure interne de ces tiges n'a jamais été observée.

DIPLOXYLON, Corda.

Ce genre n'est connu que par sa structure interne qui me paraît le rapprocher du *Sigillaria* dont il diffère cependant par le cylindre continu formé par les vaisseaux qui environnent la moelle, et, suivant M. Corda, par l'absence de rayons médullaires. M. Corda ne rapporte à ce genre qu'une seule espèce, le *Diploxylon cycadoideum*, décrite par lui et trouvée dans le

terrain houiller de Lhomle, en Bohème mais je crois que c'est à ce même genre qu'appartient, sans aucun doute, l'*Anabathra pulcherrima* de Witham (*Int. struct. of foss. veg.*, p. 46, pl. 8); et je me fonde pour cela sur d'excellentes coupes de ce fossile remarquable, qui m'ont été adressées par ce savant et qui montrent que le tissu qui entoure la moelle détruite, mais dont on voit quelque trace, forme un cylindre continu sans direction rayonnante et composé de vaisseaux rayés, disposés comme dans le *Diploxylon*. C'est une seconde espèce de ce genre, à moins qu'on ne croie devoir réserver à ce groupe le nom d'*Anabathra*.

MYELOPITYS, Corda.

C'est encore un genre qui n'est connu que par la structure interne d'une partie de sa tige; structure qui elle-même n'a pas pu être étudiée aussi complètement qu'il serait à désirer. Peut-être serait-il mieux placé parmi les Cycadées, mais il faudrait, avant de pouvoir prononcer à cet égard, en avoir trouvé des échantillons plus complets.

ANCISTROPHYLLUM, Gœpp.

Dans l'état imparfait du fossile, décrit sous ce nom par M. Gœppert (*Gen. pl. foss.*, liv. 1, p. 33, t. 17), il me paraît impossible d'établir d'une manière positive si cette plante mérite réellement de former un genre particulier, ou si elle doit être considérée comme une espèce particulière de *Stigmaria*. Il diffère des *Stigmaria* par des cicatrices ou des feuilles saillantes, courtes et lancéolées, transversales, mais très peu régulières, et sans forme bien arrêtée, qui ne paraissent pas recouvertes par l'écorce charbonnée qui annonce la surface réelle du végétal. L'axe présente d'autres cicatrices ou marques arrondies, disposées aussi en quinconce, assez différentes des espaces allongés qui forment un sorte de réseau sur l'axe des *Stigmaria*. Les deux seuls échantillons observés de cette plante viennent de la formation de transition (*Grauwacke*) de Landshut, en Silésie.

DIDYMOPHYLLON, Gœpp.

M. Gœppert a figuré sous ce nom (*Gen. plant. foss.*, liv. 1, p. 35, t. 18) une tige fossile du même terrain que la précédente, qu'il rapproche, ainsi que M. Unger, des *Stigmaria*, et que je place, par cette raison, à leur suite, mais qui me paraîtrait plutôt devoir se placer parmi les Lycopodiacées et les Lépidodendrées, près du *Knorria*, si j'en juge par la description et la figure citée ci-dessus, qui laisse à désirer à plusieurs égards. Cette tige, d'un décimètre de diamètre, est couverte de tubercules saillants dressés, disposés régulièrement en quinconce, ressemblant assez aux tubercules ou feuilles courtes et charnues du *Knorria*, non contigus, et bilobés ou émarginés au sommet d'une manière qui paraît constante et régulière, et qui caractérise ce genre. M. Gœppert considère ces mamelons ou tubercules comme des feuilles courtes et charnues ; mais, d'après sa figure, l'écorce charbonneuse paraît manquer, et, dans ce cas, on ne peut pas savoir si l'on a sous les yeux la forme réelle de la surface externe de la tige couverte de ses organes appendiculaires rudimentaires, ou si ces tubercules ne correspondent pas à des mamelons d'insertion des feuilles dont les cicatrices seraient effacées.

Dans le centre de la tige se trouve un axe cylindrique dont le moule seul paraît exister, qui, d'après M. Gœppert, présente des cicatrices vasculaires géminées et linéaires dirigées parallèlement à l'axe, et disposées en quinconce. C'est ici que sa figure trop vague ne laisse pas bien apprécier la disposition indiquée dans sa description, et ferait croire plutôt à un axe finement strié dans sa longueur, comme celui des *Lépidophloios* et autres Lépidodendrées.

Famille des Cycadées.

La famille des Cycadées est une des plus remarquables du monde actuel par les caractères de tous ses organes ; elle réunit, à un port analogue à celui des Palmiers, la fructification des Conifères et une structure interne analogue à celle de cette famille. Les tiges des végétaux qui la composent sont simples ou rarement bifurquées, en général d'une faible hauteur, et souvent réduites à une sorte de bulbe sphéroïdal. À l'intérieur elles présentent une large moelle entourée par un cylindre ligneux, formé d'une ou de plusieurs couches ligneuses suivant l'âge de ces tiges, quoique ces couches ne soient évidemment pas annuelles. Ces couches sont divisées en lames rayonnantes par des rayons médullaires celluleux, et chacune de ces lames ou faisceaux est entièrement composée de fibres ou vaisseaux identiques, poreux ou réticulés suivant les espèces qu'on étudie, et disposés en séries rayonnantes, parallèles entre elles. En dehors de ce cylindre ligneux, généralement peu épais comparativement au diamètre de la tige, se trouve une large couche corticale celluleuse que traversent de nombreux faisceaux vasculaires qui se portent dans les feuilles. Les feuilles ne sont jamais complètement amplexicaules comme dans les Palmiers, mais leur base, ordinairement rhomboïdale, est plus ou moins dilatée en une expansion membraneuse qui entoure une partie de la tige : c'est ce que l'on voit surtout dans les vrais *Zamia* et dans plusieurs individus jeunes des autres genres. Sur les tiges plus volumineuses, les écailles souvent persistantes, formées par les bases des pétioles, sont plutôt contractées vers leur base et fortement serrées les unes contre les autres. Souvent, entre ces bases de pétioles, il y a des écailles formées par des feuilles avortées.

Les feuilles sont toujours pinnées, à folioles tantôt articulées et se désarticulant lorsque la feuille se dessèche, tantôt continues et persistantes, mais jamais confluentes par la base, même dans les feuilles jeunes, qui se distinguent par le nombre moins considérable des folioles et souvent par leur forme assez différente. La disposition des nervures et le mode d'insertion de ces folioles sont les caractères principaux des organes de la végétation, caractères en général constants dans un même genre.

Les organes reproducteurs mâles sont toujours de gros chatons ou épis formés d'écailles dilatées au sommet ou prolongées en une lame membraneuse, portant à leur face inférieure, et souvent groupées en deux paquets latéraux distincts, des anthères ovoïdes ou globuleuses bivalves. Les organes femelles se montrent sous deux formes très différentes : ceux des *Cycas* composés de feuilles avortées distinctes, portant vers leur base plusieurs graines dressées obliquement ; ceux des *Zamia* et genres analogues, formant des cônes ou chatons femelles, composés d'écailles ou feuilles avortées, dilatées au sommet et portant sous ce disque terminal deux graines réfléchies.

Tous ces végétaux appartiennent aux régions chaudes du globe, mais ils s'étendent et sont même plus fréquents au delà des tropiques dans l'Afrique australe, et jusque vers le 35° de lat. australe, à la Nouvelle-Hollande, et vers le 32° de lat. nord, en Amérique et au Japon que dans la région équatoriale.

A l'état fossile on a reconnu maintenant de nombreux débris de ces végétaux, surtout dans les terrains compris entre le grès bigarré et la craie. L'existence de vraies Cycadées dans les terrains de houille me paraît douteuse, et les plantes de cette famille qu'on a citées dans ce terrain, ou doivent certainement en être distraites, ou bien n'en sont rapprochées qu'avec doute, et devront peut-être rentrer dans d'autres groupes ; tels sont particulièrement les genres *Medullosa* et *Colpoxylon*.

Dans l'impossibilité où nous sommes de réunir avec certitude les tiges, les feuilles, et les fructifications de cette famille toujours ou presque toujours observées séparément, nous suivrons la marche adoptée déjà par les auteurs qui nous ont précédé, en faisant des genres distincts de ces divers organes jusqu'à ce que leurs relations soient mieux établies.

§ 1. TIGES.

CYCADOIDEA, Buckl. (*Mantellia*, Br.).

Ce nom a été donné par M. Buckland à des tiges pétrifiées, presque sphéroïdales, couvertes par la base des pétioles et qui ont la forme extérieure et les principaux caractères internes des tiges bulbiformes des Cycadées, surtout de celles du genre *Encephalartos* de l'Afrique australe.

Les deux espèces décrites par M. Buckland se trouvent assez abondamment dans le calcaire jurassique supérieur de l'île de Portland ; une troisième, provenant du lias, est figurée dans le *Fossil Flora* de MM. Lindley et Hutton. Quelques espèces non décrites et fort différentes ont été trouvées en France : telles sont le *Cycadoidea cylindrica*, du muschelkalk des environs de Lunéville, et deux belles espèces également cylindroïdes et fort voisines l'une de l'autre, trouvées hors place, mais provenant probablement de terrains de l'époque crétacée inférieure ou jurassique supérieure, près du Mans et près de Sarlat (Dordogne). Ce qui formerait en tout six espèces distinctes de ce genre de tiges de Cycadées, essentiellement caractérisées par la persistance des bases des pétioles qui paraissant même souvent être accrescentes sur les fossiles comme sur les tiges vivantes des *Encephalartos* de l'Afrique australe.

Quant au *Cycadoidea Cordai*, Ung., ou *Zamites Cordai*, Sternb., c'est le *Lomatophloios crassicaule*, Corda, que nous avons rapporté au *Lepidophloios* ; et le *Cycadoidea columnaris*, Ung. (*Cycadites columnaris*, Sternb., *Fl. der Vorw.*, 2, t. 47) me paraît aussi appartenir au même genre. Ainsi les deux espèces du terrain houiller, rapportées à ce genre, doivent rentrer dans la tribu des Lépidodendrées.

RAUMERIA, Gœppert.

Genre seulement signalé par M. Gœppert et cité par M. Unger (*Synopsis*, p. 163) qui le définit ainsi : Troncs arborescents, recouverts de cicatrices pétiolaires rhomboïdales, larges, séparées par une écorce fibreuse. Cet espacement des bases des feuilles, opposé à la contiguïté des bases des feuilles de toutes les Cycadées connues, serait le caractère distinctif ; mais est-ce bien une Cycadée ? Nous espérons que M. Gœppert fera connaître plus amplement les plantes de ce genre. Il en cite deux espèces : une trouvée dans les terrains de transport en Silésie, l'autre dans l'argile salifère de Wieliczka, en Pologne.

MEDULLOSA, Cotta.

Sous ce nom, M. Cotta a indiqué trois espèces de tiges silicifiées de l'époque houillère trouvées dans les grès rouges des environs de Chemnitz, en Saxe, qui sont encore fort imparfaitement connues, et qui, sans aucun doute, constitueront deux et peut-être trois genres distincts.

Le *Medullosa elegans* que j'étais disposé à considérer comme le type du genre de Cotta, mais auquel il serait difficile de laisser le nom générique adjectif donné par ce savant, me paraît ou identique ou du moins très voisin de tiges fossiles dont je possède maintenant d'assez nombreux échantillons trouvés aux environs d'Autun et qui n'ont rien de commun avec les Cycadées. La disposition générale des tissus est plutôt analogue à celle des monocotylédonés et surtout des *Dracœna*, quoiqu'il y ait des différences fort essentielles et qui rendent très difficile d'établir des rapports entre ces fossiles et les végétaux vivants. Mais il est certain que la zone extérieure n'a nullement la structure de la zone ligneuse des vrais dicotylédonés; c'est ce qu'indique déjà la figure 4, pl. 12 de Cotta, et ce qu'établissent parfaitement les échantillons que j'espère faire connaître avec détail d'ici à peu de temps sous le nom de MYÉLOXYLON.

Le *Medullosa porosa* m'est complétement inconnu, et la figure donnée par Cotta n'est pas accompagnée de détails suffisants pour en bien fixer les caractères. Cette tige paraît cependant se rapprocher plus de la suivante que de la précédente, surtout par les zones multiples de son cylindre ligneux, analogues à celles des dicotylédonés et surtout des Cycadées.

Le *Medullosa stellata* est certainement une des tiges les plus remarquables, si la disposition générale de ses tissus est bien représentée par Cotta. Un fragment que ce savant a bien voulu m'adresser ne me paraît pas laisser de doute sur l'analogie de structure de la zone ligneuse avec celle des dicotylédonés, voisine des *Cycadées* et des autres gymnospermes. Le mode de reploiement de ces zones serait analogue à ce que M. Corda a observé dans son genre *Myelopithys* rapproché, par lui, des *Sigillaria* et *Stigmaria*.

Ce caractère rapprocherait aussi ce genre du genre suivant que j'ai établi sur des échantillons fort complets.

COLPOXYLON, Brong.

Plusieurs fragments et un segment transversal complet et assez volumineux de cette tige ont été trouvés aux environs d'Autun avec les *Psaronius* si nombreux dans cette contrée. Je décrirai incessamment cette tige avec détail; mais j'indiquerai ici que le caractère essentiel du *Colpoxylon œduense* est d'avoir une moelle très volumineuse parcourue par de petits faisceaux vasculaires, presque horizontaux et flexueux, entourée d'une zone ligneuse, simple, repliée et sinueuse, formant des festons profonds, et divisée par des rayons médullaires, dont le tissu est détruit, en lames rayonnantes assez espacées, composées chacune d'une, deux ou trois rangées de fibres ligneuses ou vaisseaux d'une forme presque prismatique, quadrangulaire, uniforme, comme dans les Cycadées et les Conifères, mais offrant cette structure très particulière que leurs faces internes et externes, dirigées vers la moelle et l'écorce, sont unies et lisses; leurs faces latérales, lorsqu'elles touchent aux rayons médullaires, sont marquées d'un réseau lâche, transversal, qui paraît correspondre aux lignes de jonction des cellules des rayons médullaires qui auraient été assez grandes et irrégulières; enfin leurs faces latérales, contiguës à une autre rangée de vaisseaux, sont marquées d'un réseau fin et assez régulier, hexagonal, dont les aréoles ne sont disposées ni en séries transversales, ni en séries longitudinales régulières.

L'ensemble de ces caractères rapproche sans doute ces tiges de celles des gymnospermes en général et surtout de celles des Cycadées; mais il est probable que les plantes auxquelles elles appartenaient formaient ou une famille spéciale, ou du moins un genre très particulier. J'ajouterai que ces tiges qui avaient environ 15 centimètres de diamètre, devaient être dichotomes; car le morceau entier correspond à une bifurcation du cylindre ligneux, simple d'un côté et présentant à l'autre bout deux moelles enveloppées de deux cylindres ligneux, distincts. Le cylindre ligneux est entouré d'un parenchyme cortical, épais, parcouru par des faisceaux vasculaires très nombreux qui se portaient probablement dans les feuilles; mais il ne reste à l'extérieur aucune trace de celles ci.

§ 2. *Feuilles.*

CYCADITES, Brong.

Les feuilles des vrais *Cycas* se distinguent de celles des autres Cycadées vivantes de la tribu des Zamiées, par leurs folioles traversées par une seule nervure médiane forte et saillante; le limbe de la foliole est tantôt plan, tantôt recourbé sur ses bords, toujours entier, linéaire ou lancéolé.

C'est aux feuilles fossiles, qui présentent ainsi des folioles uninerviées, qu'on a donné le nom de *Cycadites.*

Les feuilles de cette forme sont beaucoup moins fréquentes que celles des autres Cycadées, et plusieurs sont assez mal caractérisées. Quatre espèces cependant paraissent bien se rapporter à ce genre : ce sont le *C. pectinatus*, Berg., du lias de Coburg ; les *C. Brongnartii*, Rœm., *C. Morrisianus*, Dunk., du terrain wealdien d'Obernkirchen, et le *C. Nilsonianus*, Brong., du grès vert de la craie de Scanie.

Les autres espèces, citées dans ce genre par Unger, doivent, je crois, en être exclues. Les *C. giganteus*, Hising., et *C. saniæfolius*, Sternb., de Hoer en Scanie, sont probablement une même espèce de *Zamites* voisine du *Z. distans*. Le *Cycad. linearis* de la même localité, me parait un échantillon imparfait du *Nilsonia elongata*. Le *Cycadites palmatus* n'est certainement pas une feuille pinnée, mais paraitrait un faisceau de pétioles ou de tiges indéterminables. Enfin le *C. cyprinopholis*, Gutb., est une tige probablement du genre *Lepidophloios*.

OTOZAMITES, Fr. Braun, (*Otopteris*, L. et H.)

Sous ce nom, je crois qu'on doit former un genre défini à peu près comme les *Otopteris* de Lindley et Hutton, et caractérisé par ses folioles ordinairement contiguës ou imbriquées, insérées obliquement sur le rachis, auriculées surtout à leur bord supérieur, contractées et légèrement cordiformes à leur base, et à nervures divergentes de ce point d'attache, et se dirigeant vers tous les points du bord de la foliole. Ce dernier caractère les distingue surtout des *Zamites*, § *Podozamites*, dans lesquelles les nervures, légèrement divergentes à la base, mais parallèles aux bords des folioles, convergent vers le sommet de ces folioles. Aussi ne comprendrai-je pas dans ce genre les *Zamites falcatus* et *Schmidelii*, Sternb., que M. Fr. Braun rapporte à ses *Otozamites*; ni le *Zamites Whitbyensis*, qui n'est sans doute qu'une jeune feuille du *Zamites gigas*; ni le *Zamites undulatus*, Sternb., qui me parait établi sur une fronde à folioles incomplètes et coupées obliquement d'une espèce voisine du *Z. lanceolatus*. Le type de ce genre est, au contraire, l'*Otozamites Bucklandii*, bien figuré par M. de la Bêche (*Trans. Soc. geol. Lond.*, vol. I, tab. 7, fig. 2), et publié de nouveau dans le *Fossil Flora* de MM. Lindley et Hutton, sous le nom de *Otopteris*

obtusa. Viennent ensuite les *Otozamites brechii*, Brong., *acuminata* (L. et H., *Foss. Flor.*, pl. 132 et 208), et les espèces des terrains oolithiques de la côte du Yorkshire, désignées dans mon *Prodrome* sous les noms de *Zamia acuta*, *lœvis*, *Youngii*, *Goldiai*, *elegans*.

Quelques espèces nouvelles devront encore s'ajouter à celle-ci, et particulièrement une du calcaire jurassique de France, voisine de l'*O. Bucklandii*, que j'appellerai *Otozamites microphylla*.

Une seconde section doit comprendre les espèces à nervures divergentes et aboutissant au bord des folioles, mais dont les folioles ne sont pas auriculées à la base ; on pourrait la nommer *Sphenozamites*, et peut-être devra-t-elle un jour être élevée au rang de genre. Le *Cyclopteris Beanii*, L. et H., rapporté plus tard par ces auteurs au genre *Otopteris*, en serait le type. Le *Pterophyllum oblongifolium*, Kurr, *Fl. der juraform.*, t. 1, f. 5, et le *Zamites undulatus*, Sternb., si ce n'est pas un échantillon imparfait, devraient aussi y être placés.

ZAMITES (*Zamites* et *Zamia*, Brong.).

Ce genre, très voisin des *Zamia* actuels, et surtout des *Encephalartos*, des *Macrozamia*, des *Dion* et des *Ceratozamia*, est caractérisé par ses folioles parfaitement entières, non tronquées au sommet, mais aiguës ou arrondies, non rétrécies ou légèrement contractées à la base, à nervures parallèles entre elles et au bord de la foliole, et par conséquent convergentes vers le sommet; fines et égales entre elles, très rarement bifurquées lorsque la foliole est élargie dans sa partie moyenne.

En caractérisant ainsi ce genre, on en exclut toutes les espèces à folioles dilatées à la base, auriculées ou cordiformes, dont les nervures divergentes se dirigent vers le bord des folioles : ce sont les *Otopteris*, Lindl. et Hutt., ou *Otozamites*, Fr. Braun. C'était à ces deux groupes réunis qu'étaient appliqués généralement les noms de *Zamia*, de *Zamites*, de *Palæozamia* (Endl.), *Ptilophyllum* (Morris), qui comprenaient ainsi la plus grande partie des feuilles de Cycadées fossiles.

M. Fr. Braun distingue encore génériquement un groupe des *Podozamites*, qui renferme les espèces à folioles lancéolées, rétrécies à la base, mais à nervures parallèles au bord de ces folioles. Ici le caractère me paraît trop léger, et passant trop facilement par tous les intermédiaires, pour être admis autrement que comme caractère de section.

D'un autre côté, il réunit aux *Zamites*, qu'il désigne sous le nom de *Pterozamites*, les *Pterophyllum*, les *Ctenis* et même les *Tæniopteris*, qui me paraissent constituer des genres fort distincts.

J'avais autrefois appliqué à ces plantes le nom même du genre vivant *Zamia*, ne voyant dans leurs frondes aucun caractère essentiel qui pût les distinguer des plantes vivantes de ce même genre ; mais deux considérations m'engagent à renoncer, comme MM. de Sternberg, Unger, etc., à cette expression, qui indique une identité complète : 1° le genre *Zamia* de Linné est maintenant subdivisé en 4 ou 5 genres distincts, et les plantes fossiles, dont il est question en ce moment, se rapprochent plus des *Encephalartos*, des *Macrozamia* ou des *Dion*, que des vrais *Zamia* américains ; 2° les fructifications et les tiges, trouvées en rapport avec les frondes du *Zamia gigas* à Scarborough, sur lesquelles M. Yates a publié quelques notices, et dont il m'a procuré une série très complète, sont évidemment très différentes de celles des *Zamia* et de toutes les Cycadées connues ; tellement différentes même qu'il est très difficile de se former une idée exacte de leur structure et de leurs relations avec les organes des Cycadées vivantes. Ainsi ces organes annonceraient dans cette plante, et probablement dans quelques autres espèces voisines, un type tout spécial actuellement détruit.

Comme nous l'avons dit précédemment, les *Zamites*, d'après leurs frondes, peuvent être distribués en deux sections :

1° *Podozamites*, Fr. Braun, comprenant les espèces à folioles plus ou moins lancéolées, et insensiblement contractées à leur base, qui s'insère souvent obliquement sur le rachis. Ces espèces ressemblent surtout aux *Encephalartos* et aux *Ceratozamia*. Tels sont les *Zamites distans*, Sternb.; *lanceolatus* (*Foss. Flor.*, 194), *undulatus*, Sternb. (dont les folioles ne sont probablement pas complètes) ; *gigas* (*Foss. Flor.*, 165; *Mantelli*, Ad. Br., *Prodr.*), *falcatus*, Sternb. (qui ne diffère peut-être pas du précédent); *Schmidelii*, Sternb.; *Moreaui*, Brong.; *longifolius*, Brong.; ? *hastatus*, Brong.; ? *Buchanani*, Brong.

2° *Pterozamites*, Fr. Braun (en partie), auxquelles appartiennent les espèces à folioles à bords parallèles, s'insérant, par toute leur base non contractée, sur le rachis, comme dans le *Dion edule*.

Tels sont les *Zamites Feneonis*, Brong.; *patens*, Brong.; *pennæformis*, Brong.; *pectinatus*, Brong.; *taxinus*, L. et H.; *pecten*, L. et H.; et les espèces suivantes placées parmi les *Pterophyllum* par MM. Gœppert et Dunker, mais qui en diffèrent par leurs folioles arrondies, à nervures confluentes au sommet : *Z. Dunkerianus*, *Z. Humboldtianus*, *Z. Gœppertianus*, *Z. Lyellianus*?.

Toutes ces plantes appartiennent à la série secondaire comprise entre le lias et la formation wealdienne inclusivement.

Ctenis, Lindl. et Hutt.

Ce genre, d'abord établi dans le *Fossil Flora* pour une plante de l'oolithe de Scarborough, désigné par Phillips sous le nom de *Cycadites sulcicaulis*, s'est accru plus récemment de plusieurs espèces du lias de Bayreuth décrites par M. F. Braun, et qui s'éloignent, à quelques égards, de l'espèce primitive. Ce sont toutes des feuilles pinnées ou plutôt profondément pinnatifides, dont les folioles, élargies à leur base, contiguës et quelquefois unies entre elles, sont linéaires, plus ou moins allongées, arrondies ou aiguës au sommet, les nervures qui s'écartent l'une de l'autre vers leur base dans la partie élargie de la foliole, marchent ensuite parallèlement jusqu'au sommet, où elles convergent légèrement. Dans les espèces d'Allemagne, elles sont indiquées comme simples ; dans le *Ctenis falcata* de Gristhorp-Bay, près Scarborough, elles sont fines, parallèles, mais quelquefois fourchues et anastomosées. Ce genre, dont M. Fr. Braun distingue quatre espèces dans le lias de Bayreuth, aurait sans doute encore besoin d'être bien étudié. Je dois même faire remarquer qu'il n'est pas admis par M. Gœppert, ni par M. Unger, qui a suivi cet auteur dans la division des Cycadées.

Le *Nilsonia Hogardi*, Schimp. et Moug., du grès bigarré, me paraît devoir rentrer dans ce genre, autant qu'on peut toutefois en juger sur l'échantillon très imparfait figuré par ces auteurs, et surtout d'après la restitution qui l'accompagne.

PTÉROPHYLLUM, Ad. Brong.

Ce nom a été, je crois à tort, étendu dans ces derniers temps à des plantes fort différentes de celles qui lui ont servi de type.

Son caractère essentiel me paraît être d'avoir des folioles souvent un peu unies par leur base, quadrilatères ou oblongues et linéaires, *tronquées au sommet*, et parcourues par des nervures fines parallèles, *non convergentes au sommet*, mais aboutissant au bord terminal tronqué.

Ces caractères se retrouvent dans les espèces à folioles étroites et linéaires du Keuper : telles que *Pterophyllum Jægeri*, Brong.; *longifolium*, Brong.; *Meriani*, Brong.

Et dans les espèces à folioles quadrilatères du grès du lias, de l'oolithe et des terrains wealdiens : telles que *Pterophyllum majus*, Brong.; *minus*, Brong.; *Nilsoni*, L. et H.; *Schaumburgense*, Dunk.

Ils manquent, au contraire, dans la plupart des autres espèces rapportées récemment à ce genre, et qui rentrent, comme je l'ai déjà indiqué, dans les genres *Zamites*, § *Pterozamites*, *Ctenis* ou *Nilsonia*.

NILSONIA, Brong.

Ce genre, voisin des *Pterophyllum*, et qui se lie surtout à celui-ci par les *Pterophyllum* ou *Nilsonia compta* (*Pterophyllum Williamsonis*, Brong.), se distingue cependant assez facilement par la forme et l'aspect de ses folioles. Celles-ci sont courtes, contiguës, peut-être même en partie soudées par leur base, obtuses au sommet et presque tronquées, mais à nervures arquées et confluentes vers le sommet ; ces nervures très marquées sont, en général, accompagnées de nervures plus fines interposées. Les feuilles de ce genre paraissent épaisses et coriaces ; celles des vrais *Pterophyllum* paraissent, au contraire, avoir été minces et membraneuses.

Les espèces au nombre de 11, énumérées par Unger dans son *Synopsis*, me paraissent, à l'exception du *Nilsonia Bogardi*, appartenir à ce genre ; mais on doit aussi, je crois, lui rapporter les *Pterophyllum Munsteri*, Gœpp. (Sternb., 2, t. 13, f. 1, 3), le *Pteroph. Williamsonis*, Brong., et probablement le *Cycadites linearis*, Sternb. (1, tab. 50, fig. 3), qui me paraît un fragment du *Nilsonia elongata*. La distinction des espèces a, du reste, besoin d'être revue avec soin.

Toutes ces plantes sont du grès de lias, ou des parties inférieures de la série oolithique.

§ 3. *Fructifications.*

ZAMIOSTROBUS, Endl.

Les fossiles, désignés sous ce nom par Endlicher, Gœppert et Unger, comprennent les fruits en forme de cône ou strobiles, que leur structure paraît rapprocher des *Zamia* sans qu'on puisse cependant les rapporter avec certitude, soit aux espèces de *Zamites*, soit à d'autres genres voisins.

Ce sont des cônes ovales, elliptiques ou oblongs, composés d'écailles presque perpendiculaires sur l'axe de ce cône, formés d'un pédicelle assez étroit, terminé par un disque élargi, rhomboïdal ou hexagonal, tronqué ou se prolongeant en un appendice foliacé, et portant sous ce disque deux graines suspendues, et dont le sommet libre est dirigé vers l'axe du cône ; voilà, du moins, les caractères généraux des cônes des Cycadées vivantes du groupe des Zamiées.

Mais ces caractères sont loin d'exister positivement dans tous les fossiles classés dans ce genre.

Le *Zamiostrobus macrocephalus*, Endl. (*Zamia macrocephala*, L. et H., *Foss. Flor.*, t. 125), et le *Zamiostrobus sussexiensis*, Gœpp. (*Zamia sussexiensis*, Mantell.), qui diffèrent à peine, et proviennent l'un et l'autre du grès vert sous-crétacé du midi de l'Angleterre, ont bien l'aspect et la plupart des caractères extérieurs des cônes des vrais *Zamia* à disques des écailles hexagonaux. Cependant ces disques ne sont pas disposés en séries longitudinales, comme dans ces plantes vivantes ; et la fracture figurée dans le *Fossil Flora* ne semblerait pas indiquer la direction des écailles ni la position des graines propres aux *Zamia*, mais plutôt une certaine analogie avec les fruits des Pins.

Le *Zamiostrobus crassus*, Gœpp. (*Zamia crassa*, *Foss. Flor.*, n. 136) semblerait analogue à un fruit d'*Encephalartos*; mais la structure interne est bien vague pour établir positivement son analogie avec les Zamiées.

Quant au *Zamiostrobus ovatus*, Gœpp. (*Zamia ovata*, *Foss. Flor.*, n. 226), il me paraît complétement différent des fruits des *Zamia* vivants, par ses écailles dressées, imbriquées, et ses graines basilaires, qui le font beaucoup plus ressembler à un cône de Conifère assez semblable à celui du *Pinus cembro*.

On voit qu'il y a beaucoup de doutes sur les analogies admises entre ces *Zamiostrobus* et les vrais *Zamia*.

Je dirai cependant que, dans les mêmes terrains qui renferment des feuilles de Cycadées, j'ai vu quelquefois des écailles détachées qui paraissent appartenir à des fruits de cette famille. Quelques unes aussi paraissent tenir en même temps des Cycadées et des Conifères, et annoncer l'existence de genres tout à fait particuliers dans cette famille des Cycadées fossiles.

J'ajouterai enfin que j'ai eu entre les mains un échantillon, qui m'a été communiqué par M. Guéranger, pharmacien au Mans, d'un cône du grès vert des environs de cette ville, qui appartient, sans aucun doute, à cette famille, mais qui est un cône ou épi mâle, avec ses écailles peltées portant des anthères globuleuses groupées comme dans les vrais *Zamia*. M. Corda a aussi reconnu que la plante, figurée par M. de Sternberg sous le nom de *Conites familiaris*, était un cône mâle de *Zamia*, qu'il a nommé *Zamites familiaris*, et figuré de nouveau dans l'ouvrage de Reuss sur la craie de la Bohême.

MICROZAMIA, Corda.

Sous ce nom, M. Corda, dans ce même ouvrage de Reuss, a décrit un cône très remarquable qui paraît, en effet, par ses caractères les plus essentiels, se rapporter au groupe des Zamiées, mais qui s'éloigne de tous les genres vivants en ce que les écailles peltées, à disque hexagonal, qui constituent ce cône, portent fixées sous ces disques, non pas deux graines collatérales, comme dans toutes les Zamiées actuelles, mais de trois à six graines.

La seule espèce connue jusqu'à présent, *Microzamia gibba* Corda (*Conites gibbus* Reuss; *Geogn. Skizz.*), provient du Quadersandstein inférieur et du Planersandstein de Trzibtitz, ainsi que du Grünsand de Laun en Bohême.

C'est un cône allongé, spiciforme, de 7 à 8 centimètres de long sur environ 2 de large. Les écailles sont nombreuses, à disque hexagonal, mais rangées avec moins de régularité que dans les *Zamia* vivants; les ovules et les graines mûres, suspendues sous le disque terminal, sont oblongues ou ovoïdes, et présentent, d'après M. Corda, lorsqu'elles sont bien conservées, un épiderme réticulé.

Famille des Nœggerathiées.

Je réunis, sous ce nom, des plantes dont les affinités sont fort obscures, mais qui me paraissent cependant se rapprocher surtout des Cycadées et des Conifères, former presqu'un lien de plus entre ces deux familles, et qui, mieux connues, rentreront peut-être en partie dans l'une et en partie dans l'autre de ces familles.

Ce sont des plantes à feuilles pinnées ou profondément pinnatifides ou à feuilles simples, dont les feuilles ou les folioles sont traversées par des nervures fines, nombreuses, égales, légèrement divergentes dès la base, presque parallèles, simples ou bifurquées de distance en distance; ces feuilles ou folioles sont allongées, linéaires, lancéolées, cunéiformes ou flabellées, entières ou profondément lobées à leur extrémité.

La tige observée seulement dans le genre *Pychnophyllum* a l'organisation essentielle des Conifères ou plutôt des Gymnospermes, et les feuilles de ce genre, analogues sous bien des rapports à celles des *Dammara* et de certains *Podocarpus*, ressemblent tellement aux folioles des *Nœggerathia*, qu'on peut difficilement se décider à séparer ces deux genres.

NŒGGERATHIA, Sternb.

L'espèce type de ce genre est extrêmement rare. Figurée d'abord par M. de Sternberg (*Flor. der Vorw.*, I, 4, 20), elle a été représentée de nouveau par M. Göppert (*Gen. pl. foss.*, liv. 5, 6, tab. 12, fig. 1), et j'en ai observé un échantillon qui m'a permis d'en étudier la nervation et les autres caractères avec précision.

C'est une feuille pinnée à pinnules redressées, obliques, obovales ou presque cunéiformes, tronquées, arrondies, denticulées sur le bord terminal, à nervures assez fortes, droites, simples ou rarement bifurquées, existant en divergeant de la base rétrécie de la foliole, et toutes égales entre elles.

Cette forme a été d'abord comparée à celle des Palmiers à folioles cunéiformes, tronquées, comme les *Caryota* ; mais l'égalité des nervures et leur bifurcation sont contraires à cette supposition.

M. Gœppert a placé ce genre dans les Fougères et le compare aux *Adiantum* et aux *Schizæa*. Mais la forme simplement pinnée de la feuille, la rigidité des folioles, le mode d'origine et de division des nervures me paraissent bien plus analogues à ce qu'on observe dans les vrais *Zamia* américains et surtout dans les *Zamia pygmæa* Lodd., *montana* Lind., et *rotundifolia* Ad. Brong., dont les folioles, larges et courtes, se rapprochent de celles du *Nœggerathia foliosa* Sternb.

Toutes les espèces maintenant rapportées à ce genre et celles qui lui ressemblent par la forme de leurs folioles forment-elles un seul et même genre? C'est ce qu'il est difficile ou plutôt impossible de dire en ce moment.

Le *N. flabellata* Lind. et Hutt (*Foss. Flor.*, 1829) montre cependant une feuille pinnée ou profondément pinnatifide, à folioles cunéiformes, tronquées, dont la nervation paraît bien celle du *Nœggerathia foliosa*.

Le *N. expansa* Ad. Brong. (in Murch. et Vern., Russie, pl. B, fig. 4, et pl. E), quoique plus différent par sa fronde comme plissée, à nervures plus marquées de distance en distance, paraît cependant s'accorder avec les précédentes par ses frondes profondément pinnatifides.

Les autres espèces ne se sont présentées qu'en folioles isolées et souvent même incomplètes. Appartiennent-elles toutes à des feuilles pinnées ou sont-elles quelquefois des feuilles simples et complètes, se rapportant alors au genre suivant? C'est ce dont on doit encore douter.

Tels sont les *N. cuneifolia* Brongn. (loco cit.) (*N. Kutorgæ* Ung., *Sphenopteris cuneifolia* Kut.), *N. obliqua* et *Beinertiana* Gœpp. (loco cit.) auxquels j'aurais, au moins, quatre espèces nouvelles des terrains houillers de France à ajouter, espèces très remarquables par la dimension de leurs folioles ou feuilles qui, longues de 2 à 4 décimètres, sont entières ou profondément divisées en lanières étroites. Quelquefois cependant (*N. truncata* Ad. Br.) les folioles, par leur position, semblent indiquer qu'elles s'attachent à un rachis commun ; dans d'autres cas, la forme oblique de leur sommet annonce aussi les folioles d'une feuille pinnée, plutôt qu'une feuille simple, ordinairement symétrique. Telle est le *N. spathulata* Ad. Br.

Ces plantes, et particulièrement ces grandes espèces à folioles très longues, étroites et souvent divisées en lobes rubanés, désignés alors comme des *Poacites*, paraissent, par leur abondance, contribuer à former essentiellement certaines couches de houille dans lesquelles on reconnaît leurs surfaces striées. Mais on ne les trouve jamais entières dans toute leur étendue.

La réunion de ces feuilles en grande quantité, dans certaines couches de houille, avec des fruits que leur forme et leur taille rendent comparables à ceux des Cycas, et avec des frondes lobées, plissées et recourbées, désignés par Germar, dans son ouvrage sur les houilles de Zwickau (fasc. iv, tab. 18), sous le nom de *Schizopteris lactuca*, et dont j'ai observé plusieurs espèces, m'ont porté à penser que ces divers organes pouvaient appartenir à une même plante dont les *Nœggerathia* seraient les feuilles normales, le *Schizopteris lactuca* et les espèces voisines, les feuilles avortées et fructifères, comme dans les Cycas, et les graines qui les accompagnent, les fruits de ces plantes. Les fruits, que j'ai désignés sous le nom de *Cardiocarpon*, seraient probablement d'autres espèces de ce même genre. Je renvoie, pour plus de détails à ce sujet, à la notice que j'ai lue à l'Académie des Sciences (*Compte rendu*, 29 déc. 1845, et *Annales des Sciences naturelles*, t. V, p. 30).

PYCNOPHYLLUM.

Je désigne, sous ce nom, la plante nommée par M. Sternberg *Flabellaria borassifolia* et si bien décrite, dans ces derniers temps, par M. Corda qui a montré qu'elle n'a pas le moindre rapport avec les autres *Flabellaria*, véritables feuilles de Palmiers.

Ici ce n'est pas une feuille flabelliforme, mais bien un rameau portant vers son sommet un grand nombre de feuilles serrées les unes contre les autres et divergeant autour de ce sommet, ce qu'indiquait déjà la figure de M. de Sternberg que je m'étais toujours refusé à considérer comme représentant une feuille flabelliforme, puisque ces prétendus lobes se croisaient vers la base (1).

C'est donc une plante à feuilles simples, lancéolées, spathulées, obtuses, à nervures parallèles, presque égales ou alternativement plus fines et plus grosses ; elles ressemblent aux folioles des *Nœggerathia* dont ces feuilles ont tout à fait l'aspect.

Elles sont semi-amplexicaules à la base ; leurs insertions sont très rapprochées et en spirale. Celles voisines du sommet des rameaux persistent seules ; les autres sont tombées ou détruites.

La tige, grosse comme le doigt, présente une moelle centrale entourée d'un cercle ligneux assez épais, formé de vaisseaux rayés, disposés en séries rayonnantes, mais sans rayons médullaires. D'après M. Corda, en dehors se trouve, dans le parenchyme cortical, une zone étroite de liber en partie détruite, et des faisceaux vasculaires qui se portent aux feuilles.

Cette structure tient de celle des Sigillariées, des Cycadées et des Conifères. L'absence des rayons médullaires, si elle est certaine, serait un caractère essentiel et distinctif.

M. Germar vient de publier dans son bel ouvrage sur les plantes fossiles des mines de houille de Wettin une seconde espèce de *Flabellaria*, sous le nom de *Flabellaria principalis*, qui me paraît devoir rentrer très probablement dans ce genre, quoiqu'il la représente et la décrive comme une feuille simple, flabelliforme.

Il me paraît vraisemblable que les feuilles rapprochées et appliquées l'une sur l'autre, étalées dans tous les sens, simulent une feuille simple ; mais chacune de ces feuilles ou lobes principaux, longue d'environ 40 à 50 centimètres, est divisée, jusqu'au tiers ou à moitié, en quatre ou cinq lobes linéaires de 3 ou 4 centimètres de large, parcourues par des nervures fines, égales et parallèles. Cette structure des feuilles est tellement semblable à celle de l'espèce précédente et des *Nœggerathia*, que je ne doute pas que

(1) Voyez *Prodrome*, p. 115.

cette plante ne soit du même groupe et complètement étrangère aux *Flabellaria* de la famille des Palmiers. Si c'est réellement une feuille unique, flabelliforme, lobée, elle devra constituer un genre particulier, qui sera aux *Nœggerathia* ce que les Palmiers flabelliformes sont aux Palmiers pinnifrondes.

Famille des Conifères.

La famille des Conifères est une des plus importantes pour la botanique fossile, non seulement à cause du nombre considérable d'espèces qu'elle renferme, mais parce qu'elle a des représentants dans toutes les formations, depuis les plus anciennes jusqu'aux plus récentes, par lesquelles elle se lie à la végétation actuelle, dans laquelle elle offre aussi des espèces propres à tous les climats du globe.

Cette famille est également bien caractérisée par la structure de tous ses organes, caractères que je ne puis rappeler ici qu'en peu de mots. Les tiges offrent la structure générale des dicotylédones ; mais le bois est composé de fibres ligneuses, toutes semblables, sans mélange de vrais vaisseaux, mais plus larges et à parois plus minces à l'intérieur de chaque couche annuelle, plus étroites et à parois plus épaisses à l'extérieur de ces couches.

Ces fibres ligneuses longitudinales, disposées en séries rayonnantes, régulières, séparées par des rayons médullaires, étroits et nombreux, offrent sur leurs faces latérales des ponctuations ou pores entourés d'une aréole circulaire qui se correspondent sur deux fibres contiguës et font communiquer leurs cavités entre elles et avec les rayons médullaires ; ces pores manquent presque toujours complètement sur les faces internes et externes de ces mêmes fibres ou n'y existent qu'éparses et en très petit nombre.

La forme et la disposition de ces pores, la structure des rayons médullaires, sont les caractères qui servent à distinguer les bois des diverses tribus et les espèces de Conifères.

Les feuilles sont simples, ordinairement aciculaires ou planes et linéaires, solitaires ou fasciculées, sessiles et même décurrentes, ou articulées et légèrement pétiolées, rarement elles sont planes et larges : les *Dammara*, quelques *Podocarpus* et surtout le *Ginkgo* forment de remarquables exceptions à cet égard.

Les fleurs mâles et femelles sont toujours séparées : les mâles forment des chatons d'écailles portant des anthères sessiles, ou plutôt ces écailles sont elles-mêmes les étamines à anthères bilobées ou plurilobées. Les fleurs femelles forment des épis composés d'écailles qui portent sur leur face supérieure ordinairement deux ovules collatéraux, quelquefois un seul ou, au contraire, un nombre plus considérable. Ces écailles deviennent ordinairement ligneuses et constituent les fruits ou cônes de la plupart des Conifères. Dans quelques cas, elles sont charnues et soudées. Enfin elles peuvent être courtes, peu nombreuses, et les graines sont solitaires et extérieures. C'est ce qui a lieu dans les Taxinées.

La famille des Conifères se divise en trois ou quatre tribus ou sous-familles admises même souvent comme des familles distinctes, mais qu'il est préférable ici de considérer comme des subdivisions des Conifères ; ce sont les Cupressinées, les Abiétinées et les Taxinées.

On peut, avec beaucoup de probabilité, classer, dans ces tribus, les plantes fossiles dont on connaît les rameaux garnis de feuilles et surtout les fruits ; mais, pour les bois, les caractères distinctifs des genres me paraissent, dans la plupart des cas, tellement obscurs et douteux, jusqu'à un plus ample examen, que je les reléguerai à la fin de ces familles, sous deux ou trois noms génériques.

1re tribu. — ABIÉTINÉES.

PINITES, Gœppert.

Sous ce nom et peut-être mieux sous celui de *Pinus*, on peut réunir toutes les plantes fossiles qui, par la forme de leurs feuilles ou de leurs cônes, rentrent évidemment dans le genre *Pinus* de la plupart des auteurs modernes, c'est-à-dire dans les Pins à feuilles fasciculées, au nombre de deux à cinq, et à cônes, dont les écailles sont élargies et terminées par un disque plus ou moins marqué.

Avec M. Endlicher, je ne donne pas le nom de *Pinites* aux bois fossiles qui ont la structure des bois de *Pinus*, parce que je ne connais pas de caractère certain pour les distinguer de ceux d'un grand nombre d'autres Conifères et, par cette raison, je les laisse réunis sous le nom de *Peuce*, que M. Endlicher leur a conservé.

On peut aussi avec avantage, à ce que je crois, distinguer, sous le nom d'*Abietites*, les espèces qui se rapportent aux genres *Abies*, *Picea*, *Larix* ou *Cedrus*, genres bien distincts des *Pinus* par leurs caractères de végétation et de fructification.

Ainsi limités, les *Pinites* renferment encore trente espèces énumérées par M. Endlicher (*Synopsis Coniferarum*, p. 285), et quatre indiquées plus récemment, comme trouvées à Parschlug, par M. Unger. La plupart sont des terrains tertiaires, et ce sont même presque les seules qui se rangent, sans aucun doute, dans ce genre.

Les deux espèces du terrain houiller (*Pinus primæva et anthracina*), figurées par MM. Lindley et Hutton dans le *Fossil Flora*, me laisseront des doutes, tant que la disposition des graines n'aura pas été observée.

Le *Pinites elongatus* (*Strobilites elongata*, *Foss. Flor.*, t. 89) du lias n'est qu'un axe de cône avec des fragments d'écailles qui peut appartenir à des Abiétinées de genres très différents.

Je ne connais pas les espèces de la craie et du Keuper, indiquées en Allemagne, mais je suis très porté à croire à l'existence de vrais *Pinus*, à dater de l'époque du grès vert, d'après l'examen d'un cône très remarquable par sa forme très allongée, qui m'a été donné par M. Alc. d'Orbigny. Il était renfermé dans un nodule pyriteux du grès vert des environs de Chalons-sur-Marne.

ABIETITES, Gœpp.

Il ne me paraît pas possible, à l'état fossile, de distinguer avec quelque certitude les espèces qui se rapportent aux genres *Picea*, *Abies*, *Larix* et *Cedrus*, si voisins, même à l'état vivant, et considérés comme de simples sections des *Pinus* par plusieurs auteurs ; mais leurs feuilles solitaires, leurs cônes à écailles amincies vers leur sommet, les distinguent cependant des *Pinus* proprement dits. Ces plantes ont été désignées par les auteurs qui se sont occupés de la botanique fossile sous les noms génériques d'*Elate Un-*

ger, *Abietites* Gœppert, *Piceites* Gœppert, *Palæocedrus* Unger, *Strobilites* Lindley et Hutton.

M. Endlicher en énumère 14 espèces, mais dont plusieurs sont très imparfaitement connues. M. Unger en ajoute trois de Parschlug, mais qui ne sont pas encore décrites. La plupart sont des terrains tertiaires; cependant une espèce très bien caractérisée, l'*Abietites oblonga* (Lind. et Hutt., *Foss. Flor.*, 11, f. 137), appartient au grès vert, et a été retrouvée dans les sables ferrugineux qui dépendent de cette formation près de Granpré (Ardennes) par M. Amand Buvignier. Une autre espèce du même genre, et très voisine de la précédente, est citée par M. Mantell, dans la même formation. Enfin l'*Abietites Linkii* du terrain wealdien est considéré par M. Dunker comme ayant essentiellement contribué à la formation des couches de charbon de ces terrains dans le nord de l'Allemagne.

Je ne vois pas sur quel caractère de quelque valeur M. Endlicher a distingué, comme un genre distinct, sous le nom de *Stenonia*, la plante fossile décrite par M. Unger sous le nom d'*Elate austriaca*.

La forme des cônes et la structure du bois de cette plante ne diffèrent que par des nuances trop légères de celles des *Larix* pour les en séparer. Le caractère seul des séries de cellules articulées, répandues en petit nombre entre les fibres ligneuses formerait une exception; mais la valeur de ce caractère aurait besoin d'être bien constatée.

CUNNINGHAMITES, Presl.

Le type de ce genre à l'état fossile est une plante décrite par Presl, dans l'ouvrage de M. de Sternberg, sous le nom de *C. oxycedrus*, qui paraît assez fréquente dans les schistes argileux du Quadersandstein de Niederschoena, près Freyberg. Cette plante a beaucoup l'aspect du feuillage du *Cunninghamia sinensis*. Quant au *C. dubius* du même auteur provenant du Keuper, j'aurais beaucoup de doute sur son analogie avec ce genre, car ses feuilles paraissent articulées et caduques.

M. Corda a ajouté deux autres espèces, qui proviennent des schistes argileux du Quadersandstein inférieur de la craie de Bohême (*Voy. Reuss. Bohm. Kreide*, p. 91,

tab. 49 et 50): l'une, le *C. elegans*, a la forme de la nervure médiane et le mode d'insertion des feuilles du *Cunninghamia*; l'autre, le *C. planifolia*, s'en éloigne beaucoup plus, et serait peut-être plus voisin des *Dammara*. Les fruits de ces diverses espèces ne sont pas encore connus, et jusque-là leurs rapports génériques doivent être considérés comme fort douteux. Ces plantes sembleraient caractéristiques des formations crétacées inférieures, et, dans ce cas, ne pourrait-on pas supposer que les *Abietites oblonga* et *Benstedi* sont leurs fruits, ce qui indiquerait un genre tout spécial pour ces espèces?

PALISSYA, Endl.

M. Endlicher a donné ce nom, d'un des pères de la géologie, à un genre assez incomplétement connu qu'il a établi pour le *Cunninghamites sphenolepis*, Al. Braun (in *Munst. beytr.* 6, p. 17, t. 2, f. 16-20), plante qui, par son feuillage, se rapproche du *Cryptomeria* et de certains *Araucaria*, et se lierait plutôt par la forme de son cône au *Cunninghamia*, mais qui restera douteuse tant que la disposition de ses graines ne sera pas connue; peut-être cependant serait-il plus naturel de la placer près des *Cryptomeria*.

Elle est du lias des environs de Beyreuth.

Je serais porté à penser que le *Lycopodites Williamsonis* de l'oolithe inférieure de Whitby, et le *Lycopodites patens* du grès de Hoer, doivent rentrer dans ce genre; des cônes très comprimés de la première de ces espèces pourraient s'accorder avec cette supposition.

SEQUOIA.

Je ne doute pas que ce ne soit près du genre *Sequoia*, Endl. (*Taxodium sempervirens*, Lamb. et Hook), que doit se placer une Conifère très remarquable dont M. Unger a décrit des rameaux en très bon état, et portant des cônes sous le nom de *Cupressites taxiformis* (*Chl. prot.*, t. 8 et 9). Les feuilles alternes, d'après cet auteur, aussi bien que leur forme, excluent toute analogie, soit avec les *Cupressus* proprement dits, soit avec le genre *Chamæcyparis*, dans lequel M. Endlicher le range; car le *Cupressus* ou *Chamæcyparis thurifera*, auquel M. Unger compare sa plante fossile, à des feuilles verticillées par trois, subulées, et un fruit très différent aussi de celui de la plante fossile, qui se rapproche au contraire beaucoup des *Sequoia sempervirens* et *gigantea*. C'est une plante propre aux lignites tertiaires de Hœring en Tyrol; mais on peut se demander si tous les échantillons figurés par M. Unger appartiennent bien à la même plante. La fig. 3, pl. 9, présente, des feuilles articulées linéaires qui, avec une forme plus grêle, ressemblent à celles du *Sequoia gigantea*. Les échantillons figurés pl. 8, fig. 1 et 2, ont des feuilles plus courtes qui paraissent sessiles et décurrentes, comme dans le *Glyptostrobites caespitosus*.

BRACHYPHYLLUM, Brong.

Je donne ce nom à des Conifères à feuilles alternes disposées en spirale, courtes, charnues, insérées par une base large et rhomboïdale, mais qui sont quelquefois plus allongées que dans le *Brachyphyllum mamillare*, et sont alors coniques obtuses.

Ce genre ne sera parfaitement limité que lorsqu'on connaîtra la fructification des principales espèces. Ses caractères de végétation le rapprochent de deux genres actuellement existants, des *Arthrotaxis* de la terre de Diémen parmi les Abiétinées, et des *Widdringtonia* de l'Afrique australe, et peut-être aussi du *Glyptostrobus* (*Taxodium japonicum*) parmi les Cupressinées; et probablement les diverses espèces qu'on est obligé de lui rapporter se rangeront plus tard dans ces divers genres.

Les espèces, au nombre de 4 ou 5, qui lui appartiennent, sont propres à la série oolithique depuis le lias jusqu'au terrain wealdien. Il me paraît très probable qu'on doit y placer l'*Araucaria peregrina*, Lindl. et Hutt.

On doit y ranger aussi le *Baliostichus ornatus* de Sternberg (*Fl. der Vorw.*, 2, t. 25, f. 3), placé bien à tort parmi les Algues, et que j'ai observé assez souvent dans les calcaires jurassiques de France; enfin 2 ou 3 espèces du calcaire oolithique des environs de Verdun trouvées par M. Moreau, qui me les a adressées. Avec celles-ci se sont trouvés des cônes qui me paraissent pouvoir se rapporter à ces arbres, et qui indiqueraient une analogie plus grande avec les *Arthro*

taxis qu'avec les autres genres que je citais ci-dessus. Les mêmes espèces ou des espèces très voisines se trouvent également à Hettange, près Metz, dans le grès infra liasique.

C'est aussi dans ce genre qu'on doit placer, jusqu'à ce qu'on connaisse leur fructification, les plantes que j'avais décrites sous les noms de *Fucoides orbignianus* et *Brardii*, qui sont, sans doute, des Conifères, mais qui ont peut-être plus d'analogie avec le *Cryptomerites Ulmanni*.

HAIDINGERA, Endl. (*Albertia*, Sch. et M.).

Ces plantes, dont nous devons la connaissance à M. Schimper, sont propres au grès bigarré des Vosges. Ce sont des Conifères à feuilles larges, elliptiques ou lancéolées obtuses comme celles des *Dammara*, mais rapprochées et presque imbriquées comme celles des *Araucaria*. Pour la foliation, elles sont donc intermédiaires entre ces deux genres; les fructifications qui sont rapportées à ces plantes par M. Schimper ne peuvent l'être qu'avec quelque doute, n'étant pas réunis à des rameaux ayant les caractères des *Haidingera*. Mais cependant il y a une grande probabilité dans cette réunion; les caractères de ces fructifications, quoique peu nets, semblent indiquer, comme l'établit M. Schimper, des rapports assez positifs entre ces plantes et les *Dammara*, c'est-à-dire que les écailles d'un cône ovoïde sont elles-mêmes ovales, arrondies, imbriquées, et paraissent ne porter qu'une seule graine symétrique.

Je serais porté à *croire* que le *Strobilites laricioides*, figuré aussi dans le bel ouvrage de MM. Schimper et Mougeot sur le grès bigarré, est un cône d'une seconde espèce de *Haidingera*. Je ne vois aucun caractère suffisant pour en former un genre spécial comme l'a fait M. Endlicher, en le désignant sous le nom de *Fuchselia*.

DAMMARITES, Presl. (*Dammara*, Corda).

MM. Gœppert, Presl, Corda, ont considéré comme se rapportant au genre *Dammara* deux fruits trouvés dans le Quadersandstein de la craie de Bohême et de Silésie, qui ont, en effet, assez la forme de ceux des *Dammara*, mais qu'en l'absence de tout caractère d'organisation interne on ne peut en rapprocher qu'avec doute, d'au tant plus que dans une de ces espèces, *D. crassipes*, les écailles paraîtraient épaisses et non amincies sur leur bord comme dans les *Dammara* dont les fruits ressemblent beaucoup extérieurement à ceux des Cèdres.

Les rameaux du même terrain, décrits par M. Corda sous le nom de *Cunninghamia planifolia*, se rapporteraient peut-être à son *Dammara albens*.

ARAUCARITES, Presl.

Le genre *Araucaria*, si remarquable parmi les conifères actuelles, renferme, sous le rapport de la forme de ses feuilles, deux groupes bien distincts au premier coup d'œil; les espèces à feuilles planes, telles que les *A. brasiliensis*, *imbricata* et *Bidwelli*, et les espèces à feuilles quadrangulaires, comme les *A. Cunninghami* et *excelsa*. Dans celui-ci, les feuilles passent souvent à la forme presque plane. A l'état fossile, si nous admettions les rapprochements encore douteux établis par plusieurs auteurs, nous aurions aussi ces deux formes; l'*A. Gœpperti*, Presl, ou *Sternbergii*, Gœpp., des terrains de lignite de Hœring en Tyrol, auraient des feuilles tétragones analogues à celles de l'*A. Cunninghami*, et un fruit trouvé dans ce même terrain semblerait confirmer ce rapprochement; mais on peut élever bien des doutes sur ce rapprochement, car cet *Araucarites Sternbergii*, ancien *Lycopodites cœspitosus* de Schlotheim, présente, encore fixés à l'extrémité de ses rameaux sur des échantillons que j'ai reçus de cette même localité et parfaitement identiques avec ceux de Schlotheim lui-même, des fruits très différents de ceux des *Araucaria*, et paraissant très voisins de ceux du *Glyptostrobus heterophyllus*, Endl. (*Taxodium japonicum*, Brong.).

Deux espèces de la craie, figurées par M. Corda dans l'ouvrage de Reuss, auraient au contraire des feuilles planes, imbriquées, comme celles de l'*A. imbricata*, mais en plus petit, et surtout avec une forme plus courte et plus large. Des échantillons d'une espèce très voisine, sinon identique, provenant de la craie de Scanie, me feraient croire cependant que les feuilles étaient épaisses et élargies à la base comme dans les *Brachyphyllum*. L'*Araucaria peregrina*, du lias d'Angleterre, s'éloigne beaucoup plus de ce genre par ses feuilles courtes, charnues, obtuses, et par le mode de division de ses rameaux; il doit, je pense, rentrer dans les *Brachyphyllum*. Ce qui peut cependant jeter quelque doute sur ces rapports, et faire supposer que ces plantes des terrains secondaires supérieurs et des terrains tertiaires ne se rangent pas parmi les *Araucaria*, c'est qu'on n'a pas trouvé, à ce que je crois, jusqu'à ce jour dans ces terrains, de bois ayant la structure si caractéristique des *Araucaria*. Peut-être ces plantes sont-elles plus voisines des *Cryptomeria*, des *Cunninghamia*, ou des *Arthrotaxis*, dont le bois ne diffère pas essentiellement de celui des conifères ordinaires.

WALCHIA, Sternb.

Ce genre si remarquable et si caractéristique des terrains anciens a été passé sous silence par les deux auteurs qui ont traité d'une manière générale des végétaux fossiles ou des conifères fossiles dans ces dernières années, MM. Unger et Endlicher. On ne peut pas cependant conserver, à ce que je crois, de doute sur l'existence de ce groupe comme genre distinct et comme appartenant à la famille des Conifères.

Les espèces qui lui servent de type sont les *Lycopodites filiciformis* et *piniformis*, de Schlotheim, des mines de houille de Vettin et des schistes de Lodève, auxquels on doit ajouter plusieurs espèces trouvées dans ces mêmes schistes ardoises et quelques espèces plus imparfaitement connues des parties supérieures du terrain houiller de Saint-Etienne et d'Autun. Toutes ces plantes présentent des rameaux nombreux, très rapprochés et régulièrement pinnés comme ceux de l'*Araucaria excelsa*, sur lesquels s'insèrent des feuilles très nombreuses, serrées, sessiles, élargies à la base et un peu décurrentes, qui paraissent ordinairement tétragones, falciformes, et varient pour la forme et la longueur.

Ces rameaux se terminent quelquefois par des cônes oblongs ou cylindroïdes, composés d'écailles imbriquées, ovales ou lancéolées, aiguës, mais dont les sommets ne sont pas étalés ou recourbés comme dans les *Araucaria*. On n'a pas encore pu apprécier leur organisation interne, ce qui ne permet pas d'apprécier exactement leur analogie avec les *Araucaria*. Pour le port et l'aspect général, ces plantes fossiles ont plus que toutes les autres l'apparence des *Araucaria*, du groupe des *A. excelsa* et *Cunninghami*.

Outre les plantes-types citées ci-dessus, on doit rapporter à ce genre le *Caulerpites hypnoides* des schistes de Lodève, et la plupart des *Caulerpites* des schistes cuivreux du Zechstein, du pays de Mansfeld, qui ne me paraissent que des rameaux de ces plantes très comprimés, déformés et en partie effacés. Le vrai *Caulerpites selaginoides*, à feuilles obtuses et irrégulièrement étalées, ferait peut-être seul exception. On doit remarquer que dans ces plantes comme dans beaucoup de conifères vivantes, et dans les *Voltzia*, les feuilles diffèrent souvent très notablement sur les diverses parties des branches et des rameaux.

Il est probable que les bois fossiles de ces terrains anciens dont la structure se rapprocherait de celle des *Araucaria*, et dont M. Endlicher a formé le genre *Dadoxylon*, se rapportent à ces plantes.

MM. Unger et Endlicher placent, près de ces Conifères abiétinées, un genre établi par M. Presl, sous le nom de *Strushackea*, pour divers fruits des terrains tertiaires ; mais si j'en juge d'après une espèce, le *St. subglobosa*, dont j'ai vu un échantillon venant de Bohême, et qui est fréquente dans les grès tertiaires des environs du Mans, ce genre serait tout à fait étranger à la famille des Conifères.

Le *St. subglobosa* est certainement un fruit de plantes dicotylédones angiospermes. C'est un capitule formé d'ovaires soudés, surmontés chacun par un rebord calycinal pentagone, correspondant à deux loges inférieures, contenant chacune un ovule suspendu, organisation, qui me paraît très analogue à celle des *Morinda* de la famille des Rubiacées.

Les *St. oblonga* et *minuta* sont peut-être différents génériquement des précédents, mais ils ne me paraissent pas davantage analogues à des fruits de Conifères ; peut-être se rapprochent-ils des Artocarpées.

2me tribu. — CUPRESSINÉES.

Les Cupressinées, caractérisées par la direction de leurs ovules et de leurs graines, qui sont dressées et non suspendues comme dans les Abiétinées, ont, pour la plupart, en outre, un caractère de végétation qui les distingue immédiatement des autres Conifères. La plupart d'entre elles ont les feuilles opposées ou verticillées par trois, ce sont les vraies Cupressinées ; d'autres, en moindre nombre, ont les feuilles alternes comme celles des Abiétinées. Cette division, très naturelle, est en outre favorable à l'étude des espèces fossiles.

** Cupressinées à feuilles opposées ou verticillées.*

JUNIPÉRITES, Brong.

Les *Juniperus*, quant à leurs organes de végétation, ne diffèrent pas génériquement des *Cupressus*, et je crois devoir réunir, sous le nom commun de *Juniperites*, les rameaux fossiles de ces deux genres, tant que des organes reproducteurs n'auront pas permis de les attribuer à l'un ou à l'autre de ces genres.

M. Gœppert a observé, dans le succin, des chatons mâles, qui ont les caractères essentiels des *Juniperus*, et il les a désignés sous le nom de *Juniperites hartmannianus*. Les *Juniperites brevifolius* et *acutifolius* ont des feuilles alternes et courtes comme dans le *Taxodium europæum*, et doivent, d'après le caractère et la structure de leur fruit, rentrer comme cette espèce dans le genre *Glyptrostrobites*.

*

CUPRESSITES, Gœpp.

Deux plantes sont décrites sous ce nom générique ; l'une a été reconnue à ses chatons mâles isolés, trouvés dans le succin, c'est le *C. Linkianus*, Gœpp. ; l'autre, observée dans un état très complet dans les lignites de la Wettéravie, est caractérisée par ses rameaux, ses fleurs et ses fruits, c'est le *C. Brongniartii*, Gœpp.

THUITES, Brong.

Les *Thuia* se distinguent des deux genres précédents non seulement par leurs fruits, mais par leurs rameaux distiques aplatis ; ils paraissent avoir de nombreux représentants à l'état fossile, tant dans les terrains tertiaires auxquels appartiennent la plupart des vrais *Cupressinées*, que dans les terrains plus anciens. Dans les terrains tertiaires, on en a trouvé cinq à six espèces distinctes dont plusieurs avec des portions de fruits.

Dans les terrains oolithiques et wealdiens on en signale plusieurs, mais ceux de ces derniers terrains sont douteux génériquement. Quant à ceux des terrains oolithiques, et surtout aux *Thuites dicaricata* et *expansa*, ils ont tous les caractères de végétation des vrais Thuia, et quoiqu'on n'en ait pas trouvé la fructification, il est très probable qu'elle s'éloigne peu de celle des Thuia.

Les autres espèces, trouvées aussi à Stonesfield, sont plus douteuses, le mode d'insertion des feuilles n'étant pas aussi net, et plusieurs de ces espèces, *Thuites cupressiformis* et *acutifolia*, pourraient rentrer dans le genre *Brachyphyllum*.

A l'occasion de ces *Thuites*, je dois rappeler, comme je l'ai déjà indiqué en parlant des *Caulerpites*, que la plupart de ces prétendues Algues du calcaire oolithique ne sont que des empreintes imparfaites de ces *Thuites*, dont on retrouve le mode de division des rameaux et d'insertion des feuilles par un examen plus attentif; mais elles ne constituent pas des espèces distinctes, et ne sont, dans mon opinion, que des échantillons imparfaits des espèces citées ci-dessus, et surtout du *Th. dicaricata*.

CALLITRITES.

Le genre *Callitris*, limité parmi les plantes vivantes au *Callitris quadrivalvis*, Vent. (*Thuia articulata*, Desf.), de l'Algérie, mais auquel on peut joindre le genre *Libocedrus*, Endl., qui en diffère à peine, se distingue par son feuillage ainsi que par ses fruits. Il paraît représenté à l'état fossile par deux espèces, dont on a trouvé pour l'une les rameaux seuls, pour l'autre les rameaux et le fruit, et par quatre espèces dont on ne connaît que les fruits, fort analogues à ceux du *Callitris quadrivalvis*. M. Endlicher a formé de l'une d'elles son genre HYSOTITA, mais sur un caractère si léger qu'il ne peut réellement pas être admis. Ces dernières espèces ont été trouvées dans l'argile de Londres à l'île Sheppey, et désignées par M. Bowerbank sous les noms de *Cupressites curtus*, *Comptoni*, *thuioides* et *crassus*.

Les deux espèces plus complètement connues sont : l'une le *Callitrites Brongniartii*, Endl. (*Thuites callitrina*, Ung.; *Equisetum brachyodon*, Brong.), des terrains tertiaires de France et d'Allemagne; l'autre le *Calli-trites salicornioides* (*Thuites salicornioides*, Ung.), dont M. Endlicher avait formé son genre *Libocedrites*, qui ne me paraît pas différer notablement du *Callitrites*, et qui provient aussi des terrains de lignites tertiaires.

FRENELITES, Endl.

Ce genre, considéré comme l'analogue des *Frenela* ou *Callitris* de la Nouvelle Hollande, en diffère cependant en ce que, dans ceux-ci, le fruit est formé de deux verticilles rapprochés, composés chacun de trois écailles valvaires formant en apparence un seul verticille, mais composé de trois valves plus petites alternant avec trois plus grandes.

Dans les fruits fossiles classés dans ce genre par M. Endlicher, et figurés par M. Bowerbank sous les noms de *Cupressites recurvatus* et *C. subfusiformis*, il n'y a au contraire qu'un seul verticille de trois écailles égales, plus ou moins soudées par leur base. Les fruits du même lieu, rapprochés par M. Endlicher du genre *Actinostrobus*, en diffèrent de la même manière. Ils sont formés d'un seul verticille de trois écailles, tandis que les *Actinostrobus* actuels ont deux verticilles de trois écailles, mais tellement rapprochés et égaux qu'ils semblent ne plus en former qu'un seul de six écailles égales, mais accompagnées à leur base de petites écailles verticillées par trois.

Par ces motifs, il me semble impossible de séparer en deux genres les fruits fossiles désignés par M. Endlicher sous les noms de FRENELITES et d'ACTINOSTROBITES.

C'est un seul genre fort différent des Conifères vivantes de ces deux genres, auquel on peut laisser le nom de FRENELITES, jusqu'à ce que sa structure interne soit mieux connue, et jusqu'à ce qu'on l'ait trouvé réuni à des rameaux; car, dans l'état actuel de nos connaissances à son égard, on peut douter s'il se rapproche davantage des *Frenela* ou des *Widdringtonia*.

** *Cupressinées à feuilles alternes en spirale.*

WIDDRINGTONITES, Endl.

M. Endlicher rapproche du genre *Widdringtonia* de l'Afrique australe quelques Conifères à feuilles alternes subulées ou squamiformes, qui ont, en effet, un peu l'apparence des rameaux de ces arbres. Une espèce, figurée par Unger sous le nom de

Juniperites baccifera, présente des fruits globuleux dont la structure est trop peu connue pour établir, d'une manière positive,
les rapports de cette plante; M. Unger les
considère comme une baie; M. Endlicher
leur attribue plusieurs valves.

Les feuilles indiquées comme alternes, par
M. Unger lui-même, s'opposent à la position
qu'il donne à ce fossile parmi les *Juniperites*.
Est-ce réellement la même plante désignée
par M. de Sternberg sous le nom de *Thuytes
gramineus?*

M. Endlicher rapporte encore à ce genre
quelques plantes dont on ne connaît que
des rameaux stériles, provenant des terrains
secondaires liasiques, wéaldiens et crétacés,
mais dont la détermination est très douteuse.

Les *Widdringtonia*, que j'ai d'abord décrits sous le nom de *Pachylepis*, se distinguent par leur fruit composé de quatre
écailles parfaitement égales, et ne formant
pas deux paires décussées comme dans les
Callitris. Ce caractère n'a été signalé dans
aucune Conifère fossile; mais les fruits à
cinq valves égales du genre suivant semblent s'en rapprocher.

SOLENOSTROBUS, Endl.

Le genre institué sous ce nom comprend
quatre espèces de fruits de l'argile de Londres de l'île Sheppey, décrits par M. Bowerbank sous les noms de *Cupressinites subangulatus*, *corrugatus*, *sulcatus* et *semiplotus*,
et qui ont pour caractère commun d'offrir
cinq écailles valvaires épaisses, ligneuses,
naissant d'une base commune plus ou moins
pentagone.

M. Bowerbank admet qu'elles entourent
une seule graine, mais rien ne me paraît
le démontrer. Rien non plus ne me paraît
établir, d'une manière positive, que ce soit
des fruits de Conifère plutôt qu'un vrai fruit
angiosperme à cinq valves.

On peut cependant admettre facilement
l'existence d'un genre voisin des *Widdringtonia*, et dont le fruit ou cône serait composé des cinq écailles d'une spire quinconciale devenues valvaires, comme il l'est de
quatre dans ce genre. Ce nombre serait même
plus en rapport avec le mode d'insertion des
feuilles.

Le genre PASSALOSTROBUS, Endl., fondé

sur le *Cupressinites tessellatus* du même auteur et du même lieu, me paraît tellement
voisin des précédents, que dans l'état imparfait de nos connaissances sur ces fossiles,
il me semble bien inutile de créer des genres
sur d'aussi légers caractères que la prolon-
gation de l'axe en une columelle saillante ;
car cette valve ou écaille terminale ne peut
pas être autre chose.

TAXODITES.

Le genre *Taxodium* à l'état vivant comprend deux formes assez différentes, dont
M. Endlicher a constitué avec raison deux
genres distincts : les vrais *Taxodium* américains à feuilles caduques articulées à leur
base, et les *Taxodium* de l'Asie orientale
formant le genre *Glyptostrobus*, à feuilles
subulées, courtes ou allongées, sessiles et
un peu décurrentes, longtemps persistantes;
les écailles peltées des cônes diffèrent aussi
dans les deux genres, et l'ensemble de ces
caractères nous permet de reconnaître que
beaucoup de Conifères fossiles rentrent dans
le second de ces genres, et doivent être
désignées sous le nom de *Glyptostrobites*.

Quant aux vrais *Taxodium*, il est difficile
d'en fixer exactement les limites et les caractères lorsqu'ils sont dépourvus de fruits,
leur feuillage ressemblant à celui des *Taxus*,
des *Sequoia* et des *Abies*, dont il diffère surtout par sa texture plus molle et plus mince.

La plante décrite par M. Unger, sous le
nom de *Cupressites taxiformis*, et dont j'ai
parlé sous le nom de *Sequoites*, rentrera
peut-être dans les *Taxodites* lorsqu'on aura
mieux étudié les détails de son organisation,
et si les fruits figurés se rapportent aux rameaux à feuilles linéaires articulés à leur
base.

Si au contraire ils appartiennent aux rameaux à feuilles sessiles décurrentes, ce
sera un *Glyptostrobites*.

Le *Taxodites dubius*, Presl, des lignites de
Bilin, qui me paraît être mon *Taxites tenuifolia*, a bien l'apparence d'un *Taxodium* ;
les *Taxodites Munsterianus* et *tenuifolius* du
même auteur, provenant du Keuper, me
semblent très douteux.

Enfin le *Taxodites Bockianus*, Gœpp.,
dont un jeune fruit a été trouvé dans le succin, est encore une espèce douteuse.

GLYPTOSTROBITES.

Le genre *Glyptostrobus*, Endl., dont on ne connaît maintenant qu'une ou deux espèces de la Chine, paraît un de ceux qui a eu le plus de représentants dans les terrains tertiaires de l'Europe.

C'est à lui que se rapporte évidemment le *Taxodium Europæum*, que j'ai décrit et figuré dans l'ouvrage de la commission scientifique de Grèce, et que j'avais alors comparé au *Taxodium japonicum*, type du genre *Glyptostrobus*.

Mais on doit aussi placer dans ce même genre : 1. *Glyptostrobites acutifolius* ; c'est mon *Juniperites acutifolia*, Prodr., des lignites de la Bohême, qui a des feuilles alternes, courtes, aiguës, et des fruits ovales à écailles analogues à celles du *Glyptostrobus*, mais plus profondément lobées et sillonnées. 2° *Glyptostrobites cæspitosus* (*Lycopodites cæspitosus*, Schloth), dont les rameaux et les fruits se rapprochent en même temps des *Glyptostrobus* et des *Cryptomeria*, et dont la position définitive ne pourra être fixée que lorsque des fruits plus parfaits auront été observés : une partie des figures du *Cupressites taxiformis* de Unger, et l'*Araucarites Sternbergii*, de Gœppert, se rapportent à cette plante. 3° *Glyptostrobites parisiensis* (*Muscites squamosus*, Brong.), dont j'ai observé des troncs, des rameaux et des fruits dans les meulières des environs de Paris, et qui se rapproche par ses feuilles du *Gl. europæus*, dont il diffère cependant sensiblement par ces organes, et encore plus par la forme de ses fruits.

CRYPTOMERITES.

Je suis porté à rapprocher de ce genre du Japon une Conifère fossile dont on n'a que des échantillons assez imparfaits, mais dont les écailles des cônes offrent un caractère propre aux *Cryptomeria*. C'est le *Cupressites Ulmanni*, Bronn, du Frankenberg, dont les rameaux avaient été désignés comme des épis de Blé par les anciens naturalistes. Ces rameaux sont assez gros, couverts de feuilles alternes, courtes, charnues, obtuses, élargies à leur base et imbriquées ; elles ont ainsi le caractère le plus important des *Cryptomeria*, c'est-à-dire les feuilles sessiles, élargies, non articulées à leur base ;

mais elles en diffèrent beaucoup par leur forme, qui est étroite et subulée dans la seule espèce de *Cryptomeria* vivante que nous connaissions. Cependant ces différences de forme ne sont que secondaires, et nous en voyons d'aussi prononcées dans beaucoup de genres à espèces nombreuses. Les fruits sont analogues, par leur forme générale, à ceux des *Cupressus*, *Taxodium* et *Sequoia*, plus qu'à ceux du *Cryptomeria japonica* ; mais les écailles peltées qui le composent sont divisées sur leur bord en dents ou lobes très allongés, qui seulement, au lieu de rester étalées, sont recourbées en dedans sur la face interne qui porte les graines, dont on ne peut pas juger la disposition sur les échantillons observés jusqu'à ce jour. C'est cette forme des écailles, si remarquable dans le *Cryptomeria japonica*, et existant à un moindre degré dans le *Glyptostrobus*, qui me porte à classer cette plante fossile dans ce genre. L'insertion alterne de ses feuilles l'éloigne tout à fait des *Cupressus*.

M. Corda rapporte aussi au genre *Cryptomeria*, sous le nom de *Cryptomeria primæva* (Reuss, Boëhm. Kreid., t. 48, f. 1, 11), une plante de la craie de la Bohême qui, par ses feuilles, a, en effet, une grande analogie avec le *Cryptomeria japonica*. Les indications très incomplètes de fructification l'éloigneraient davantage de ce genre ; mais elles sont trop imparfaites pour que nous puissions admettre qu'on établisse sur cette plante un genre spécial, comme M. Endlicher l'a fait en lui donnant le nom de *Geinitzia cretacea*. Les recherches à venir peuvent seulement montrer si cette plante doit se rapprocher des *Cryptomeria* ou des *Araucaria*, ou former un genre particulier.

VOLTZIA, Brong.

Le genre *Voltzia* est propre au terrain de grès bigarré, et l'un des mieux caractérisé parmi les Conifères fossiles, quoiqu'il reste encore bien des doutes relativement à la disposition des graines sur les écailles.

Les feuilles alternes, en spirale sur cinq à huit rangs, sessiles et décurrentes, ont beaucoup d'analogie avec celles des *Cryptomeria*, *Glyptostrobus* et de certains *Araucaria*. Les fruits sont des cônes oblongs, à écailles lâchement imbriquées et qui ne paraissent pas avoir été contiguës. Elles sont cunéiformes, ordinairement à trois ou cinq lobes obtus. Quant à la disposition des graines ou des ovules, caractère si important, elle est encore très douteuse. J'ai cru en voir trois dressées ; M. Schimper en admet deux réfléchies, et M. Endlicher décrit comme caractère une seule graine dressée sous chaque écaille.

L'analogie des rameaux des *Voltzia* avec ceux des *Cryptomeria* et des *Glyptostrobus*, tant par le mode d'insertion et la forme de leurs feuilles, que par l'extrême inégalité des feuilles à la base ou vers l'extrémité d'une même pousse, caractère qu'on observe sur les *Voltzia* et sur ces Conifères vivantes, me porte à penser que c'est dans le voisinage de ces plantes qu'on doit placer ce genre certainement distinct et complétement détruit.

3me tribu. — TAXINÉES.

Les Taxinées, qui sont essentiellement caractérisés par leurs graines solitaires, non recouvertes par des écailles ou réunies en petit nombre en épis sur des écailles incomplètes, forment un groupe peu naturel, et qu'on a déjà proposé de subdiviser ou de rapporter aux deux divisions précédentes. Les caractères des organes de la végétation n'offrent rien qui permette de les distinguer facilement ; mais elles paraissent avoir peu de représentants à l'état fossile.

TAXITES.

Sous ce nom, j'avais désigné des rameaux ayant l'apparence de ceux de l'If par leurs feuilles planes et distiques ; mais ce caractère se trouve non seulement dans les ifs et dans plusieurs *Podocarpus*, mais aussi dans le *Taxodium distichum* et le *Sequoia sempervirens* et dans plusieurs *Abies*. Ainsi, à moins qu'une étude attentive de la structure de l'épiderme de ces feuilles et de la forme de leurs points d'attache ne permette de les distinguer, les *Taxites* resteront un groupe fort peu naturel, et c'est à peine si l'on peut affirmer que quelques unes soient de vrais *Taxus*. Tous, du reste, à l'exception du *Taxites podocarpoides* de Stonesfield, ont été trouvés dans les terrains de lignite tertiaire.

M. Lindley a cité, sous le nom de *Podocarpus macrophylla*, une plante des terrains gypseux d'Aix en Provence, et M. Unger indique le *Salisburia adianthoides* ou *Ginkgo biloba* dans les formations tertiaires de Sinigalia en Italie et de Parschlug en Styrie. Mais je ne sais pas jusqu'à quel point l'identité de ces plantes, avec les espèces vivantes dont elles portent les noms, est certaine.

Bois de Conifères.

Les bois de Conifères se font assez facilement reconnaître par l'absence de vrais vaisseaux, par leurs fibres ligneuses, disposées en séries rayonnantes, parallèles aux rayons médullaires, et présentant uniquement ou presque uniquement, sur leurs faces latérales ou parallèles aux rayons médullaires, des ponctuations régulières offrant un pore central et une aréole discoïde qui l'entoure. Dans toutes les Conifères vivantes, on remarque, en outre, que les rayons médullaires sont formés d'une seule couche de cellules composée de plusieurs rangées superposées ; mais ce caractère offre des exceptions parmi les fossiles et suppose des genres très distincts et peut-être même des tribus ou des familles voisines des Conifères et actuellement détruites.

Quant aux bois des Abiétinées, des Cupressinées et des Taxinées, je ne vois pas de caractères propres à les distinguer d'une manière générale et constante, et, par cette raison, je ne crois pas qu'on puisse distinguer les deux genres *Peuce* et *Thuioxylon*, ni placer ces bois à la suite des genres de ces diverses tribus.

---

* Rayons médullaires simples; c'est-à-dire composés d'une seule couche de cellules superposées.

PEUCE, With., Endl.

Fibres ligneuses ne présentant qu'un seul rang de pores, ou rarement et partiellement deux pores placés à la même hauteur, ou deux rangées de pores sur quelques fibres plus larges.

Ces bois sont analogues, non seulement aux bois des Pins et Sapins, mais à ceux de presque toutes les Conifères, à l'exception des *Araucaria*, des *Taxodium* et des *Taxus*.

Endlicher en énumère trente espèces, et je ne sais réellement pas sur quel caractère il se fonde, ainsi que M. Unger, pour distinguer le genre *Thuioxylon* qu'il considère comme devant renfermer les bois de Cupressinées; les caractères observés jusqu'à présent sont tout à fait insuffisants pour séparer génériquement les bois de ces deux familles ou tribus.

Quant au bois désigné sous le nom de *Retinodendron* par M. Zenker, et de *Retinoxylon* par M. Endlicher, le caractère sur lequel il est fondé est évidemment le résultat d'une fausse interprétation des observations, c'est-à-dire que les prétendus réservoirs fusiformes de résine, renfermés dans le bois et visibles seulement sur la coupe parallèle à l'écorce, ne sont, d'après l'inspection même de la figure de Zenker, que la coupe transversale des rayons médullaires plus colorées et demi-opaques, comme cela a lieu souvent.

Deux caractères serviraient peut-être avec plus de certitude à distinguer quelques-uns de ces bois.

1° L'uniformité de densité du tissu, d'où résulte l'absence de couches annuelles distinctes, caractère qui appartient surtout à des bois des terrains anciens, évidemment étrangers aux vrais *Pinus* dont il n'y a aucune trace dans ces formations; tel est surtout le *Peuce Withami* des terrains houillers d'Angleterre.

2° La disposition des pores dans parties des fibres qui correspondent aux rayons médullaires eux-mêmes.

On peut aussi distinguer d'une manière très positive quelques espèces dont nous formerons le genre :

ELÆOXYLON.

Ces espèces ont les fibres larges, à parois assez minces, portant dans toutes les parties, excepté dans la zone dense, deux ou trois rangées de ponctuations disposées en lignes transversales et assez irrégulièrement espacées. Ce caractère ne me paraît se présenter d'une manière presque constante que dans le bois du *Taxodium distichum* ou du Cyprès chauve des marais de l'Amérique du Nord.

Il se retrouve, à l'état fossile, dans les *Peuce acerosa* Unger, *Peuce affinis* Gœppert, *Peuce pannonica* Unger (*Pinites protolariœ* Gœppert), *Peuce basaltica* et *hœdiana* Unger, *Peuce regularis* Gœppert, et *Pinus cretacea* Corda.

Il est probable que ces bois se rapportent aux espèces de *Taxodium* et de *Glyptostrobus* qui paraissent nombreuses dans les terrains tertiaires.

TAXOXYLON, Ung. (*Taxites*, Gœpp.).

Le bois de l'If commun présente un caractère qui paraît lui être propre; c'est une fibre spirale double qui tapisse l'intérieur des fibres ligneuses en formant une hélice à tours espacés et peu obliques. Il ne faut pas confondre cette disposition avec des stries spirales fines et contiguës qui marquent souvent la paroi des fibres ligneuses des Conifères et qui n'ont aucune importance générique, car elles existent ou manquent dans des espèces très voisines.

Cette structure particulière du bois de l'If ayant été observée dans quelques bois fossiles, on les a séparés sous le nom de *Taxites* ou de *Taxoxylon*. M. Gœppert auquel on doit ces observations, en distingue quatre espèces des terrains tertiaires.

DADOXYLON, Endl. (*Araucaritum*, Sp.).

Ces bois sont caractérisés par une disposition de leurs tissus très analogue à ce qu'on observe dans les Araucaria de l'époque actuelle, en limitant toutefois ce nom à une partie seulement des *Araucarites* et des *Dadoxylon* des auteurs ci-dessus cités, c'est-à-dire à ceux qui ont les rayons médullaires étroits, simples, composés d'une seule lame de tissu cellulaire. Ces espèces ont, en effet, la plupart des caractères essentiels du bois des Araucaria, c'est-à-dire les ponctuations des fibres ligneuses disposées en plusieurs séries alternantes entre elles, et prenant par pression la forme d'aréoles hexagonales. Cependant il y a quelques différences assez importantes pour qu'on ne puisse pas affirmer que ce sont de vrais Araucaria, surtout quand on voit que tant de Conifères actuelles de genres différents ont, sous ce rapport, une structure sensiblement la même; et par cette raison, je préfère le nom donné par M. Endlicher, en réservant le nom d'*Araucarites* aux plantes qui, par leurs organes de fructification, se rapprocheraient des Araucaria. Les espèces-types de ce genre sont les *Dadoxylon Brandlingi* (*Pinites Brandlingi*, With., pl. 10, f. 1-6), et *Dadoxylon Tchihatcheffianum* (*Araucarites Tchihatcheffianus*, Gœpp., in Tchihatch. Voy. Altaï, t. XXX-XXXV). Les *Dadox. Keuperianum*, *Stigmolithos* et *Buchianum* lui appartiennent aussi probablement. Les autres rentrent dans le genre suivant.

Rayons médullaires composés, c'est-à-dire formés de nombreuses rangées de cellules non disposées en séries superposées, et ayant, sur la coupe perpendiculaire à leur direction, une forme ovale ou lancéolée.

PALÆOXYLON.

Je donne ce nom aux bois de Conifères qui, ayant les ponctuations des fibres ligneuses comme dans le genre précédent et dans les *Araucaria*, ont des rayons médullaires épais et composés, que nous ne connaissons dans aucune Conifère actuelle. Tels sont les *Pinites Withami* et *Pinites medullaris*, de Lindley et Hutson, si bien figurés par Witham dans son ouvrage sur les *Bois fossiles*, et rapportés avec les précédents au genre *Araucarites* par Gœppert et *Dadoxylon* par Endlicher.

La réunion de ces caractères en forme un des genres les plus distincts parmi les Conifères, et les rapprochent des Cycadées anomales du même terrain, telle que le *Colpoxylon*.

Ces deux espèces, et peut-être les *Pinites ambiguus* et *carbonarius*, constituent seules ce genre; elles appartiennent aux terrains houillers.

PISSADENDRON, Endl. (*Pitus*, With.).

Ce genre diffère du précédent, comme notre genre *Eleoxylon* diffère des *Dadoxylon*. Il a les rayons médullaires composés, larges et celluleux des *Palæoxylon*, et les ponctuations multisériées, mais par lignes transversales non contiguës, comme dans les *Eleoxylon*. Il n'y en a que deux espèces décrites, qui sont les *Pitus primæva* et *Pitus antiqua* de M. Witham; toutes deux sont des terrains houillers d'Angleterre.

Famille des Gnétacées.

EPHEDRITES, Gœpp.

M. Gœppert a signalé dans le succin un petit fragment qui a les caractères essentiels d'un *Ephedra*; il l'a nommé l'*E. Johannianus*.

2ᵉ SOUS EMBRANCHEMENT.

DICOTYLEDONES ANGIOSPERMES.

Pendant longtemps la détermination des fossiles de cette grande classe est restée tout à fait incertaine, et à l'exception de quel-ques fruits bien caractérisés qui indiquaient l'existence des genres Noyer, Erable, Charme, Bouleau, Orme; de quelques feuilles assez caractérisées pour faire reconnaître aussi quelques genres; enfin de quelques tiges d'une forme très spéciale, telles que celles des Nymphea, tout était resté dans le vague, et sous ces noms communs de Phyllites, d'Exogenites, de Carpolithes, ou d'Antholithes, on classait par organes les fossiles jusqu'alors indéterminés de cette grande division du règne végétal. Les beaux travaux de M. Al. Braun sur les fossiles d'OEningen, quoique inédits, mais communiqués à plusieurs botanistes, de M. Gœppert sur les fleurs fossiles, et surtout en dernier lieu de M. Unger dans son *Chloris protogæa*, ont montré qu'en combinant les fruits, les feuilles et souvent les bois fossiles d'une même formation, on pouvait arriver à une détermination assez précise.

Les portions de fleurs, souvent si bien conservées dans les morceaux de succin, sont venues confirmer dans beaucoup de cas ces rapprochements. C'est ainsi qu'on a pu extraire de cette masse de feuilles et de bois, considérés d'abord comme indéterminables, les espèces suivantes rapportées avec assez de certitude à leurs genres et à leurs familles.

Famille des Myricées.

COMPTONIA.

Les espèces de ce genre sont bien caractérisées par la nervation remarquable de leurs feuilles qui ressemblent au premier coup d'œil à des Fougères ou à des Cycadées, parmi lesquelles MM. Sternberg et Gœppert les avaient placées.

M. Unger en a énuméré quatre, outre les trois que j'avais fait connaître, mais elles ne sont encore ni décrites, ni figurées. Une est de Radoboj, deux de Parschlug, et une en même temps de cette dernière localité et d'OEningen. Il ne serait pas impossible que l'une de celles que j'avais décrites, le *C. Dryandræfolia*, ne fût plutôt une feuille de Protéacée, voisine des *Banksia* et *Dryandra*; la présence de fruits, qui appartiennent très probablement à cette famille dans les terrains tertiaires, peut le faire présumer.

Quant aux autres espèces que j'ai pu observer, elles ont une telle analogie avec les feuilles du *Comptonia* actuel, qu'on ne saurait douter de leur position dans ce genre; c'est un exemple des plus positifs de l'analogie de la Flore des lignites tertiaires avec la Flore actuelle de l'Amérique septentrionale.

MYRICA, L.

M. Unger indique sept espèces de ce genre dans les terrains tertiaires de Hæring, en Tyrol; de Radoboj, en Croatie; et de Parschlug, en Styrie; mais elles ne sont encore ni décrites, ni figurées, et je ne sais pas si elles sont toutes fondées sur des feuilles seulement ou sur des organes de fructification.

Famille des Bétulinées.

BETULA, Linn.

J'avais déjà signalé, sous le nom de *Betula dryadum*, des fruits de Bouleau trouvés dans le terrain d'eau douce d'Armissan près Narbonne. M. Unger a retrouvé ces mêmes fruits avec des chatons et des feuilles, analogues à ces mêmes organes dans les Bouleaux, à Radoboj, en Croatie et à Parschlug, en Styrie. Il a en outre fait connaître une seconde espèce de ces arbres, et l'on en a signalé quelques autres restes qui rentrent peut-être dans ces deux espèces.

Le même auteur a reconnu aussi, parmi des bois pétrifiés des terrains tertiaires d'Autriche et de Paris, des bois analogues à ceux des Bouleaux, et les a désignés sous le nom générique de BETULINIUM.

ALNUS, Tourn.

Ce genre a aussi des représentants certains dans les terrains tertiaires d'Allemagne. C'est une de ces espèces que M. Gœppert a observée, avec des fruits et des chatons mâles dont les anthères renfermaient encore du Pollen, dans les lignites de Wettéravie. M. Unger en a aussi fait connaître des échantillons avec fruits, et M. Gœppert en a retrouvé dans le succin. Ces divers fragments constituent, d'après ces auteurs, six espèces, dont une comparaison attentive sera nécessaire pour juger s'il n'y a pas double emploi.

Famille des Cupulifères.

QUERCUS, Linn.

M. Unger a décrit et figuré, dans le *Chloris protogœa*, douze espèces de feuilles qu'il rapporte à ce genre, et il y range aussi deux espèces de *Phyllites* déjà figurées par Rossmaler. Plus récemment, il en a indiqué trois espèces nouvelles trouvées à Parschlug. Toutes ces espèces, à l'exception d'une seule, ne sont fondées que sur l'examen des feuilles, et sans rejeter leur analogie, qui résulte de comparaisons individuelles avec certaines espèces de Chênes d'Europe ou d'Amérique, on peut cependant conserver des doutes tant qu'on n'aura pas trouvé de caractères généraux dans la nervation, s'appliquant à tout un genre et rien qu'à ce genre.

Je puis ajouter que parmi les empreintes de feuilles de l'Auvergne, il y en a plusieurs qui paraissent aussi rentrer dans ce genre, et former plusieurs espèces distinctes de celles de l'Allemagne orientale, se rapprochant surtout des espèces de l'Amérique septentrionale. Ce qui, du reste, confirme les rapports de ces feuilles, ou d'une partie d'entre elles, avec les Chênes, malgré l'extrême rareté des fruits, ce sont les fleurs analogues aux chatons mâles des Chênes observées par M. Gœppert dans le succin, et l'existence, dans des points très divers de l'Europe, de bois fossiles, qui ont tous les caractères de ceux des Chênes, et surtout des Chênes verts.

Ces bois sont désignés par M. Unger sous le nom de QUERCINIUM. Il en distingue trois espèces, dont une avait déjà été décrite et figurée par M. Gœppert sous le nom de *Klœdenia quercoides*. Cette espèce se trouve non seulement dans beaucoup de points de l'Allemagne et de la Hongrie, mais aussi dans le diluvium des bords de l'Allier, près de Moulins, en grande quantité et en morceaux énormes, mais roulés.

FAGUS, Tourn.

Une espèce de ce genre a été trouvée en Bohême, avec des fruits bien conservés et des fragments de feuilles; c'est le *Fagus Deucalionis*, Ung. D'autres espèces, fondées seulement sur des feuilles, pourraient également se rapporter au genre Châtaignier, et peut être même au Charme. M. Unger en distingue cinq espèces, dont la plupart me paraissent se retrouver dans les terrains tertiaires de l'Auvergne. Il distingue aussi sous le nom de *Fegonium* une espèce de bois fossile analogue au bois de Hêtre, qui paraît commune en Allemagne.

Carpinus, Linn.

L'existence de ce genre dans les terrains tertiaires est bien démontrée par la présence de fruits, de feuilles et même de chatons mâles dans le succin, organes qui indiquent trois ou quatre espèces distinctes. Cependant les espèces me paraissent peu nombreuses à l'état fossile comme à l'état vivant, et l'on n'a pas jusqu'à présent signalé de bois qui s'y rapporte ; de sorte que dans cette famille des Cupulifères, en admettant les déterminations faites à l'époque actuelle, les Chênes seraient, à l'état fossile comme à l'état vivant, le genre le plus nombreux en espèces, puis les *Fagus*, et enfin les *Carpinus*.

Corylus, Linn.

On a trouvé plusieurs fois de vraies Noisettes dans des couches de diverses natures, mais d'une origine si récente qu'on peut douter si elles ont précédé l'époque actuelle.

Famille des Ulmacées.

Ulmus, Linn.

Les Ormes paraissent aussi avoir été abondants et assez nombreux en espèces dans la période tertiaire. J'en avais déjà signalé des fruits il y a longtemps. M. Unger vient d'en faire connaître neuf espèces, presque toutes avec fruits et feuilles ; seulement ces organes étant séparés, et souvent deux ou trois espèces se rencontrant dans la même localité, je ne sais pas sur quoi M. Unger s'est fondé pour réunir les fruits aux feuilles pour constituer chaque espèce. Il cite aussi dans son énumération des plantes fossiles de Parschlug, une espèce de *Celtis* sous le nom de *C. Japeti*, fondée sur des feuilles et des fruits.

Un bois analogue à celui de l'Orme est aussi indiqué par cet auteur, et désigné sous le nom d'*Ulminium diluviale*.

Famille des Morées.

Ficus, Tourn.

Unger indique, sous le nom de *Ficus hy-* perborea, une espèce fossile de Radoboj en Croatie, qu'il n'a pas encore décrite.

Plusieurs bois de ce genre paraîtraient exister à l'état fossile, surtout parmi ceux des Antilles.

Famille des Platanées.

Platanus, Linn.

M. Unger rapporte à ce genre quatre espèces de feuilles, dont deux d'une très grande dimension, profondément digitées, et dont une est accompagnée de petits fruits ressemblant à ceux des Platanes lorsqu'ils sont isolés. Il me paraît cependant assez douteux que ces quatre espèces appartiennent toutes aux Platanes plutôt qu'à d'autres genres à feuilles lobées, tels que les *Sterculia*. La plus grande de ces feuilles me paraît avoir beaucoup d'analogie avec une feuille trouvée plusieurs fois à Armissan, près Narbonne.

M. Unger a donné le nom de Platanium à un bois fossile qui a de l'analogie avec celui du Platane, mais qui cependant en diffère à plusieurs égards très notablement.

Famille des Styracifluées.

Liquidambar, Linn.

L'existence bien constatée, par des feuilles et des fruits, du genre *Liquidambar*, parmi les fossiles des terrains tertiaires d'OEningen et de Parschlug en Styrie, est un des faits les plus intéressants, puisque les espèces de ce genre propres aux climats tempérés sont actuellement limitées à la Perse et à l'Amérique septentrionale. C'est à M. Alex. Braun qu'on doit cette identification générique. M. Unger en admet trois espèces.

Famille des Salicinées.

Salix, Tourn.

Les feuilles analogues à celles des Saules paraissent fréquentes, surtout dans le terrain d'eau douce d'OEningen, où M. Alex. Braun, dont l'exactitude scrupuleuse est bien connue, en a distingué cinq espèces. Quelques autres espèces plus douteuses ont été signalées dans d'autres localités ; mais la plus remarquable par son gisement est celle désignée par Zenker sous le nom de *Salix fragiliformis*, observée dans le Quadersandstein de la formation crayeuse de Blankenburg, ainsi que dans le Greensand de Niederschœna, près Freyberg. C'est avec les *Credneria*, dont il sera question plus loin, les premières plantes évidemment dicotylédones que nous voyons apparaître dans la série géologique. Quant à affirmer que ce soit un vrai Saule, je crois que ce serait trop hasardé, ces caractères n'ayant rien de très certain.

Il faut aussi bien se garder de prendre pour des feuilles de Saule toutes les feuilles lancéolées, étroites, ressemblant, par cette forme, à celles du Saule blanc ou de l'Osier. L'étude de la nervation peut seule rendre ces rapports probables. Ainsi la plupart des feuilles de cette forme, observées dans le calcaire grossier de Paris, s'éloignent beaucoup des feuilles de Saule par ce caractère, et ressemblent plutôt à celles des *Nerium*.

POPULUS.

On ne saurait douter de l'existence de ce genre dans les terrains tertiaires ; il paraît même fréquent. Unger en énumère huit espèces, mais la plupart inédites.

ROSTHORNIA, Ung.

M. Unger donne ce nom à un genre fondé sur un bois fossile, qui a les principaux caractères de ceux des Saules et des Peupliers, dont il diffère cependant par ses rayons médullaires composés, tandis qu'ils sont simples dans ces deux genres.

Il n'en indique qu'une espèce, de Carinthie.

CREDNERIA, Zenk.

Nous plaçons à la suite de ces familles de plantes arborescentes amentacées un groupe de feuilles fort remarquables, dont M. Zenker a formé un genre spécial sous le nom ci-dessus, et dont les affinités sont fort obscures. Ce sont des feuilles plus ou moins cunéiformes, à trois nervures principales basilaires, à nervures secondaires obliques peu nombreuses, réunies par des nervures transversales nombreuses et fort régulières. Ces feuilles sont entières ou à larges dents, et légèrement lobées.

Cette nervation transversale remarquable les fait ressembler à quelques feuilles de familles très diverses, aux *Pourouma* dans les Artocarpées, à quelques *Cocculus* et *Cissampelos* dans les Ménispermées, mais sur-tout aux *Hamamélidées* et particulièrement aux *Parrotia*. La forme générale des feuilles les fait aussi un peu ressembler aux Peupliers ; mais la nervation secondaire est très différente. Tant qu'on n'aura pas trouvé de fruits appartenant à ces plantes, leurs affinités resteront très douteuses.

Mais, ce qui fait de ce genre, qui paraît fort naturel, un groupe très remarquable, c'est que ses espèces, probablement assez nombreuses, appartiennent toutes à la formation la plus ancienne dans laquelle on ait trouvé des traces positives de Dicotylédones angiospermes, au quadersandstein et au grès vert de la formation crétacée de l'Allemagne. M. Zenker en a décrit et figuré quatre espèces du quadersandstein de Blankenburg.

M. Sternberg a figuré d'une manière fort imparfaite une autre espèce du grès de Teschen, en Bohême.

M. Gœppert en signale deux dans la formation crétacée de Silésie ; enfin j'en ai trois espèces différentes de celles déjà figurées venant du terrain crétacé de *Niederschœna* près Freyberg.

Comme ces feuilles sont presque les seules de la division des Dicotylédones angiospermes qu'on trouve dans ce terrain, il y aurait beaucoup d'intérêt à rechercher, dans ces mêmes localités, les fruits et les bois pétrifiés qui pourraient appartenir à des végétaux de cette division, et qui, en complétant nos connaissances sur ce genre curieux, pourraient déterminer ses affinités.

Famille des Protéacées.

J'ai déjà exprimé le doute si quelques unes des feuilles indiquées comme appartenant aux *Comptonia* ne seraient pas des Protéacées à feuilles pinnatifides ; mais, en tout cas, ces feuilles seraient rares, et ce fait est remarquable si, en effet, les fruits désignés par M. Bowerbank, sous le nom de *Petrophyllioides*, sont bien des fruits de Protéacées, comme paraissent l'établir les figures qu'il en a données, et les rapports avec cette famille qui ont été signalés par M. R. Brown ; car il en décrit sept espèces, toutes de l'île de Sheppey, dans l'argile de Londres, et plusieurs d'entre elles y sont très abondantes. Ce sont des fruits en cônes ayant plusieurs des caractères les plus essentiels de ceux des *Petrophila* et des *Leucadendron*, quoique différant à plusieurs égards.

Famille des Santalacées.

Nyssa, L.

M. Unger, sous le nom de *N. europæa*, indique une espèce encore inédite de ce genre trouvé avec des feuilles et des fruits dans les terrains tertiaires de Amfels, en Styrie.

Famille des Thymélées.

Sous le nom de HAUERA, M. Unger décrit un genre de bois fossile qu'il rapproche des *Aquilariacées*, famille qu'on ne saurait séparer des Thymélées. Dans l'état actuel de nos connaissances sur les rapports naturels fondés sur la structure des tiges, ces rapprochements nous paraissent très incertains. Il en indique deux espèces : une des Antilles, l'autre de Styrie.

Famille des Laurinées.

Daphnogène.

Le même savant indique, sous ce nom générique, quelques feuilles encore non décrites qui se rapprochent de celles des Laurinées, et surtout, par leur nervation, des Lauriers voisins du Cannellier.

Quelques auteurs avaient déjà signalé, dans les terrains tertiaires, des feuilles ressemblant à celles des Laurinées.

Il établit aussi, sous le nom de LAURINIUM, un genre de bois fossile qui comprend une espèce provenant des terrains tertiaires du Vicentin, que M. Unger dit ne différer de celui du *Laurus nobilis* que par des vaisseaux plus petits.

Famille des Ombellifères.

M. Unger donne le nom de *Pimpinellites siziniides* à une plante fossile encore inédite de Radoboj, en Croatie.

Famille des Cornées.

Le même auteur nomme *Cornus ferox* une plante dont les feuilles et les fruits se trouvent dans les lignites tertiaires de Parschlug, en Styrie.

Famille des Haloragées.

Myriophyllites, Unger.

On a donné ce nom à des empreintes très diverses et dont la plupart n'appartiennent certainement pas à ce genre : telles sont les espèces désignées sous ce nom par Sternberg et par Artis, provenant du terrain houiller, et qui paraissent se rapporter à des racines de diverses plantes de ces mêmes terrains. Le *Myriophyllites capillifolius* d'Unger provenant des terrains tertiaires de Radoboj, en Croatie, offre plus d'analogie avec les *Myriophyllum*. Mais cette affinité est cependant loin d'être certaine.

Trapa.

M. Unger cite aussi une espèce de ce genre comme observée dans les calcaires de Monte-Bolca ; mais elle est encore inédite.

Famille des Combrétacées.

L'existence de cette famille entièrement exotique paraît bien prouvée par des échantillons avec fleurs ou fruits que M. Unger a rapportés aux genres TERMINALIA et GETONIA, et dont il distingue même deux espèces de chacun de ces genres. Ces plantes fossiles remarquables, provenant des terrains tertiaires de la Croatie et de la Styrie, sont parfaitement figurées dans le *Chloris protogæa*.

Famille des Cucurbitacées.

Cucumites.

M. Bowerbank a décrit, sous ce nom, un genre de fruits fossiles de l'île de Sheppey, dont il considère toutes les nombreuses variétés comme ne constituant qu'une seule espèce qu'il nomme *C. variabilis*. C'est un fruit sphéroïdal, à plusieurs côtes et à graines nombreuses qui paraissent fixées vers la périphérie de ce fruit, comme celles des Cucurbitacées, avec lesquelles ces fossiles paraissent en effet avoir beaucoup d'analogie.

Les MYRTACÉES et les MÉLASTOMACÉES sont aussi citées par M. Unger, dans son *Synopsis*, mais d'après des indications si vagues qu'on ne peut considérer leur existence à l'état fossile comme constatée. Plus récemment cependant, il indique, sous le nom de *Myrtus miocenica*, une espèce observée par lui à Parschlug.

Famille des Pomacées.

M. Unger annonce, sous les noms génériques de *Pyrus*, de *Cratægus* et de *Cotoneaster*, cinq espèces, dont trois du premier de ces genres, qu'il a déterminées seulement d'après la forme des feuilles et qui proviennent des terrains tertiaires de Parschlug, en Styrie, mais qu'il n'a pas encore décrites.

Famille des Rosacées.

Le même auteur cite, dans son énumération des plantes de Parschlug, une espèce de *Rosa* et une du genre *Spiræa*.

Famille des Amygdalées.

Cette famille serait aussi représentée dans cette localité par de nombreuses espèces; car, dans la *Flore fossile de Parschlug*, M. Unger cite quatre *Prunus* et deux *Amygdalus*.

Famille des Calycanthées.

Le genre *Calycanthus* existe, sans aucun doute, dans les terrains tertiaires. M. Al. Braun le cite à OEningen et à Nidda, en Wetteravie, et j'ai vu de cette dernière localité un fruit qui a tous les caractères de ceux des *Calycanthus*.

Famille des Légumineuses.

Cette grande famille a eu certainement de nombreux représentants à l'époque tertiaire. M. Unger annonce, dans son *Synopsis* et dans sa *Flore fossile de Parschlug*, la description d'une vingtaine d'espèces qui doivent être publiées dans le second volume du *Chloris protogæa*, et dont les noms indiquent des affinités avec des genres exotiques des pays chauds: tels sont 5 *Phaseolites*, 2 *Desmodophyllum*, 2 *Dolichites*, 1 *Erythrina*, 4 *Cassia*, 2 *Bauhinia*, 2 *Acacia*, 2 *Mimosites*; d'autres annoncent, du moins, des genres étrangers à l'Europe, tels que 1 *Gleditschia*, 1 *Robinia*, 2 *Adelocercis* et 1 *Amorpha*, et quelques espèces des genres européens, tels que *Cytisus* et *Glycyrrhiza*. Toutes ces espèces sont de la Croatie, de la Styrie et d'OEningen.

Cette famille paraît aussi assez fréquente dans les terrains tertiaires de Monte-Bolca, en Italie, et de Gergovia, près Clermont; elle semble, au contraire, plus rare dans les terrains de lignite de l'Allemagne occidentale, soit qu'il n'y ait pas identité d'époque entre ces divers terrains, soit plutôt qu'ils aient été formés dans des conditions topographiques différentes, les terrains de lignites renfermant surtout des débris d'arbres qu'on peut considérer comme forestiers.

On doit aussi rapporter à cette famille des fruits de l'argile de Londres trouvés à l'île de Sheppey et décrits par M. Bowerbank sous les noms de Leguminosites, de Xylophonites, et probablement ses Faboides.

Si les espèces de ces genres sont fondées sur des caractères distinctifs suffisants et qu'on les admette toutes, elles s'élèveraient à quarante cinq.

Enfin on doit probablement rapporter à la famille des Légumineuses beaucoup de bois pétrifiés. M. Unger présume que les genres de bois fossiles qu'il a décrits sous les noms de *Fichtelites*, de *Mohlites*, de *Cottaites* et de *Schleidenites*, sont dans ce cas. Ce sont des bois fossiles des terrains tertiaires de l'Allemagne. Parmi ceux des Antilles, il y en a aussi plusieurs qui paraissent appartenir aux Légumineuses. Mais, tant que l'anatomie comparée des bois ne sera pas faite d'une manière plus complète, ces analogies seront entourées de beaucoup de doutes.

Famille des Anacardiées.

Rhus, Linné.

M. Unger a fait connaître trois plantes dont une accompagnée de fleurs qui paraissent avoir, en effet, de nombreux rapports avec ce genre. Elles sont du terrain tertiaire de Radoboj. M. Al. Braun en indique une espèce à OEningen, et anciennement Faujas comparait des feuilles de Rochesauve à ce même genre.

Mais le nombre de ces arbres serait bien plus considérable, d'après les dernières recherches de M. Unger, qui en énumère sept espèces du terrain de lignite de Parschlug, toutes différentes de celles déjà décrites; ce qui en porterait le nombre à onze ou douze en tout.

Famille des Juglandées.

Le genre *Juglans* est un de ceux dont l'existence est la mieux et la plus anciennement constatée dans les terrains tertiaires. Leurs fruits y sont fréquents, et diverses feuilles, quelque souvent incomplètes, paraissent aussi pouvoir lui être attribuées. M. Unger en énumère douze espèces dans son *Synopsis*, et en ajoute cinq nouvelles dans sa *Flore de Parschlug*; ce serait en tout dix-sept espèces dont quelques unes sont surtout abondantes dans les lignites de l' Wetteravie et de la Styrie. L'analogie de plusieurs de ces espèces avec les Noyers d'Amérique est très remarquable. J'en dirai autant des noix fossiles trouvées dans les collines subapennines, surtout dans le val d'Arno et qui ne me paraissent différer en rien de celles du *Juglans cinerea* des États-Unis.

M. Unger rapporte aussi à cette famille deux sortes de bois fossiles: l'un qu'il désigne sous le nom de *Juglandinium mediterraneum*, et l'autre sous celui de *Mirbellites Lesbius*. Tous deux sont des terrains tertiaires de l'île de Lesbos.

Famille des Zanthoxylées.

Sous le nom de *Zanthoxylum europæum*, M. Unger a figuré, dans le *Chloris protogæa*, une plante fossile de Croatie, dont les feuilles ont, en effet, beaucoup d'analogie avec celles des Zanthoxylum.

Famille des Rhamnées.

M. Alex. Braun a rapporté au genre Rhamnus deux espèces de feuilles fréquentes à OEningen. Des feuilles de plusieurs autres localités des terrains tertiaires paraissent se rapporter à ces espèces ou à des espèces voisines; et, en effet, M. Unger, dans son *Chloris protogæa* et sa *Flore fossile de Parschlug*, n'énumère pas moins de quinze espèces, qu'il rapporte aux genres Rhamnus, Karwinskia, Ceanothus, Zizyphus et Paliurus, et dont plusieurs sont déjà figurées dans le *Chloris protogæa*.

Famille des Célastrinées.

Le même savant indique aussi dans cette localité quatre espèces de cette famille: 1 Evonymus et 3 Celastrus. Des fruits de deux de ces plantes sont venus confirmer les analogies fondées sur les feuilles.

Famille des Sapindacées.

M. Unger rapporte au genre Sapindus une plante dont les feuilles sont assez abondantes à Parschlug.

Cupanioides, Bowerb.

C'est un des genres de fruits fossiles de l'île de Sheppey, dont M. Bowerbank, dans son bel ouvrage sur ces fossiles, a le mieux fait connaître la structure; et son affinité avec les fruits des Sapindacées me paraît très vraisemblable. C'est un de ces fruits dont je ne connaissais que la forme extérieure que j'avais désigné sous le nom d'*Amomocarpon*; mais il est bien certain que les loges sont monospermes, et que ces fruits n'ont avec les Amomées qu'une ressemblance extérieure. M. Bowerbank en distingue huit espèces, qui jusqu'à présent n'ont été observées dans aucune autre localité.

Famille des Coriariées.

M. Viviani a cru reconnaître des feuilles du *Coriaria myrtifolia* dans des feuilles fossiles du gypse de la Stradella, près Pavie; mais on sait combien ces analogies spécifiques sont souvent trompeuses.

Famille des Acérinées.

Le genre *Acer* est encore un de ces genres dont les espèces sont les plus fréquentes et les mieux constatées dans les terrains tertiaires, et surtout dans les terrains de lignite.

M. Unger en a décrit et figuré sept espèces; M. Alex. Braun en distingue six, qui paraissent différentes; enfin quatre sont indiquées dans les gypses de la Stradella par M. Viviani. Ce serait dix-sept espèces, sauf peut-être quelques doubles emplois. Plusieurs ont été observées avec des fruits mêlés aux feuilles, sinon attachés aux mêmes rameaux, et qu'on a pu, avec assez de probabilité, rapporter aux formes de feuilles trouvées dans ces mêmes localités. Le genre Erable aurait donc été beaucoup plus nombreux dans nos contrées pendant la période tertiaire, qu'il ne l'est actuellement, où l'Europe tempérée n'en présente que cinq espèces, et en y comprenant la région méditerranéenne, dix ou onze espèces en tout. Il faudra, du reste, constater plus exactement si les diverses localités où ces espèces ont été recueillies appartiennent aux mêmes subdivisions de la période tertiaire; si, par conséquent, elles ont existé simultanément.

Un bois fossile, assez abondant dans les terrains tertiaires de l'Autriche supérieure, a été reconnu pour un bois d'Erable, et désigné par M. Unger sous le nom de *Acerinium danubiale*.

Famille des Aurantiacées.

M. Unger a donné le nom de Klipsteinia à un genre de bois fossile dont il a seulement publié un caractère générique, et qu'il classe parmi les Aurantiacées ; il provient des lignites de Thal, près Gratz.

Il rappelle aussi que Faujas a comparé aux feuilles du *Cedrela* des empreintes de Rochesauve.

Famille des Tiliacées.

M. Alex. Braun a nommé *Tilia prisca* des feuilles d'OEningen ; et l'on a cité, comme appartenant à ce genre, des empreintes de feuilles trouvées dans plusieurs terrains tertiaires.

Famille des Malvacées.

M. de Faujas et M. Croizet citent des feuilles de *Gossypium arboreum* dans les couches tertiaires de l'Auvergne et de l'Ardèche ; mais je crois que les feuilles qu'ils ont en vue se rapportent au *Liquidambar europæum* d'Al. Braun.

M. Bowerbank a décrit sous le nom de HIGHTEA un genre de fruits fossiles de l'île Sheppey dont il énumère dix espèces, et qu'il rapproche des Malvacées, parmi lesquelles Unger les a classées ; mais il y a de telles différences entre ces fruits et ceux de toutes les Malvacées connues, d'après les figures et les descriptions mêmes de M. Bowerbank, qu'il me paraît impossible d'admettre cette classification. Ainsi le caractère même de *péricarpe uniloculaire indéhiscent*, par lequel commence la définition de ce genre, est contraire à ce qu'on observe dans toutes les Malvacées. Cette famille est donc loin d'être bien constatée à l'état fossile.

Famille des Euphorbiacées.

M. Lindley admet comme des feuilles de Buis de Mahon (*Buxus balearica*) une empreinte des terrains gypseux d'Aix. Nous n'avons pas eu occasion de vérifier ce rapprochement.

Famille des Nymphéacées.

J'ai établi, il y a longtemps, l'analogie de certaines empreintes de tiges des meulières de Longjumeau avec les souches du *Nymphea alba*. Depuis lors, cette tige a été retrouvée plusieurs fois dans les meulières des environs de Paris, et dans le terrain tertiaire d'eau douce d'Armissan, près Narbonne. Des feuilles et des fleurs de Monte-Bolca semblent aussi indiquer l'existence de ce genre dans cette localité.

Famille des Capparidées.

La flore de Parschlug comprend une espèce que, d'après ses feuilles, M. Unger a rapportée au genre CAPPARIS, sous le nom de *C. ogygia*.

Famille des Magnoliacées.

M. Procaccini a donné plusieurs figures d'une feuille fossile de la formation gypseuse de Sinigaglia, que M. Unger rapporte au genre LIRIODENDRON.

Famille des Ilicinées.

M. Unger rapporte sept espèces à cette famille, dont 5 ILEX, 1 PRINOS et 1 NEMOPANTHES. Ils proviennent des terrains tertiaires de Parschlug.

Famille des Sapotées.

Le même auteur admet deux espèces de cette famille dans son énumération des plantes fossiles de Parschlug : 1 SIDEROXYLON et 1 ACHRAS.

Famille des Styracées.

Il cite aussi 1 SYMPLOCOS et 1 STYRAX, comme trouvés dans cette même localité.

Famille des Ébénacées.

M. Al. Braun indique une espèce de DIOSPYROS sous le nom de *D. brachysepala*, dans les terrains d'eau douce d'OEningen.

Famille des Éricacées.

Suivant M. Unger, la flore fossile de Parschlug renferme des feuilles de beaucoup d'espèces de cette famille. Il en énumère huit, savoir : 1 RHODODENDRUM, 1 AZALEA, 1 ANDROMEDA, 4 VACCINIUM et 1 LEDUM, toutes plantes analogues plutôt aux Éricacées de l'Amérique septentrionale qu'à celles de l'Europe ou de l'Afrique australe.

M. Gœppert, de son côté, a décrit sous le nom de DERMATOPHYLLITES neuf espèces de feuilles observées dans le succin, qu'il classe parmi les Éricacées, et considère aussi comme analogues à celles des *Rhododendron*, *Azalea*, *Kalmia* et *Andromeda*.

Famille des Apocynées.

M. Unger énumère dans son *Synopsis*, comme appartenant à cette famille, neuf espèces de feuilles du terrain tertiaire du Radoboj, en Croatie. Il rapporte l'une d'elles au genre PLUMERIA, sous le nom de *Pl. flos Saturni*, et forme des autres les genres ECHITONIUM (2 esp.), NERISSIUM (2 esp.), APOCYNOPHYLLUM (4 esp.). Aucune de ces plantes n'est encore décrite ni figurée.

Famille des Gentianées.

M. de Münster a figuré sous le nom de *Villarsites Ungeri* une feuille de Monte-Bolca, dont les rapports avec les feuilles de *Villarzia nymphoides* me paraissent très douteux.

Famille des Oléacées.

Le genre FRAXINUS a été reconnu dans les marnes de Parschlug d'après ses fruits et ses feuilles, et M. Unger en a signalé une espèce sous le nom de *Fr. primigenia*. Plusieurs fruits des terrains tertiaires d'Auvergne me paraissent aussi appartenir à ce genre.

Dicotylédones de familles indéterminées.

A la suite de ces plantes, rapportées avec assez de probabilité, et quelquefois même avec certitude, à leurs familles et à leurs genres, il faut ajouter les restes nombreux des plantes évidemment dicotylédones, mais indéterminables génériquement, et même comme familles, et groupés par organes sous les titres :

D'EXOGENITES (bois dicotylédons),
De PHYLLITES (feuilles dicotylédones),
D'ANTHOLITHES (fleurs),
De CARPOLITHES (fruits et graines),

presque tous provenant des terrains tertiaires.

Quant aux bois, une étude spéciale a engagé M. Unger à en former des genres nombreux sous les noms de *Petzholdia*, *Pritchardia*, *Withamia*, *Meyenites*, *Nicolia*, *Charpentieria*, *Piccolominites*, *Bronnites*, *Lillia*, *Brongniartites*, *Fichtelites*, *Mohlites*, *Cottaites*, *Schleidenites*. Mais indépendamment de ce que ces noms peuvent avoir l'inconvénient de paraître établir des rapports entre ces fossiles et des genres de plantes vivantes, dont ils ne diffèrent que par la terminaison, cette division des bois fossiles en genres repose sur des caractères dont la valeur n'est pas encore bien établie, et rien ne prouve que ce soient les bois de genres détruits actuellement.

Monocotylédonées.

Les débris de végétaux monocotylédons sont généralement très difficiles à rapporter à leurs familles ; car, si l'on excepte les Palmiers et un petit nombre de plantes dont les feuilles ont des caractères très particuliers, ces organes, les plus fréquents à l'état fossile, n'offrent que des caractères différentiels peu importants.

Les fruits, qui sembleraient devoir nous conduire plus facilement à une détermination, manquent trop souvent de caractères de structure interne, et alors leur forme extérieure n'est qu'un indice assez vague.

Nous n'énumérerons ici par familles que les plantes qu'on peut réellement rapporter à ces familles avec beaucoup de probabilité, laissant en appendices les Monocotylédones de familles douteuses.

Famille des Graminées.

Les restes de cette famille sont beaucoup plus rares qu'on ne pourrait le supposer

M. Unger a décrit et figuré dans le *Chloris protogea*, sous le nom de BAMBUSIUM SEJUNCTUM, une empreinte qu'il rapproche des Bambous, et qui paraît, en effet, avoir les principaux caractères d'une Bambusée.

Il signale aussi, dans son catalogue des plantes fossiles de Parschlug, un *Culmites arundinaceus* probablement de cette famille. On a trouvé, dans les terrains tertiaires d'Auvergne, des rhizomes et des portions de tiges évidemment de Graminées et probablement d'un *Arundo* ou *Calamagrostis*, et j'en ai vu d'autres à l'état silicifié provenant d'Egypte. Quant aux tiges désignées sous le nom de *Culmites* jusqu'à ce jour, elles me paraissent étrangères à la famille des Graminées. Ainsi les *Culmites anomalus*, Brong., et *Goepperti*, Munst., ressemblent bien plus aux rhizomes des *Typha* ou de certaines Amomées, qu'à ceux des Graminées.

La plante nommée par M. de Sternberg *Bojera scanica*, et placée à la suite des Graminées par Unger, est aussi une tige monocotylédone non déterminable, une sorte de chaume, mais plutôt aussi d'une Scitaminée que d'une Graminée. Enfin les *Culmites nodosus* et *ambiguus* paraissent des tiges de Zostéracées et non de Graminées.

Quant aux *Poacites*, les espèces qui ont jusqu'à présent reçu ce nom sont non seulement étrangères aux Graminées, mais aussi aux vrais Monocotylédones. Toutes sont du terrain houiller et paraissent des feuilles du genre *Pychnophyllum* (*Flabellaria borassifolia*) ou des folioles des *Nœggerathia*, tous deux de la famille des *Nœggerathiées*. Aucune ne présente des nervures plus fines et plus fortes, entremêlées comme dans les Graminées et la plupart des Monocotylédones, et rien n'indique l'existence de ces plantes dans ces terrains anciens.

Famille des Cypéracées.

Ces Végétaux, si abondants dans les lieux marécageux, sont bien moins fréquents dans les terrains tertiaires d'eau douce qu'on n'aurait dû s'y attendre. M. Unger en cite une espèce sous le nom de *Cyperites tertiarius* du terrain de Parschlog.

Quant au *Cyperites bicarinatus*, Lindl. et Hutt., c'est probablement un *Lepidophyllum*, voisin du *lineare*, appartenant comme lui aux Lycopodiacées du terrain houiller.

Quelques rhizomes et tubercules des terrains tertiaires se rapportent aussi probablement à cette famille.

Famille des Restiacées.

PALÆOXYRIS.

J'ai désigné sous ce nom des impressions d'inflorescences en épis formées d'écailles étroitement imbriquées, qui ressemblent un peu à celles de certains *Xyris*. L'espèce sur laquelle le genre est fondé a été trouvée dans le grès bigarré de Sultz-les-Bains; les traces de filaments qui s'échappent du sommet de l'épi ressemblent assez aux filets des étamines et aux pétales flétris qui sortent également du sommet des épis des *Xyris*. Cependant tant qu'on n'aura pas pu en étudier des échantillons plus nombreux et plus parfaits, cette analogie sera très vague et très douteuse.

M. de Sternberg en a fait connaître une seconde espèce du keuper de Bamberg.

Famille des Najadées.

Cette famille, dont toutes les espèces habitent les eaux douces ou salées, est, par suite de ce genre de station, assez fréquente à l'état fossile tant dans les terrains marins que dans les terrains lacustres; mais le plus grand nombre semblerait appartenir à des espèces marines. On peut les classer dans les genres suivants.

ZOSTÉRITES.

Ce sont des feuilles linéaires ou oblongues, à nervures fines, égales et parallèles, ayant l'apparence de celles des *Zostera*, *Cymodocea*, *Halophila*, et autres genres de Zostéracées.

Plusieurs espèces appartiennent aux lignites inférieurs à la craie de l'île d'Aix, près la Rochelle, et d'Hœgsnes en Suède, et celles-ci semblent plutôt se rapprocher des feuilles des *Cymodocea* et *Thalassia*, que des vrais *Zostera*; d'autres sont propres aux calcaires marins tertiaires, tels que les marnes de Monte-Bolca, près Vérone, et le calcaire grossier près de Paris, où plusieurs espèces encore mal définies ont été observées. Une de ces espèces tertiaires, trouvée à Radoboj, en Croatie, avec ses tiges et ses feuilles, est désignée par M. Unger sous le nom de *Zosterites marina*, et ne paraît pas différer sensiblement du *Zostera marina* de nos mers.

CAULINITES.

J'ai donné ce nom à des tiges qui, par leur forme et le mode d'insertion des feuilles, semblent analogues à celles des *Zostera*, *Posidonia* (*Caulinia*, Déc.), etc. Ce serait donc, dans la plupart des cas, les tiges des mêmes plantes auxquelles appartiennent les feuilles précédentes. La plus remarquable est celle observée dans le calcaire grossier, et d'abord décrite comme un Polypier sous le nom d'*Amphitoites parisiensis*. Elle a beaucoup d'analogie, comme je l'ai déjà indiqué, avec les tiges couvertes de feuilles en partie détruites du *Posidonia oceanica*. Des tiges encore plus analogues à celles de cette plante vivante ont été recueillies dans un calcaire tertiaire près d'Alger.

M. Unger en a fait connaître une espèce de Croatie, qui offre des tiges et des feuilles fort analogues aussi à celles du *Posidonia*.

Le même savant rapporte aussi à ce genre nos *Culmites nodosus* et *ambiguus*. Nous sommes porté à admettre ce rapprochement, quoique l'identité des formes soit bien moins complète que pour l'espèce précédente.

RUPPIA, Linn.

Ce genre, actuellement vivant, paraît avoir existé aussi à l'époque tertiaire; du moins l'auteur du *Chloris protogœa* désigne sous le nom de *Ruppia pannonica* quelques impressions de tiges et de feuilles qui, par le mode d'insertion de ces derniers organes, rappellent beaucoup le *Ruppia marina*, mais pourrait aussi être une forme de *Zanichellia*.

HALOCHLORIS, Ung.

Sous ce nom, M. Unger établit un genre nouveau, voisin, suivant lui, des *Cymodocea, Zanichellia et Ruppia*, et fondé sur l'association de tiges garnies de feuilles linéaires engaînantes, ressemblant à celles de ces végétaux, et d'un fruit trouvé dans un autre échantillon également de Monte-Bolca, composé de cinq nucules obliques, contournées, terminées par un style court, et sessiles au sommet d'un pédicelle commun. La forme des nucules rappelle, en effet, celles des *Ruppia*, mais la réunion de ces deux parties, quoique ayant quelque vraisemblance, est loin d'être certaine.

Le même auteur a donné le nom de MARIMINNA à un autre genre qu'il range aussi dans cette famille, mais dont les affinités avec ces plantes nous échappent complétement. C'est une tige grêle, sans feuille, ou présentant plutôt une seule feuille linéaire comme celle qui est à la base des inflorescences de beaucoup de Cypéracées et de Juncées, et terminée par une inflorescence composée de petits épis cylindriques, solitaires, géminés ou ternés, que M. Unger considère comme des épis mâles. Cette plante, également de Monte-Bolca, est trop incomplétement connue pour que j'ose avoir une opinion à son égard; mais elle ne me paraît ressembler à aucune Naïadée connue.

POTAMOGETON, Linn.

Si des restes assez nombreux des genres marins de la famille des Naïades se rencontrent dans les terrains tertiaires, on y trouve aussi des exemples des genres d'eau douce de cette même famille.

Quatre espèces de *Potamogeton* sont déjà connues: l'une, des argiles plastiques de Paris, ressemble au *P. natans*, tout en en différant très notablement; deux autres,

de Monte-Bolca, se rapprochent des *Potamogeton crispus et perfoliatus*; enfin une espèce d'OEningen ressemble au *Potamogeton pusillus*.

M. Unger rapproche aussi, peut-être avec raison, de cette famille, notre *Carpolithes thalictroides*, qui diffère cependant très notablement des graines de tous les genres actuellement vivants.

Famille des Typhacées

On a rapproché de cette famille les deux genres de plantes fossiles du grès bigarré si obscurs, qui ont été désignés par nous sous les noms de ÆTHOPHYLLUM et de ECHINOSTACHYS, et que nous avions laissés parmi les Monocotylédones incertaines. Nous avons déjà indiqué avec doute que le premier de ces genres pourrait être la fructification de nos *Convallariées*, c'est-à-dire des *Schizoneura*, de MM. Schimper et Mougeot. Quelle que puisse être la probabilité de ces rapports, nous ne voyons aucune affinité réelle entre ce genre et les Typhacées.

Quant au genre *Echinostachys*, il ressemble davantage aux capitules d'un *Sparganium*, mais tant qu'on ne connaîtra pas mieux l'organisation de ces capitules, on ne pourra établir aucun rapport fondé entre ces fossiles et les végétaux vivants.

TYPHÆLOIDES, Ung.

M. Unger désigne ainsi des feuilles trouvées dans un terrain d'eau douce, près de Gratz, en Styrie, et dont la structure paraît analogue à celle des *Typha*. J'ai également vu des feuilles d'un terrain tertiaire de Hongrie dont la structure interne m'avait paru très analogue à celle des feuilles de *Typha*. Je suis aussi très porté à considérer comme des rhizomes de *Typha* le *Culmites anomalus* des meulières des environs de Paris. L'existence des *Typha*, comme celle des *Nymphea* et des *Chara*, dans nos terrains lacustres modernes, est du reste une chose si naturelle, que leur absence serait plutôt extraordinaire.

Famille des Pandanées.

PODOCARYA, Buckl.

Un fruit remarquable, décrit par M. Buckland, et dont les rapports avec les Pandanées actuelles lui ont été signalés par M. R.

Brown, établit d'une manière très vraisemblable l'existence de cette famille remarquable dès l'époque de l'oolithe inférieure, quoiqu'il existe entre ce fruit et celui des Pandanées des différences difficiles à admettre, comme ne constituant qu'une simple différence générique. M. Buckland a donné à cette plante le nom de PODOCARYA. C'est un fruit agrégé, gros comme une forte orange, présentant un axe assez gros sur lequel sont insérés une infinité de petits fruits longuement pédicellés, dont la loge fertile se trouve ainsi près de la surface, et ne renferme, suivant M. Buckland, qu'une graine cylindroïde, grosse comme un grain de riz. Mais cette graine paraîtrait plutôt une nucule épaisse à deux loges, et entourée de six écailles élargies au sommet, formant une sorte d'étoile hexagonale, et probablement soudées inférieurement entre elles et avec les pédicelles. Il semblerait donc y avoir, dans cette plante, une organisation plus compliquée que celle des Pandanées et peut-être fort différente.

Une organisation très analogue paraîtrait exister dans des fruits, ou inflorescences, trouvés à Scarborough, souvent associés au *Zamia gigas*, et entourés par ce singulier involucre ou collier signalé par M. Yates. Il résulte de ces observations qu'il reste beaucoup de doutes dans mon esprit à l'égard de ce singulier fossile, dont il serait bien à désirer qu'on pût faire des coupes minces propres à mieux étudier sa structure.

Famille des Nipacées.

NIPADITES, Bowerb.

M. Bowerbank a décrit sous ce nom un genre de fruits fossiles que j'avais désigné sous celui de *Pandanocarpum*, et dont il a signalé avec raison les affinités plus intimes avec le genre *Nipa*, qu'avec les vrais *Pandanus* dont ces fossiles ont cependant la forme extérieure. Ces fruits sont très abondants dans l'argile de Londres, de l'île de Sheppey, et le savant que je citais en distingue treize espèces. Ce sont des fruits ovoïdes, oblongs ou fusiformes, anguleux, et qu'on reconnaît avoir été réunis en capitules, comme ceux des *Pandanus* et des *Nipa*; mais ils ne présentent qu'une seule loge contenant une grosse graine ovoïde. Ce caractère les fait ressembler davantage aux fruits des *Nipa*,

dont ils ont aussi le tissu fibreux parfaitement étudié et figuré par M. Bowerbank.

Ce sont donc des fruits très analogues, sinon identiques, à ceux des *Nipa*, genre très voisin des *Pandanus*, dont on ne connaît actuellement qu'une espèce des grandes îles d'Asie. Quant au nombre des espèces admises par M. Bowerbank, nous ne sommes pas persuadés qu'elles ne soient pas établies quelquefois sur des différences un peu légères, qui sont peut-être de simples variétés individuelles, où le résultat du degré de maturité ou de la position de ces fruits agrégés dans le capitule. M. Bowerbank a rapporté à ce genre le fruit figuré par Parkinson, que j'avais considéré comme un *Cocos*, et désigné par le nom de *C. Parkinsonis*. J'ajouterai que mon *Cocos Burtini* des terrains tertiaires de la Belgique, dont j'ai pu observer récemment de bons échantillons, est aussi un *Nipadites* très voisin du *N. ellipticus* de Bowerbank.

Un fait remarquable, c'est l'accumulation de ces fruits dans le bassin tertiaire de Londres et de Belgique, tandis qu'on n'en a pas trouvé d'indice jusqu'à ce jour dans les autres terrains tertiaires d'Europe. Y auraient-ils été apportés par un grand courant analogue à celui qui apporte encore les fruits de l'Amérique tropicale sur les côtes occidentales de l'Europe ?

Famille des Palmiers.

La famille des Palmiers a des représentants nombreux et bien évidents dans les terrains tertiaires; il en existe même un exemple dans les grès de l'époque crétacée. En a-t-elle offert dans des terrains plus anciens ? C'est ce qui me paraît très douteux.

Feuilles.

Les organes qui peuvent le mieux caractériser cette famille sont les feuilles, qui ont deux formes essentiellement différentes, les unes flabelliformes ou en éventail, les autres pinnées comme les palmes du Dattier; mais au delà de ces deux formes si tranchées nous ne pourrions pas trouver des caractères propres à reconnaître les genres nombreux qui affectent l'une ou l'autre de ces formes. On les a donc laissés réunis sous les noms de *Flabellaria* et de *Phœnicites*. Cependant les formes pinnées sont plus varées parmi les genres vivants; elles pourraient évidemment donner lieu à plusieurs types distincts, et déjà parmi les fossiles nous avons distingué, sous le nom de *Zeugophyllites*, une forme très spéciale.

FLABELLARIA.

Cette forme de feuilles est la plus fréquente. M. Unger en distingue douze espèces dans les terrains tertiaires, dont onze observées en Europe et une venant des Antilles; mais plusieurs de ces espèces sont établies sur des échantillons bien imparfaits, et quelques unes devront peut-être être réunies par la suite.

M. Gœppert en indique une espèce du quadersandstein de Tiefenfurth en Silésie; elle appartient évidemment à ce groupe; mais on sait que cette formation de l'époque crétacé correspond pour le règne végétal au commencement de la végétation tertiaire.

On a aussi rapporté au genre *Flabellaria* des empreintes du terrain houiller que M. de Sternberg a nommées *Flabellaria borassifolia*. Mais M. Corda, qui a étudié les échantillons même de M. de Sternberg, a démontré que ce n'étaient pas des feuilles flabelliformes, mais une tige terminée par un faisceau de feuilles simples, et que la structure de ces tiges et de ces feuilles les rapprochait des Dicotylédones gymnospermes. Nous avons indiqué ces plantes sous le nom de *Ptychophyllum* dans la famille des *Nœggerathiées*.

Nous ne doutons pas que le *Flabellaria principalis* des mines de Wettin, figuré et décrit par M. Germar, ne soit une seconde espèce de ce genre ou un autre genre de la famille des *Nœggerathiées*, si réellement c'est une feuille simple, lobée. La disposition des lobes n'est celle d'aucune feuille de Palmiers.

On n'a jamais trouvé de *Flabellaria* dans les terrains jurassiques ou triasiques. Ainsi la craie en recelerait les indices les plus anciens.

PHŒNICITES.

J'avais indiqué une première espèce de ce genre, constatant l'existence de Palmiers à feuilles pinnées, dans les grès tertiaires des environs du Puy en Velais. M. Unger en a fait connaître une seconde espèce de Radoboj, en Croatie, dont les grandes feuilles, très régulièrement pinnées, sont très carac-

térisées, et il rapporte à ce même groupe deux empreintes de feuilles des lignite tertiaires de Bohême, classées par M. de Sternberg dans les *Cycadites*.

Le genre *Phœnicites* est essentiellement caractérisé par ses folioles dont la nervure moyenne est très marquée et qui sont ordinairement pliées le long de cette nervure; en outre, il y a d'autres nervures plus fines, parallèles à la nervure médiane, ce qui distingue ces feuilles de celles des *Cycas*.

ZEUGOPHYLLITES.

Sous ce nom, j'ai désigné une seconde forme de feuilles pinnatifides de Monocotylédones ressemblant à d'autres feuilles de Palmiers, telles que celles des *Calamus*, des *Dæmonorops*, etc., dont les folioles ont plusieurs nervures principales et ne sont pas pliées en carènes sur leur ligne médiane; dans la seule espèce de ce genre fossile, les folioles sont opposées, comme dans quelques *Calamus*. Cette espèce vient des mines de charbon de *Rana-Gunge* dans l'Indoustan; mais nous ne savons pas si l'on doit les rapporter réellement au terrain houiller.

Tiges.

PALMACITES.

Je réunirai sous ce nom toutes les tiges plus ou moins complètes et les bois bien constatés pour appartenir à la famille des Palmiers, c'est à dire les *Palmacites* et la plupart des *Fasciculites* d'Unger et de Cotta.

Mais, quoique je ne doute pas que la plus grande partie des bois de Monocotylédones silicifiés appartienne à la famille des Palmiers, tant qu'une étude anatomique comparative des tiges des diverses Monocotylédones arborescentes actuelles ne nous aura pas démontré quels sont les caractères qui distinguent les tiges des Palmiers de celles des *Pandanus*, des *Agave*, des *Yucca*, des *Aloes*, des *Dracæna*, des *Ravenala*, etc., je crois qu'on devra en laisser un grand nombre sous le nom général d'*Endogenites*. Je dirai même que j'ai la certitude que plusieurs bois de Monocotylédones pétrifiés des Antilles appartiennent à d'autres familles que celle des Palmiers, quoique la plupart se rapportent à cette grande famille qui alors, comme à présent, renfermait la majorité des Monocotylédones arborescentes.

Mais ce qu'il est essentiel de constater, c'est que plusieurs espèces, ayant tous les caractères de structure des Palmiers, se trouvent dans les terrains tertiaires de l'Europe et même de l'Europe septentrionale. Le *Palmacites echinatus*, recouvert de ses bases de feuilles bien caractéristiques, trouvé près de Soissons, en est un exemple frappant. Des bois de plusieurs espèces distinctes ont été aussi recueillis en Auvergne et en Provence, particulièrement auprès d'Apt et de Castellane. Les terrains tertiaires de l'Allemagne en ont offert aussi plusieurs exemples.

Ils sont abondants dans les Antilles, et quelques uns avec leurs racines ou la base de leurs feuilles, et même leurs spathes axillaires, ne peuvent non plus laisser le moindre doute sur leurs rapports avec cette famille.

Une tige qui me paraît avoir tous les caractères extérieurs des Palmiers a aussi été trouvée dans le calcaire grossier près de Paris; mais c'est un simple moule sans structure interne, portant les traces annulaires des insertions des feuilles et de l'origine des racines, et ressemblant par ces caractères à une jeune tige de *Cocotier*, d'*OEnocarpus* ou d'*Areca*.

On peut, je crois, la désigner sous le nom de *Palmacites annulatus*.

Parmi les bois fossiles considérés comme appartenant à cette famille et désignés sous le nom de *Palmacites*, mais qui me paraissent étrangers à ces végétaux et peut-être aux vraies Monocotylédones, je citerai les *Palmacites carbonigenus* et *leptoxylon* de Corda, provenant des terrains houillers de la Bohême, dont les faisceaux vasculaires ont une structure toute différente de celle des mêmes organes dans les Palmiers, et qui me paraissent analogues au *Medullosa elegans* de Cotta, plante dont les affinités réelles ne sont pas bien déterminées, mais qui n'est certainement pas un Palmier.

Fructifications.

M. Unger, sous le nom de PALMOSPATHE, a réuni deux exemples de fossiles qu'il considère comme des spathes de Palmiers fossiles. Tous deux proviennent des terrains houillers : l'un, de Swina en Bohême, a été considéré par M. de Sternberg comme la spathe de son *Flabellaria borassifolia*; l'autre, des monts Ourals, figuré par M. Kutorga, diffère beaucoup du précédent.

Tous deux auraient besoin d'être de nouveau étudiés avec soin sur la nature, avant qu'on puisse admettre une analogie aussi peu vraisemblable avec les spathes des Palmiers, famille dont on n'a trouvé jusqu'à ce jour ni feuille ni tige dans ce terrain. Seraient-ce plutôt des folioles de *Nœggerathia* ou d'une espèce de *Ptychophyllum* différente du *Flabellaria borassifolia*.

Quant aux fruits proprement dits de Palmiers, ce qui doit étonner, c'est qu'on n'en a pas encore rencontré d'une manière positive dans les terrains tertiaires où les feuilles et les tiges de ces végétaux sont assez communs.

En effet, les deux espèces de *Cocos* dont j'avais cru reconnaître les fruits dans les figures de Parkinson et de Burtin, étudiées sur des échantillons assez complets, sont certainement des *Nipadites*, quoique l'échantillon figuré par Burtin diffère beaucoup par sa taille de ceux que j'ai vus, et paraisse se rapprocher plus par ce volume d'un *Cocos* que d'un *Nipa*. Mais rien dans ces fruits n'indique l'existence d'un endocarpe ligneux marqué de trois pores, comme dans les *Cocos*.

Le prétendu fruit d'*Areca* recueilli par Faujas dans les lignites de Liblar, étudié sur ce même échantillon, me paraît n'être ni un *Arec*, ni un petit *Coco*, mais un jeune fruit de Noyer avec son brou ou enveloppe charnue externe; la disposition des tissus est tout à fait analogue à celle de ce fruit, dans les espèces où la noix a des crêtes ligneuses saillantes, comme dans le *Juglans cinerea*.

Les *Cocos Parkinsonis*, *Faujasii* et *Burtini*, dont Unger avait formé le genre *Burtinia*, étant exclus de cette famille, il ne reste parmi les fruits qu'on y a rapportés, que les *Baccites cacaoides* et *rugosus* de Zenker, trouvés dans les lignites d'Altenburg en Saxe. Mais j'avoue que leurs rapports avec les fruits de cette famille me paraissent très obscurs et ne pouvoir être admis que lorsqu'on aura pu les étudier plus complètement.

M. Lindley pense aussi qu'on peut ranger

avec certitude les *Trigonocarpum* du terrain houiller dans la famille des Palmiers, il me semble cependant qu'il existe de si nombreuses différences entre ces fruits et ceux de tous les Palmiers connus, qu'on ne peut admettre ce rapprochement que comme très douteux.

Je dirai la même chose des fruits de la formation oolithique qu'il a figurés sous les noms de *Carpolithes convexa*, *Bucklandii* et *areolata*, et que M. Unger place avec doute a la suite de la famille des Palmiers. La forme trigone dans les fruits est loin d'appartenir exclusivement à certains Palmiers; elle est fréquente dans d'autres familles monocotylédones, ainsi que dans beaucoup de Dicotylédones.

Famille des Liliacées.

On a rapporté a cette famille beaucoup de plantes qui me paraissent lui être complétement étrangères. Ainsi le *Clathraria Lyelli*, que j'avais moi-même rapproché des tiges des *Dracæna* ou des *Yucca*, me paraît avoir plutôt les caractères des tiges des Cycadées. Il en est de même du genre *Bucklandia*. Le premier ressemble aux tiges des Cycadées à bases des pétioles persistantes, comme les *Cycas*, *Encephalartos*, *Dion*, etc.; le second, aux tiges de cette famille à feuilles complétement caduques comme les vrais *Zamia*. Il restera cependant des doutes sur ces affinités, tant qu'on n'aura pas observé la structure interne de ces tiges ou la nature des feuilles qu'elles portaient.

Le genre *Rabdoxus* de Sternberg (vol. II, p. 193, t. XIII) me paraît une Sigillaire déformée et dépouillée de son écorce.

M. Corda a établi d'une manière très vraisemblable que les tiges désignées sous le nom de *Sternbergia* ou d'*Artisia* ne sont que les cylindres médullaires du genre qu'il a décrit sous le nom de *Lomatophloios*, et que nous avons indiqué dans la famille des Lepidodendrées comme un *Lepidophloios*.

Cette détermination s'applique-t-elle à toutes les tiges, assez rares du reste, qu'on a placées dans ce genre *Artisia*? C'est ce qu'un examen particulier de ces tiges pourra seul décider. Quelques unes d'entre elles sembleraient offrir une écorce charbonneuse avec de vraies cicatrices transversales disposées à peu près comme dans les *Pandanus*. Mais ces caractères sont assez vagues et de nature à laisser des doutes sur la nature de ces végétaux.

M. de Sternberg avait d'abord désigné sous le nom de *Scitaminites musæformis*, et ensuite sous celui de *Cromyodendron radnicense*, une tige du terrain houiller de Radnitz qu'il comparait aux bases de feuilles engaînantes des *Musa*, et que M. Unger place parmi les Liliacées. Mais M. Corda, d'après sa structure interne, la considère comme un *Psaronius*, ce qui s'accorde mieux avec sa position géologique, et lui donne le nom de *Psaronius musæformis*.

Il ne resterait donc dans la famille des Liliacées que très peu de plantes fossiles:

1° Les *Yuccites* de MM. Schimper et Mougeot, impressions de grandes feuilles allongées, légèrement concaves, entières, a nervures fines et parallèles ressemblant, en effet, à celles des *Yucca*, des *Dracæna* ou des *Agave*. Le Muséum de Paris en possède un échantillon provenant également du grès bigarré des Vosges, qui est plus complet que ceux figurés par les savants que je viens de citer, et qui me paraît confirmer, à plusieurs égards, le rapprochement indiqué par eux.

2° Une plante constituée en un genre particulier sous le nom de Peristeria, par M. de Sternberg, et qu'il compare à certaines Asparagées. Il est établi sur un petit rameau trouvé dans le keuper des environs de Bamberg, portant des feuilles ovales-oblongues, a nervures parallèles, et terminé par une panicule de petits fruits bacciformes. Plusieurs échantillons seraient nécessaires pour bien définir ce genre et ses rapports naturels.

En considérant les Asparagées et les Smilacées comme formant une seule famille avec les Liliacées, on doit aussi citer ici les Smilacites, empreintes de feuilles des terrains tertiaires fort analogues, par leur forme et leur nervation, aux feuilles des *Smilax*. J'en ai fait connaître une espèce d'Armissan, près Narbonne, et M. Unger en a ajouté deux de Radoboj, en Croatie.

Enfin quelques bois fossiles de Monocotylédones des Antilles paraîtraient se rapporter plutôt à cette famille qu'à celle des Palmiers; les uns rappelant la structure des *Yucca* ou des *Aloes*, d'autres celle des *Dracæna*. Mais ils sont beaucoup moins fréquents que ceux analogues aux Palmiers ; et comme les recherches anatomiques sur les tiges des Monocotylédones n'ont pas encore établi d'une manière précise les caractères distinctifs des tiges de ces diverses familles, nous les laisserons sous le nom d'*Endogénites*.

Famille des Scitaminées.

La plupart des plantes rapportées à cette famille, peut-être même toutes, doivent, à la suite d'un examen plus complet, en être exclues. Ces plantes étaient : 1° Les *Cannophyllites*, genre que j'avais établi pour une feuille du terrain houiller, à nervures secondaires pinnées naissant un peu obliquement de la nervure médiane, simples et parallèles entre elles ; mais un nouvel échantillon montre sur cette feuille des traces de fructifications qui, malgré leur peu de netteté, établiraient que ces feuilles appartiennent à des Fougères voisines de certains *Asplenium*.

2° Les *Trigonocarpon* du même terrain paraissent des fruits monospermes, et, par conséquent, bien différents de ceux de la plupart des Scitaminées, et n'ayant, du reste, aucun rapport de forme avec ceux de cette famille. Je les avais laissés parmi les genres douteux ; M. Lindley les considère comme des fruits de Palmiers ; et M. Unger les place parmi les Scitaminées. Je les crois indéterminables tant que leur structure interne ne sera pas mieux connue.

3° Les *Amomocarpum*, plus analogues par leur forme externe aux fruits des Amomées et des Cannées, ont offert intérieurement une structure très différente qui les a fait rapprocher des Sapindacées par M. Bowerbank, qui en a décrit plusieurs espèces sous le nom de *Cupanoides*.

Il resterait donc comme pouvant appartenir, soit aux Scitaminées proprement dites, soit aux Musacées :

1° Le *Musaites primaevus*, de Sternberg, dont la figure très grossière ne permet pas d'apprécier la vraie structure, et qui est peut-être une tige très différente de celle des Musacées. Sa position dans le terrain houiller de la Bohême pourrait faire présumer qu'elle doit rentrer dans un des genres remarquables de ce terrain décrits par Corda.

2° Les *Musocarpum* dont j'ai indiqué deux espèces du terrain houiller de France, qui, par leurs formes extérieures, ressemblent un peu à de petits fruits de *Musa*, mais dont la structure interne est complètement inconnue et les rapports réels impossibles à fixer.

Monocotylédones de familles indéterminées.

Les Monocotylédones qui ne peuvent se classer avec quelque probabilité dans les familles connues, sont :

1° Des tiges caractérisées par leur structure interne, et que nous désignons sous le nom d'*Endogénites*. Ce sont toutes les tiges silicifiées qui n'ont pas la disposition des faisceaux vasculaires des Palmiers. Plusieurs, étudiées avec soin et convenablement comparées, seront probablement reconnues pour des tiges de *Libarees* ou de *Pandanées*.

2° Les feuilles qui, ayant la nervation fine et parallèle de beaucoup de Monocotylédones, ne peuvent être rapportées à aucune famille, et que j'ai anciennement désignées sous le nom de *Poacites*. Beaucoup de celles d'abord désignées sous ce nom ont été reconnues pour des portions de feuilles de *Nœggerathia* ou de *Ptychophylum*, pour des feuilles de *Lepidodendron*, de *Lepidophloios* ou de *Sigillaria*, etc., et sont sorties de ce genre, qui n'est, pour ainsi dire, comme le précédent, qu'un dépôt jusqu'à une connaissance plus complète, comme les groupes des *Exogénites* et des *Phyllites* parmi les Dicotylédones. Mais on aurait tort de placer, comme l'a fait M. Unger, les *Poacites* parmi les Graminées ; car elles n'ont pas les caractères essentiels et très distincts des feuilles de cette famille, et feraient croire à l'existence de ces plantes dans des terrains où rien ne démontre leur présence.

3° On peut encore désigner, sous le nom général de *Culmites*, comme je l'avais déjà fait, des rhizomes de Monocotylédones indéterminables génériquement, mais analogues à ceux des *Typha*, des *Iris*, des Amomées et Cannées, et souvent importants à signaler. Tels sont les *Culmites anomalus* et *Gœpperti*, qu'on a placés à tort dans la famille des Graminées, dont ils diffèrent à plusieurs égards.

DEUXIÈME PARTIE.

EXPOSITION CHRONOLOGIQUE DES PÉRIODES DE VÉGÉTATION ET DES FLORES DIVERSES QUI SE SONT SUCCÉDÉ A LA SURFACE DE LA TERRE.

Si, après avoir étudié les Végétaux fossiles sous le point de vue de leur organisation, de manière à déterminer leurs rapports avec les Végétaux actuellement existants, sans nous préoccuper de la position géologique qu'ils occupent, nous comparons entre elles les diverses formes qui ont habité la surface de la terre aux diverses époques de sa formation, nous verrons que de grandes différences se font remarquer dans la nature des Végétaux qui s'y sont successivement développés et qui remplaçaient ceux dont les révolutions du globe et les changements dans l'état physique de sa surface amenaient la destruction.

Ces différences ne sont pas seulement des différences spécifiques, des modifications légères des mêmes types, ce sont le plus souvent des différences profondes, telles que des genres ou des familles nouvelles viennent remplacer des genres et des familles détruites et complétement distinctes; ou bien, qu'une famille nombreuse et variée se réduit à quelques espèces, tandis qu'une autre, qui était à peine signalée par quelques individus rares, devient tout à coup nombreuse et prédominante.

C'est ce qu'on remarque le plus habituellement, en passant d'une formation géologique à une autre; mais en considérant ces transformations dans leur ensemble, un résultat plus général et plus important se présente d'une manière incontestable : c'est la prédominance dans les temps les plus anciens des Végétaux cryptogames acrogènes (Fougères et Lycopodiacées); plus tard, la prédominance des Dicotylédones gymnospermes (Cycadées et Conifères) sans mélange encore d'aucune Dicotylédone angiosperme; enfin, en dernier lieu, pendant la formation crétacée, l'apparition et bientôt la prédominance des Végétaux angiospermes, tant dicotylédons que monocotylédons. Ces différences si remarquables dans la composition de la végétation de la terre, que j'ai déjà signalées il y a longtemps, et

que toutes les observations récentes, bien appréciées, me paraissent confirmer, montrent qu'on peut diviser la longue série de siècles qui a présidé à cet enfantement successif des diverses formes du règne végétal, en trois longues périodes que j'appellerai : le règne des Acrogènes, le règne des Gymnospermes et le règne des Angiospermes.

Ces expressions n'indiquent que la prédominance successive de chacune de ces trois grandes divisions du règne végétal, et non l'exclusion complète des autres. Ainsi, dans les deux premières, les Acrogènes et les Gymnospermes existent simultanément, seulement les premières l'emportent d'abord sur les secondes en nombre et en grandeur, tandis que l'inverse a lieu plus tard.

Mais pendant ces deux règnes les Végétaux angiospermes me paraissent au contraire, ou manquer complétement, ou ne s'annoncer que par quelques indices rares, douteux et très différents de leurs formes actuelles, signalant, du reste, plutôt la présence de quelques Monocotylédones que celle des Dicotylédones angiospermes.

Chacun de ces trois règnes ainsi caractérisés par la prédominance d'un des grands embranchements du règne végétal se subdivise le plus habituellement en plusieurs périodes, pendant lesquelles des formes très analogues, appartenant aux mêmes familles et souvent aux mêmes genres, se perpétuaient; puis ces périodes elles-mêmes comprennent plusieurs époques durant lesquelles la végétation ne paraît pas avoir subi de changements notables. Mais souvent les matériaux manquent encore pour établir avec précision ces dernières subdivisions, soit parce que la position géologique exacte des couches qui renferment des empreintes végétales n'est pas bien déterminée, soit parce qu'on n'a pas établi avec soin le mode de répartition des espèces végétales dans les diverses couches d'un même terrain. Aussi je ne doute pas que ces époques différentes, durant lesquelles la végétation a conservé ses caractères d'une manière invariable, se multiplieront beaucoup plus que nous ne pouvons le faire dans l'état actuel de nos connaissances, lorsque des matériaux recueillis avec soin auront été réunis en grand nombre.

Pour le moment voici la division générale que je crois devoir admettre.

1. Règne des Acrogènes.

I. — PÉRIODE CARBONIFÈRE.

(Non subdivisible en époques distinctes dans l'état actuel de nos connaissances.)

II. — PÉRIODE PERMIENNE.

(Ne formant qu'une époque?)

2. Règne des Gymnospermes.

III. — PÉRIODE VOSGIENNE.

(Constituant une seule époque.)

IV. — PÉRIODE JURASSIQUE.

Époque keuprique.
Époque liasique.
Époque oolithique.
Époque wealdienne.

3. Règne des Angiospermes.

V. — PÉRIODE CRÉTACÉE.

Époque sous-crétacée.
Époque crétacée.
Époque fucoïdienne.

VI. — PÉRIODE TERTIAIRE.

Époque éocène.
Époque miocène.
Époque pliocène.

En passant en revue ces diverses époques, j'énumérerai les diverses espèces de plantes fossiles qui ont été observées dans les terrains qui leur correspondent. Dans la période carbonifère, je n'indiquerai que les genres et le nombre approximatif des espèces comprises dans chacun de ces genres, les caractères de la végétation de cette période étant très tranchés et reposant essentiellement sur la nature des genres. Le nombre des espèces, surtout dans les genres nombreux en espèces, ne peut pas être très rigoureusement établi, parce que plusieurs des espèces décrites par les auteurs auraient souvent besoin d'un nouvel examen pour supprimer les doubles emplois, et parce que même plusieurs de ces espèces ne sont que désignées nominalement et n'ont encore été ni décrites ni figurées. Dans les autres périodes, je donnerai, autant que possible, la liste complète des espèces décrites appartenant à chaque époque particulière, parce que les mêmes genres se perpétuant assez souvent pendant plusieurs époques successives, les différences reposent en grande partie sur des distinctions spécifiques.

I

RÈGNE DES ACROGÈNES.

La grande prédominance de l'embranchement des Acrogènes, et particulièrement des familles des Fougères et des Lycopodiacées, le nombre considérable des espèces de la première de ces familles, le grand développement des Végétaux de la seconde, et la forme arborescente des Lepidodendron, sont un des caractères les plus saillants de cette époque; mais on doit y ajouter cependant la présence de familles tout à fait anomales que nous rangeons dans l'embranchement des Gymnospermes, mais qui diffèrent évidemment des familles actuellement existantes de cet embranchement. Ces familles ont cessé d'exister à la fin de ce règne des Acrogènes qui est en même temps celui des Gymnospermes anomales, Sigillariées, Nœggerathiées et Astérophyllitées.

I. — PÉRIODE CARBONIFÈRE.

Cette longue période commence avec l'apparition des premiers Végétaux terrestres déposés dans quelques couches des terrains de transition, et s'étend jusqu'au nouveau grès rouge qui recouvre la formation houillère. En effet, dans toute cette période, il n'y a aucune différence importante entre les formes végétales : ce sont les mêmes familles, les mêmes genres et souvent les mêmes espèces; et, dans l'état actuel de nos connaissances sur ce sujet, une flore des Végétaux du terrain de transition ne différerait pas plus de celle d'un vrai terrain houiller que ne diffèrent entre elles les flores de couches diverses d'un même bassin houiller ou celles de divers bassins houillers très rapprochés.

Je ferai, en outre, observer que l'époque réelle de plusieurs des terrains considérés comme de transition, qui renferment des couches charbonneuses avec empreintes de Végétaux, est souvent mal déterminée et reste un objet de doute ou de discussion pour les géologues; que plusieurs ne sont peut-être que de vrais terrains houillers accompagnés de roches modifiées par des phénomènes métamorphiques, et que tant qu'on n'aura pas rapporté avec certitude ces terrains aux formations bien définies sous les noms de terrains dévoniens, siluriens ou cambriens, la comparaison spécifique de leurs Végétaux fossiles avec ceux des terrains houillers ne fournirait aucun résultat utile.

Les seuls terrains houillers, considérés par plusieurs géologues distingués comme plus anciens que la formation houillère ordinaire, qui soient très riches en Végétaux fossiles, sont ceux des bords de la Loire inférieure, entre Angers et Nantes. Or les empreintes qu'ils renferment se rapportent à tous les genres des terrains houillers ordinaires sans exception, et ne fournissent, dans leur ensemble, aucun caractère propre à les distinguer de ceux-ci.

Je puis ajouter que tout récemment des observations faites sur un terrain carbonifère fort ancien, puisqu'il est recouvert par des couches renfermant des animaux fossiles caractéristiques du terrain silurien, viennent de confirmer cette opinion sur l'extension de la végétation houillère jusqu'à l'origine des terrains de transition. En effet, dans un mémoire de M. Sharpe sur la géologie des environs d'Oporto, je trouve que des couches assez puissantes et nombreuses de charbon que recouvrent des schistes avec trilobites, orthis, orthocères, graptolithes, etc., contiennent quelques empreintes de plantes, et ces empreintes, toutes de Fougères, quoique assez imparfaites, paraissent, d'après M. Bunbury, identiques ou extrêmement voisines d'espèces bien connues du terrain houiller ordinaire. Ce sont les *Pecopteris cyathea* et *muricata*, et le *Nevropteris tenuifolia*.

Ce que je viens de dire pour les terrains qui paraissent plus anciens que la formation houillère s'applique également au grès rouge qui le recouvre ; les fossiles que j'ai vus venant de ce terrain ne diffèrent aucunement de ceux des couches supérieures du terrain houiller proprement dit.

Mais, si la végétation de notre globe s'est maintenue sans subir de grands changements pendant toute cette période de temps, il n'en est pas moins certain qu'il y a eu souvent des changements très prononcés dans les espèces durant le dépôt de ces diverses couches. Ainsi, dans un même bassin houiller, chaque couche renferme souvent quelques espèces caractéristiques qui ne se retrouvent pas dans les couches plus anciennes ou plus récentes, et que les mineurs ont reconnues comme signe distinctif de ces couches.

M. Græser, à Eschweiler, avait bien remarqué ce fait et me l'avait signalé. A Saint-Étienne également, je l'ai constaté pour plusieurs des couches exploitées dans ce bassin. Et, pour en citer un exemple, je dirai que les couches qui paraissent les plus inférieures de ce bassin, renferment abondamment l'*Odontopteris Brardii*, à très larges pinnules, sans trace d'autres *Odontopteris*; tandis que les couches supérieures des carrières du Treuil présentent très fréquemment l'*Odontopteris minor*, sans mélange de l'autre espèce. En général, chaque couche de houille n'est accompagnée que par les débris d'un nombre assez limité de Végétaux. Quelquefois ce nombre, surtout dans les couches les plus anciennes, est extrêmement borné et paraît à peine atteindre huit à dix. Dans d'autres cas, et plus généralement dans les couches moyennes et supérieures, ce nombre devient plus considérable, mais je crois qu'il dépasse bien rarement trente à quarante espèces. On voit que chacune de ces petites flores locales et temporaires qui ont donné naissance à une couche de houille est extrêmement limitée. C'est, du reste, ce que nous voyons encore de nos jours dans les grandes forêts, et surtout dans celles composées de Conifères, où une ou deux espèces d'arbres ne recouvrent de leur ombrage que quatre ou cinq plantes phanérogames différentes et quelques mousses.

Mais, pour savoir si ces petites flores, ainsi bornées quant au temps et à l'espace, caractérisent autant d'époques spéciales de la végétation du globe, il faudrait déterminer leur succession dans plusieurs des principaux bassins houillers de l'Europe, et voir si la nature de la végétation s'est modifiée de la même manière dans ces divers bassins ; si, en un mot, dans les diverses contrées, la végétation était la même partout à la même époque, ou si elle était soumise à des variations locales, analogues à celles qui différencient actuellement la végétation d'une forêt de *Pinus sylvestris* d'Allemagne d'une forêt d'*Abies taxifolia* des Vosges, de *Picea excelsa* du Jura ou de *Pinus pinaster* des Landes.

Je suis persuadé que cette étude, si elle

était faite d'une manière assez complète, montrerait qu'il y a quelques changements généraux dus à la succession des temps, tels que la prédominance de certains genres ou de certaines formes spécifiques, combinés avec d'autres différences toutes locales ou dues à une influence de la position géographique.

Ainsi il me paraît résulter de beaucoup d'observations locales que les *Lepidodendron* seraient plus abondants dans les couches anciennes que dans les couches supérieures de la plupart des terrains houillers ; que les vraies Calamites seraient souvent dans le même cas ; que les Sigillaires paraîtraient prédominer dans les couches moyennes et supérieures ; que les Astérophyllites, et surtout les *Annularia*, se trouveraient beaucoup plus abondamment dans les couches supérieures ; qu'il en serait de même des Conifères ; et ce n'est même que dans les couches supérieures de Saint-Étienne, d'Autun, etc., qu'on en a trouvé des rameaux, en France du moins.

Mais ces faits que j'indique avec beaucoup de réserve, d'après les observations que j'ai faites dans divers bassins houillers de la France, ont d'autant plus besoin d'être généralisés par des observations recueillies dans d'autres localités que souvent la position des couches est environnée de beaucoup d'obscurité et diversement indiquée par les géologues les plus distingués.

Ainsi l'énumération des genres, avec l'indication approximative du nombre des espèces qui va suivre, représente l'ensemble des Végétaux qui ont vécu sur toute la surface du globe explorée par les géologues pendant cette longue suite de siècles que comprend la période houillère, et non pas les Végétaux qui croissaient en même temps et dans le même lieu.

On remarquera, en outre, que l'obligation de distinguer souvent comme genres et espèces différentes les divers organes d'une même plante augmente quelquefois en apparence le nombre des espèces d'une famille dont il ne faudrait, dans ce cas, déterminer le nombre des espèces que par l'étude de l'organe le plus fréquent et présentant les différences spécifiques les plus claires.

FLORE DE LA PÉRIODE CARBONIFÈRE.

A. *Végétation marine* (propre aux terrains de transition).

ALGUES.

Chondrites.	2
Alcyonites.	2

B. *Végétation terrestre ou d'eau douce.*

Cryptogames amphigènes.

HYPOXYLÉES.

Excipulites.	1

CHAMPIGNONS.

Polyporites.	1

Cryptogames acrogènes.

FOUGÈRES.

* Frondes.

Cyclopteris.	5
Nephropteris.	4
Neuropteris.	52
Odontopteris.	10
Dictyopteris.	3
Sagenopteris.	1
Adiantites.	6
Sphenopteris.	59
Hymenophyllites.	8
Trichomanites.	4
Tæniopteris.	3
Desmophlebis.	3
Alethopteris.	13
Callipteris.	5
Pecopteris.	80
Coniopteris.	7
Cladophlebis.	8
Oligocarpia.	1
Scolecopteris.	1
Chorionopteris.	1
Asterocarpus.	3
Hawlea.	1
Senftenbergia.	1
Woodwardites.	1
Lonchopteris.	2
Glossopteris.	3
Schizopteris.	1
?Aphlebia.	5

** Pétioles.

Zygopteris.	1
Selenopteris.	1
Gyropteris.	1
Anachoropteris.	2
Ptilorachis.	1
Diplophacelus.	1
Calopteris.	1
Tempskia.	1

*** Tiges

Caulopteris. . . . .
Protopteris. 3
Zippea. 1
Asterochlaena. 1
Karstenia. 2

LYCOPODIACÉES.

Lépidodendrées.

Lépidodendron. 40
  Lépidostrobus. 8
  Lépidophyllum. 8
Ulodendron. 9
Megaphyton. 4
Halonia. 3
Lepidophloios. 5
Knorria. 3

Psaronides.

Psaronius. 30
Heterangium. 1
Diplolegium. 1

ÉQUISÉTACÉES.

Equisetites. 9
Calamites. 10

Dicotylédones gymnospermes.

ASTÉROPHYLLITÉES.

Calamodendron. 6
Asterophyllites. 90
Hippurites. 1
Phyllotheca. 1
Annularia. 8
Sphenophyllum. 8

SIGILLARIÉES.

Sigillaria. 75
Stigmaria 6
Syringodendron. 2
Diploxylon. 1
?Ancistrophyllum. 1
?Didymophyllum. 1

NOEGGERATHIÉES.

Noeggerathia. 10
Pychnophyllum. 2

CYCADÉES.

?Colpoxylon. 1
?Medullosa 2

CONIFÈRES.

Walchia. 4
Peuce 1
Dadoxylon. 7
Palmoxylon. 2
Pissadendron. 2

Dicotylédones angiospermes

Aucune.

Monocotylédones.

Très douteuses et imparfaitement connues.

Musacites primaevus. 1
Cronyodendron radicans. . . . 1
Palmacites carbonigenus,
  —   leptoxylon } . . . 3
Myeloxylon (Medullosa elegans. 1
Musocarpum. 2
Trigonocarpum. 7

En résumant ces nombres, et en évitant, autant que possible, les doubles emplois résultant de la répétition d'organes différents appartenant probablement aux mêmes plantes, tels que les feuilles, pétioles et tiges des Fougères, etc., on a les chiffres suivants pour les diverses familles :

Cryptogames amphigènes. 6
    Algues. 4
    Champignons. 2
Cryptogames acrogènes. 328
    Fougères. 230
    Lycopodiacées. . . 83
    Équisétacées. . . 15
Dicotylédones gymnospermes. . . . 135
    Astérophyllitées. . . 14
    Sigillariées. . . . 90
    Noeggerathiées. . . 13
    Cycadées? 3
    Conifères. 16
Dicotylédones angiospermes. . . . 0
Monocotylédones très douteuses. . . 15

                   ——

                  500

Le premier fait qui frappe dans ce tableau, c'est le petit nombre des Végétaux qui constituaient cette flore de l'ancien monde. Il est vrai que ce relevé des Végétaux fossiles de la période carbonifère ne comprend presque que des espèces des terrains houillers de l'Europe ; mais cependant ceux de l'Amérique du Nord ont fourni déjà un contingent assez considérable, et les observations faites jusqu'à ce jour suffisent pour établir que la plupart des espèces sont identiques avec celles d'Europe.

Ainsi, tandis que cette énumération ne comprend que 500 espèces, la flore actuelle de l'Europe comprend plus de 6,000 phanérogames, celle d'Allemagne, ou plutôt de l'Europe centrale seule, plus de 5,000 ; et en y comprenant les cryptogames, ces nombres s'élèveraient au moins à 11,000, et à 9,000 pour l'Europe centrale seule.

La flore de la période carbonifère comprenait donc au plus un vingtième du nombre des Végétaux qui croissent actuellement sur le sol de l'Europe, et encore ce nombre d'espèces correspond à toute une longue période pendant laquelle diverses espèces se sont succédé ; de sorte qu'on peut admettre, avec beaucoup de probabilité, que jamais plus de 100 espèces n'ont existé simultanément. On voit quelle était la pauvreté, et surtout l'uniformité de cette végétation, en égard principalement au nombre des espèces, comparée à l'abondance et à la variété des formes de la période actuelle.

L'absence complète des Dicotylédones ordinaires ou Angiospermes, celle presque aussi complète des Monocotylédones, expliquent, du reste, cette réduction de la flore ancienne ; car actuellement ces deux embranchements du règne végétal forment au moins les quatre cinquièmes de la totalité des espèces vivantes connues. Mais aussi les familles, si peu nombreuses, existant à cette époque, renferment d'une manière absolue beaucoup plus d'espèces qu'elles n'en offrent maintenant sur le sol de l'Europe. Ainsi les Fougères du terrain houiller en Europe comprennent environ 250 espèces différentes, et l'Europe entière n'en produit actuellement que 50 espèces.

De même les Gymnospermes, qui maintenant ne comprennent en Europe qu'environ 25 espèces de Conifères et d'Éphédrées, renfermaient alors plus de 120 espèces de formes très différentes.

Ces familles, seules existantes et bien plus nombreuses alors qu'elles ne le sont maintenant dans les mêmes climats, si l'on embrasse la période carbonifère entière, étaient encore plus remarquables par les formes si différentes sous lesquelles elles se présentaient. Ainsi, parmi les Cryptogames, nous remarquons des genres de Fougères actuellement complètement détruits et plusieurs espèces arborescentes ; des Prêles ou des Végétaux voisins presque arborescents ; des Lycopodiacées formant des arbres gigantesques, toutes formes actuellement inconnues, soit dans le monde entier, soit du moins dans les zones tempérées.

Parmi les Végétaux que nous rangeons dans les Dicotylédones gymnospermes, les différences sont encore plus tranchées, car ils constituaient des familles complètement anéanties depuis cette époque : telles sont les Sigillariées, les Nœggérathiées et les Astérophyllitées.

Les caractères de la végétation pendant la période carbonifère peuvent se résumer ainsi :

Absence complète des Dicotylédones angiospermes ;

Absence complète ou presque complète des Monocotylédones ;

Prédominance des Cryptogames acrogènes et formes insolites et actuellement détruites dans les familles des Fougères, des Lycopodiacées et des Équisétacées ;

Grand développement des Dicotylédones gymnospermes, mais résultant de l'existence de familles complètement détruites, non seulement actuellement, mais dès la fin de cette période.

Cette végétation, ainsi réduite aux formes que nous sommes porté à considérer comme les plus simples et les moins parfaites, devait-elle cette nature spéciale à une première phase du développement de l'organisation du règne végétal qui n'avait pas encore atteint la perfection à laquelle il est arrivé plus tard, ou est-elle due à une influence des conditions physiques dans lesquelles la surface terrestre se trouvait alors ? C'est ce que nous ne saurions décider.

Je rappellerai seulement que j'ai déjà signalé l'analogie que cette prédominance des Cryptogames acrogènes établit entre la végétation de cette première période et celle des îles peu étendues de la zone équatoriale et de la zone tempérée australe, dans lesquelles le climat maritime est porté au plus haut degré.

Cependant cette prédominance n'est pas telle qu'elle entraîne, comme pendant la période carbonifère, l'exclusion des végétaux phanérogames, et cette exclusion complète semblerait plus favorable à l'idée d'un développement graduel du règne végétal.

Enfin, nous ne connaissons pas assez l'influence de la nature de l'atmosphère sur la vie des Végétaux, lorsqu'elle doit se prolonger pendant toute leur existence, pour savoir si des différences notables dans la composition de cette atmosphère, et surtout la présence fort probable d'une plus forte proportion d'acide carbonique, ne pouvaient pas favoriser l'existence de certaines classes du règne végétal, et s'opposer à celle d'autres groupes.

Je terminerai cet aperçu de la végétation de la période carbonifère en faisant remarquer que la formation houillère, qui presque seule en renferme les débris, est évidemment une formation terrestre et d'eau douce; que les couches de charbon qu'elle renferme sont le résultat de l'accumulation sur place des restes des Végétaux qui couvraient le sol à la manière des couches de tourbe ou du terreau des grandes forêts; que ce n'est que dans certaines circonstances exceptionnelles que ces couches alternent avec des couches contenant des débris d'animaux marins, et pourraient être considérées comme résultant du transport dans la mer des Végétaux terrestres qui s'y trouvent.

Cette végétation de la grande période carbonifère disparaît presque complétement avec elle; la période permienne qui lui succède n'en présente qu'une sorte de résidu déjà privée de la plupart de ses genres les plus caractéristiques; et pendant la période vosgienne ou du grès bigarré, nous n'en trouvons plus aucune trace.

Je ne puis pas terminer cet exposé de la végétation de la période carbonifère sans dire quelques mots de l'exception incompréhensible qu'apporteraient à cette distribution régulière et uniforme des Végétaux fossiles les terrains anthraxifères des Alpes, s'ils appartiennent réellement à l'époque du lias, comme l'admet M. Élie de Beaumont, ainsi que plusieurs autres géologues distingués, qui se sont rangés de son opinion. Je ne puis pas discuter ici les motifs tirés des observations géologiques proprement dites qui ont conduit M. de Beaumont à cette conclusion; je sais tout le poids qu'ont dans la science les observations si précises et si bien dirigées de mon savant ami. Mais quand on voit que les recherches entreprises par tant de savants et de collecteurs ont montré que les Végétaux contenus dans ces couches sont, sans aucune exception, ceux de l'époque houillère, sans mélange d'un seul fragment des Végétaux fossiles du lias, de l'époque jurassique, du keuper ou du grès bigarré, on se demande en vain quelle explication donner à ce fait unique, et si les coquilles si peu nombreuses qui ont surtout contribué à faire ranger ces terrains dans l'époque jurassique sont une preuve bien positive de cette position géologique. Leur petit nombre, leur état de conservation si imparfait que leur détermination spécifique est, ou impossible, ou fort douteuse, permettent-ils de leur donner plus de valeur qu'à cet ensemble de végétaux nombreux, et la plupart bien déterminables spécifiquement, qui se trouvent dans les couches d'anthracites? En 1828, j'ai donné une liste de ces fossiles comprenant 25 espèces, dont 20 déterminées spécifiquement et toutes identiques avec des espèces du terrain houiller. M. Balducci vient de faire un travail semblable sur les collections déposées dans le Musée de Turin; il est arrivé au même résultat; et j'ajouterai que, depuis plusieurs années, j'ai reçu de M. Scipion Gras, ingénieur en chef des mines à Grenoble, des collections des fossiles des mines de Lamure et de la Tarentaise, qui comprennent plus de 40 espèces parmi lesquelles un grand nombre appartiennent aux genres les plus caractéristiques du terrain houiller. Telles sont les Sigillaires, au nombre de 8 ou 9, dont 5 bien déterminées, le *Stigmaria ficoides*, 3 *Lepidodendron*, un *Lepidophloios*, les *Annularia longifolia* et *brevifolia*, en un mot tout l'ensemble de la végétation houillère telle qu'elle se présente à Saint-Étienne ou à Alais.

Quant à l'explication tirée d'un transport de régions éloignées, où cette végétation se serait maintenue, elle devient chaque jour moins admissible à mesure que le nombre des échantillons augmente et qu'on voit qu'il ne se trouve pas un seul échantillon des Végétaux propres à la période liasique mêlé avec eux.

II. — PÉRIODE PERMIENNE.

La nature des Végétaux qui paraissent propres à cette époque est loin d'être déterminée d'une manière bien positive, car les localités peu nombreuses où l'on a trouvé jusqu'à ce jour les fossiles que nous considérons comme appartenant à cette période ne sont peut-être pas réellement d'une formation bien identique et réellement contemporaine. Ainsi, les schistes bitumineux et cuivreux du pays de Mansfeld, rangés par tous les géologues dans le zechstein et les grès de la Russie, classés par MM. Murchison et de Verneuil dans leur terrain permien, sont-ils réellement contemporains? Enfin, les ardoises de Lodève, considérées par MM. Dufresnoy et Elie de Beaumont comme dépendant du grès bigarré, mais si différentes du grès bigarré des Vosges par leur flore, sont-elles classées avec plus de raison dans cette période, qui serait ainsi une sorte de passage de la période houillère, si bien caractérisée, à la période vosgienne ou du grès bigarré, qui en diffère d'une manière si tranchée?

Ces doutes sur l'identité d'époque de formation des trois principales localités qui pourraient fournir les matériaux d'une flore de cette période m'engagent à indiquer séparément ces trois flores locales.

1° FLORE DES SCHISTES BITUMINEUX DE LA THURINGE.

ALGUES.

Caulerpites selaginoides, Sternb.
— pectinatus, Sternb.
— sphæricus, Sternb.
Zonarites digitatus, Sternb.
Chondrites virgatus, Munst.

FOUGÈRES.

Tæniopteris Eckardti, Germ.
Sphenopteris dichotoma, Alth.
— Althausii, Brong. (Caulerp. patens et dichototoma, Alth.).
— Gœpperti, Geinitz.
— bipinnata, Geinitz (Caulerpites, Munst.).
Pecopteris crenulata, Brong. (Caulerp. crenulatus, Alth.).
— Martinsii, Brong. (Alethop. Martinsii, Germ.).
— Schwedeziana, Donk. — Frankenberg.

CONIFÈRES.

Cryptomerites Ulmanni, Brong. (Cupressus Ulmanni, Bronn.). — Frankenberg.
Walchia (indéterminables spécifiquement).

2° FLORE DES GRÈS PERMIENS DE RUSSIE.

FOUGÈRES.

Odontopteris permiensis, Brong.
— Stragonovii, Morris.
— Fischeri, Brong.
Nevropteris salicifolia, Fisch.
— tenuifolia, Brong.
— flexuosa, Brong.?
— macrophylla, Brong.?

Sphenopteris erosa, Morris.
— lobata, Morris.
— incerta, Brong.
Alethopteris Grandini, Brong.?
Callipteris Gœpperti, Brong.
— Wangenheimii, Brong.

EQUISÉTACÉES.

Calamites gigas, Brong.
— Suckowii, var. major, Brong.

LYCOPODIACÉES.

— Lepidodendron elongatum, Brong.
— espèce douteuse.

NŒGGÉRATHIÉES.

Nœggerathia cuneifolia, Brong.
— expansa, Brong.

3° FLORE DES SCHISTES ARDOISES DE LODÈVE.

FOUGÈRES.

Nevropteris Dufresnoyi, Brong.
Sphenopteris artemisiæfolia, Brong.
— tridactylites, Brong.
— platyrachis, Brong.
Alethopteris Christolii, Brong.
Callipteris heteromorpha, Brong.
— Carronii, Brong.
Pecopteris hemitelioides, Brong.
— oreopteridius, Brong.
— plumosa, Brong.
— abbreviata, Brong.
— dentata, Brong.
— Lodevensis, Brong.

ASTÉROPHYLLITÉES.

Annularia floribunda. Sternb.

CONIFÈRES.

Walchia Schlotheimii, Brong.
— piniformis, Sternb.
— Sternbergii, Brong.
— Eutassæformis, Brong.
— hypnoides, Brong.

On trouvera plus de détails sur les espèces que nous venons d'énumérer, pour celles du terrain permien, dans l'ouvrage déjà cité de MM. Murchison, de Verneuil et Kayserling (t. II, p. 1), sur la géologie de la Russie; pour celles des ardoisières de Lodève, dans la description géologique de la France, par MM. Dufresnoy et Elie de Beaumont (t. II, p. 145).

On voit qu'il y a de grandes différences spécifiques entre les plantes de ces localités, et que jusqu'à ce jour on ne peut y reconnaître aucune espèce commune. Doit-on attribuer ces différences à l'influence de la grande diversité de position géographique, ou y a-t-il, en outre, entre ces terrains une différence d'époque de formation? Le seul caractère qui tend à rapprocher ces deux dernières flores, c'est le rapport que toutes deux ont avec celle des terrains houillers dont elles sembleraient être une sorte d'extrait, et dont elles rappellent surtout les couches les plus récentes.

Quant aux plantes des schistes bitumineux du pays de Mansfeld, elles sont si peu nombreuses et paraissent avoir été déposées dans des conditions si différentes, qu'on peut difficilement les comparer aux deux autres flores. Cependant les espèces de *Sphenopteris* se ressemblant extrêmement dans ces trois terrains, et une comparaison exacte établirait peut-être l'identité de plusieurs d'entre elles. Le *Pecopteris crenulata*, d'Ilmenau, n'est peut-être qu'un état imparfait du *Pecopteris abbreviata* du Lodève; enfin, les *Callipteris* du terrain permien et de Lodève ont entre eux et avec les *Callipteris* du terrain houiller des rapports très intimes.

Nous ajouterons, relativement aux schistes bitumineux de la Thuringe, que plusieurs de leurs fossiles paraissent être des plantes marines dont le nombre deviendrait bien plus considérable, si l'on ne supprimait toutes les empreintes imparfaites qu'on a décrites comme telles, et qui ne sont que des fragments de Fougères ou de Conifères altérées.

II.
RÈGNE DES GYMNOSPERMES.

Pendant les périodes précédentes, et surtout pendant la période carbonifère, les Cryptogames acrogènes prédominaient, et les Dicotylédones gymnospermes, moins nombreuses, se montraient surtout sous des formes insolites et quelquefois tellement anomales, qu'on hésite à les placer dans cet embranchement ou dans le précédent : telles sont les Astérophyllitées. Plus tard, au contraire, ces formes anomales, ambiguës, et dont la classification est souvent obscure, disparaissent : les Cryptogames acrogènes et les Dicotylédones gymnospermes rentrent d'une manière évidente dans des familles encore existantes dont elles ne diffèrent que comme formes génériques; les Fougères et les Équisétacées, qui représentent les Acrogènes, sont moins nombreuses; les Conifères et les Cycadées les égalent presque en nombre, et les surpassent ordinairement en fréquence, surtout dans la seconde période, elles deviennent par leur abondance et leur dimension le caractère essentiel de tous ces terrains; enfin, les Dicotylédones angiospermes manquent encore complétement et les Monocotylédones sont très peu nombreuses.

Ce règne des Dicotylédones gymnospermes se divise en deux périodes : la première, dans laquelle prédominent les Conifères et où les Cycadées apparaissent à peine; la seconde, où cette famille devient prédominante par le nombre des espèces, leur fréquence et la variété des formes génériques. Celle-ci peut se diviser en plusieurs époques ayant des caractères particuliers.

III. — PÉRIODE VOSGIENNE.

Cette période, qui ne paraît pas avoir eu une longue durée et ne comprend que le grès bigarré proprement dit, offre pour caractères : 1° L'existence de Fougères assez nombreuses, de formes souvent fort anomales, constituant évidemment des genres actuellement détruits, et qui ne se retrouvent même plus dans les terrains plus récents : tels sont les *Anomopteris* et les *Crematopteris*. Les tiges de Fougères arborescentes y sont plus fréquentes que pendant la période jurassique; les vrais *Equisetum* y sont très rares; les Calamites, ou peut-être plutôt des Calamodendron, y sont abondantes.

2° Les Gymnospermes sont représentés par les deux genres de Conifères *Voltzia* et *Haidingeria*, dont les espèces et les échantillons sont très nombreux. Les Cycadées sont au contraire très rares. M. Schimper n'en cite que deux espèces fondées sur deux échantillons uniques très imparfaits, et dont la détermination peut même offrir des doutes.

Cette considération me paraît séparer complétement, sous le point de vue botanique, la période du grès bigarré de l'époque du keuper, quoique tous deux soient placés par les géologues dans le terrain du trias. Car dans le keuper les Cycadées deviennent très abondantes, parfaitement caractérisées et souvent analogues à celles de la période jurassique; tandis que les Conifères du grès bigarré manquent au contraire dans cette formation.

FLORE DU GRÈS BIGARRÉ DES VOSGES.

Cryptogames acrogènes.

FOUGÈRES.

Neuropteris grandifolia, Schimp.
— *imbricata*, Schimp.
— *Voltzii*, Brong.
— *intermedia*, Schimp.
— *elegans*, Brong.
Trichomanites myriophyllum, Brong.
Pecopteris Sultziana, Brong.
Anomopteris Mougeotii, Brong.
Crematopteris typica, Schimp.
Protopteris Mougeotii, Brong.
— *Lesangeana*, Schimp.
— *micropeltis*, Schimp.
— *Voltzii*, Schimp.
Caulopteris? tessellata, Schimp.

ÉQUISÉTACÉES.

Equisetites Brongnartii, Schimp.
Calamites? arenaceus, Jæg.
— *Mougeotii*, Brong.

Dicotylédones gymnospermes.

ASTÉROPHYLLITÉES?

Schizoneura paradoxa, Schimp.
Æthophyllum, *speciosum*, Schimp.
— *stipulare*, Brong.

CONIFÈRES.

Voltzia heterophylla, Schimp.
— *acutifolia*, Brong.
Haidingera latifolia, Endl.
— *elliptica*, Endl.
— *Braunii*, Endl.
— *speciosa*, Endl.

CYCADÉES.

Zamites Vogesiacus, Schimp.
Ctenis Hogardi, Brong. (*Nilsonia Hogardi*, Schimp.).

Monocotylédones douteuses.

Yuccites Vogesiacus, Schimp.
Palæoxyris regularis, Brong.
Echinostachys oblonga, Brong.
— *cylindrica*, Schimp.

Je n'ai cité aucune localité pour ces plantes du grès bigarré, parce que toutes proviennent des carrières exploitées sur les deux penchants des Vosges, mais surtout de celle de Sultz-les-Bains, près de Strasbourg. On a cependant retrouvé l'*Anomopteris Mougeotii* dans quelques localités du pays de Bade. Il est remarquable que ces gisements de plantes fossiles soient ainsi limités à cette région. Mais en comparant cette flore à celle des ardoisières de Lodève qu'on avait considérée comme de la même époque, on verra qu'il n'y a rien de commun entre ces deux énumérations, et qu'il est bien peu probable que ces formations soient contemporaines.

IV. — PÉRIODE JURASSIQUE.

Cette période est une des plus étendues par la suite des formations qu'elle comprend et la variété des diverses époques spéciales de végétation qu'elle embrasse, quoiqu'on ne puisse se refuser à comprendre, sous un titre commun, des époques pendant lesquelles souvent des formes très analogues les unes aux autres se sont succédé. Elle comprendrait ainsi depuis le keuper inclusivement jusqu'aux terrains wealdiens. En effet, on voit les *Pterophyllum* du keuper se montrer de nouveau, avec de légères différences spécifiques, dans les terrains wealdiens. Les *Equisetites* du keuper s'étendent jusqu'à la formation oolithique moyenne ; les *Baiera* du lias se retrouvent aussi dans les couches wealdiennes du nord de l'Allemagne ; les *Sagenopteris*, les *Camptopteris* se montrent également dans le keuper, le lias et l'oolithe.

Cependant ces caractères communs, qui indiquent une grande analogie entre les flores de chacune de ces époques de formation, n'empêchent pas que chacune d'elles n'eût des caractères propres et souvent un ensemble d'espèces presque toutes propres à chaque époque particulière. Aussi devons-nous ici distinguer ces diverses subdivisions dont le nombre même se multipliera peut-être par la suite, lorsqu'on connaîtra mieux les Végétaux de chacun des étages du terrain jurassique.

1° *ÉPOQUE KEUPRIQUE.*

Cryptogames amphigènes.

ALGUES.

Confervites arenaceus, Jæg. — Stuttg.
Delesserites crispatus, Brong.

Cryptogames acrogènes.

FOUGÈRES.

Odontopteris Cycadea, Berg. — Coburg.
Neuropteris? distans, Sternb. — Goth.
Sphenopteris Rœssertiana, Sternb. — Bamb.
— *pectinata*, Sternb. — Bamberg.
— *clavata*, Sternb. — Bamberg.

Sphenopteris oppositifolia, Sternb. — Bamb.
Coniopteris Schœnleiniana, Br. — Wurtemb.
— *Kirchneri*, Brong. — Bamb.
— *tricarpa*, Brong. — Bamb.
Hymenophyllites macrophyllus, Br. — Bamb.
Tæniopteris marantacea, Sternb. — Wurt.
— *elongata*, Brong. — Saint-Léger-sur-d'Heunes.
Pecopteris stuttgardiensis, Brong. — Stuttg.
— *Meriani*, Brong. — Bâle.
— *taxiformis*, Sternb. — Bamb.
— *microphylla*, Sternb. — Bamb.
Desmophlebis flexuosa, Gœpp — Bamb.
— *Rœsserti*, Sternb. — Bamb.
— *imbricata*, Sternb. — Bamb.
— *concinna*, Sternb. — Bamb.
— *obtusa*, Sternb. — Bamb.
Gutbiera angustifolia, Presl. — Bamb.
Phlebopteris Landriotii, Brong. — Saint-Léger-sur-d'Heunes.
Camptopteris Munsteriana, Sternb.
Thaumatopteris? quercifolia, Brong. — Stutt. (*Pecopt. quercifolia*, Sternb.).
Sagenopteris rhoifolia, Sternb. — Bamb.
— *acuminata*, Sternb. — Bamb.
— *semicordata*, Sternb. — Bade.
Cottæa Danæoides, Gœpp. — Stuttg.

Équisétacées.

Calamites arenaceus, Brong. — Stuttg.
— *Jœgeri*, Brong. — Stuttg.
Equisetites columnaris, Brong. — Stuttg. Cob.
— *cuspidatus*, Sternb. — Stuttg. Bade.
— *elongatus*, Sternb. — Stuttg.
— *Schœnleini*, Sternb. — Wurzbourg.
— *conicus*, Sternb. — Abschwind.
— *sinsheimicus*, Sternb. — Bade.
Equisetum Meriani, Brong. — Bâle.
— *Munsteri*, Sternb. — Bamb.
— *Hastianus*, Sternb. — Waishof.
— *moniliformis*, Sternb. — Bamb.

Dicotylédones gymnospermes.

Cycadées.

Pterophyllum Jœgeri, Brong. — Stuttg. Heilb.
— *longifolium*, Brong. — Bâle. Autr.
— *Meriani*, Brong. — Bâle. Stuttg.
Zamites? Munsteri, Sternb. — Bamb.
— *acuminatus*, Sternb. — Bamb.
— *heterophyllus?*, Sternb. — Bamb.

Conifères.

Taxodites Munsterianus, Sternb. — Bamb.
— *tenuifolius*, Sternb. — Bamb.
Cunninghamites? dubius, Sternb. — Bamb.
Peuce keuperianus, Ung. (*Pinites*). — Bamb.

Monocotylédones douteuses.

Palæoxyris Munsteri, Sternb. — Bamb.
Preissleria antiqua, Sternb. — Bamb.

En comparant cette flore avec celle du grès bigarré des Vosges et avec celle du lias, on voit qu'elle n'a de commun avec la première que le *Palæoxyris*, qui paraît extrêmement voisin de celui du grès bigarré; au contraire, elle ressemble à la flore du lias ou de l'oolithe par les Fougères, dont plusieurs sont identiques spécifiquement ou très voisines, par les *Nilsonia* et les *Pterophyllum*, qui sont aussi, ou identiques, ou très voisins spécifiquement de ceux du lias.

2ᵉ ÉPOQUE LIASIQUE.

Cryptogames amphigènes.

Algues.

Caulerpites? Nilsonianus, Sternb. — Hœgan.
Sargassites septentrionalis, Sternb. — Horg.
Phymatoderma granulatum, Brong. — Boll.
— *Leymerianum*, Brong. — Aube.
— *cretaceum*, Sternb. (*Chondrites*). — Boll.
Chondrites genuinus, Sternb. — Boll.
— *bollensis*, Kurr. — Boll.

Champignons.

Xylomites zamitæ, Gœpp. — Bamb.
Uromycetites? concentricus, F. Br. — Bayr.

Lichens.

Ramallinites lacerus, Munst. — Bayreuth.

Cryptogames aérogènes

Fougères.

Cyclopteris Brauniana, Gœpp. — Bayr.
Odontopteris? cycadea, Berg. — Metz.
Neuropteris? trapeziphylla, F. Br. — Bayr.
— *? alternans*, Fr. Br. — Bayreuth.
— *pachyrachis*, Brong. — Bamb. (*Cyclopt. pachyrachis*, Gœpp.)
Cyclopteris Braunii, Gœpp. — Bayr.
— *princeps*, Sternb. — Bayr.
— *patentissima*, Gœpp. — Bayr.
Pecopteris Braunii, Mnst. — Bayr.
— *Whitbiensis*, Brong. — Bayr.
Desmophlebis flexuosa?, Brong. — Bayr.
Tæniopteris Munsteri, Gœpp. — Bayr.
— *vittata*, Brong. — Hœr. Bayr.
— *major*, L. et Hutt. — Bayr.
— *scitamnea*, Presl. — Bayr.
— *obtusata*, F. Br. — Bayr.
Phyllopteris Nilsoniana, Brong. — Hœr.
Sagenopteris elongata, Munst. — Bayr.
Andriania baruthina, F. Br. — Bayr.

Laccopteris Braunii, Gœpp. — Bayr.
— *germinans*, Gœpp. — Bayr.
Thaumatopteris Munsteri, Gœpp. — Bayr.
Camptopteris crenata, Presl. — Bayr. Cob.
— *Bergeri*, Presl. — Cob. Bayr.
— *Munsteri*, Presl. — Bamb. Bayr.
— *Nilsoni*, Presl. — Hoer. Cob.
Phlebopteris polypodioides, Br. — Heilb., Metz.
Clathropteris meniscioides, Brong. — Hoer. Metz, La Marche (Haute-Marne), Pouilly en Auxois.
— *platyphylla*, Brong. — Halberst.
Diplodictium obtusilobum, F. Braun. — Bayr.
MARSILÉACÉES.
Pilularites Braunii, Gœpp. — Bayr.
Baiera dichotoma, Fr. Braun. — Bayr.
LYCOPODIACÉES.
Psilotites? robustus, Fr. Braun. — Bayr.
ÉQUISÉTACÉES.
Equisetum Munsteri, Sternb. — Bayr.

Dicotylédones gymnospermes.
CYCADÉES.
Cycadites pectinatus, Berg. — Coburg. Metz.
Otozamites Bechii, Brong. — Angl.
— *Bucklandii*, Brong. — Angl., Metz.
— *obtusus*, Brong. (L. et H.) — Angl.
— *oblongifolius*, Kurr. — Wurtemb.
— *Mandelslohi*, Kurr. — Wurtemb.
— *acuminatus*, Fr. Braun. — Bayr.
— *brevifolius*, Fr. Braun. — Bayr.
— *Schmiedelii*, Fr. Braun. — Bayr.
Zamites distans, Sternb. — Bamb.
— *lanceolatus*, L. et Hutt. — Bayr.
— *Hartigianus*, Germ. — Halberst.
— *heterophyllus*, Presl. — Bayr.
— *crassinervis*, Germ. — Halberst.
— *gracilis*, Kurr. — Wurtemb.
Et plusieurs espèces nouvelles d'après Fr. Braun.
Ctenis angusta, Fr. Braun. — Bayr.
— *abbreviata*, Fr. Braun. — Bayr.
— *marginata*, Fr. Braun. — Bayr.
— *? inconstans*, Fr. Braun. — Bayr.
Pterophyllum majus, Brong. — Hoer.
— *minus*, Brong. — Hoer.
— *fascicularifolium*, Gœpp. — Bayr.
— *dubium*, Brong. — Hoer.
— *Zinckenianum*, Germ. — Halberst.
Nilssonia contigua, Fr. Braun. — Bayr.
— *elegantissima*, Fr. Braun. — Bayr.
— *intermedia*, Fr. Braun. — Bayr.

Nilssonia speciosa, Fr. Braun. — Bayr.
— *brevis*, Brong. — Hoer.
— *Sternbergii*, Gœpp. ? — Hoer.
— *elongata*, Brong. — Hoer.
— *Bergeri*, Gœpp. — Cob., Quedlins.
Cycadoidea pygmaea, L. et Hutt. — Lyme-Regis.
— *cylindrica*, Ung. — Lunéville. Contrexan.
Brachyphyllum peregrinum, Br. — Angl., Wurt. (*Arauc. peregrina*, L. et Hutt.).
— *mamillare?*, Brong. — Bayr.
— *Gatinum*, Br. (Kurr). — Wurtemb.
Taxodites flabellatus, Gœpp?
Palissya Braunii, Endl. — Bayr.
Pinites? elongatus, Endl. — Angl.
Peuce Braumeana, Ung. — Bayr.
— *wurtembergica*, Ung. — Wurtemb.
— *Lindleyana*, With. — Whitby.
— *Huttonii*, With. — Whitby.

Monocotylédones douteuses.
Poacites Arundo, Fr. Braun. — Bayr.
— *Paspalum*, Fr. Braun. — Bayr.
— *Nardus*, Fr. Braun. — Bayr.
Cyperites scirpoides, Fr. Braun. — Bayr.
— *caricinus*, Fr. Braun. — Bayr.
— *typhoides*, Fr. Braun. — Bayr.

Cette liste est fondée sur celle donnée par M. F. Braun des plantes fossiles du lias des environs de Bayreuth (Münster, *Beytr. zur Petref.*, fasc. VI, p. 11), en n'y comprenant que les espèces déjà dénommées et décrites ou figurées, et en y ajoutant : 1° celles du lias d'Halberstadt et de Quedlinburg, décrites par le professeur Germar, et du lias du Wurtemberg, par le prof. Kurr ; 2° celles du grès du lias de Hoer, en Scanie ; 3° de quelques points de la France, telles que Hettange, près Metz, La Marche (Haute-Marne), Pouilly (département de l'Yonne) ; et 4° quelques espèces du lias de Lyme-Regis et de Whitby en Angleterre.

Mais j'en ai exclu les espèces des couches oolithiques des environs de Scarborough et de Whitby, que M. Unger avait souvent comprises dans ce terrain. Si l'on ajoutait à cette énumération les espèces nouvelles signalées par M. Fr. Braun dans chaque genre, mais qui ne sont même pas dénommées, elle s'accroîtrait de 25 espèces, et se trouverait ainsi portée à plus de 100, comprenant 47 fougères et autres Cryptogames acrogènes, et 50 Dicotylédones gymnospermes, dont 39 Cycadées et 11 Conifères.

Les caractères essentiels de cette époque sont donc : 1° la grande prédominance des Cycadées, déjà bien établie, et la présence de genres nombreux dans cette famille, et surtout des *Zamites* et *Nilsonia*; 2° l'existence, parmi les Fougères, de beaucoup de genres à nervures réticulées, qui se montraient à peine, et sous des formes peu variées, dans les terrains plus anciens, mais dont quelques unes cependant commençaient déjà à paraître dans l'époque du keuper. Tels sont les *Camptopteris* et les *Thaumatopteris*.

3° ÉPOQUE OOLITHIQUE.

Cryptogames amphigènes.

ALGUES.

Codites difformis, Brong. — Solenh.
  (*Cordites serpentinus et crassipes*, Sternb.)
— *? tortuosus*, Brong. — Solenh.
  (*Caulerpites tortuosus*, Sternb.)
Corallinites arbuscula, Ung. — Autriche.
— *halimeda*, Ung. — Autriche.
Chondrites laxus, Sternb. — Solenh.
— *lumbricarius*, Sternb. — Solenh.
Sphaerococcites cactiformis, Sternb. — Solenh.
— *varius*, Sternb. — Solenh.
— *subarticulatus*, Sternb. — Solenh.
— *secundus?*, Sternb. — Solenh.
— *chmitzlewii*, Sternb. — Solenh.
— *cernuus*, Sternb. — Solenh.
— *Stockii*, Brong. — Solenh.
— *concatenatus*, Sternb. — Solenh.
— *ramulosus*, Sternb. — Stonesf.
— *ciliatus*, Sternb. — Solenh.
Munsteria clavata, Sternb. — Solenh.
— *vermicularis*, Sternb. — Solenh.
— *? lacunosa*, Sternb. — Solenh.

Cryptogames acrogènes.

FOUGÈRES.

Cyclopteris digitata, Brong. — Scarbor.
Sphenopteris cysteoides, L. et H. — Stonesf.
— *arguta*, L. et H. — Scarbor.
— *crenulata*, Brong. — Whitby.
— *denticulata*, Brong. — Scarborough.
— *hymenophylloides*, Brong. — Whitby.
— *Williamsonis*, Brong. — Scarbor.
Hymenophyllites macrophyllus, Goepp. — Stonesf., Morestel.
Pachypteris ovata, Brong. — Whitby.
— *lanceolata*, Brong. — Whitby.
— *microphylla*, Brong. — Verdun.

Cæniopteris athyrioides, Brong. — Whitby.
— *Murrayana*, Brong. — Scarbor.
Pecopteris Moreliana, Brong. — Châtillon-sur-Seine.
— *Phillipsii*, Brong. — Scarbor.
— *denticulata*, Brong. — Scarbor.
— *arguta*, Brong. — Scarbor.
— *serrata*, L. et H. — Scarbor.
— *Desnoyersii*, Brong. — Mamers.
— *Reglei*, Brong. — Mamers.
Cladophlebis tenuis, Brong. — Whitby.
— *Whitbiensis*, Brong. — Whitby.
— *dentata*, Brong. — Scarbor.
— *ligata*, Brong. — Scarbor.
— *Williamsonis*, Brong. — Scarbor.
— *recentior*, Brong. — Scarbor.
— *Haiburnensis*, Brong. — Scarbor.
— *lobifolia*, Brong. — Scarbor.
— *undulata*, Brong. — Scarbor.
Tæniopteris vittata, Brong. — Scarb., Hoer, Stonesf.
— *latifolia*, Brong. — Stonesf., Scarb.
Phyllopteris Phillipsii, Brong. — Scarbor.
Sagenopteris Huttoni, Brong. — Scarbor.
Polypodites Lindleyi, Goepp. — Scarbor.
— *crenifolia*, Goepp. — Scarbor.
— *undans*, Goepp. — Scarbor.
Phlebopteris polypodioides, Brong. — Scarb.
— *contigua*, L. et Hutt. — Scarb.
Camptopteris Phillipsii, Brong. — Scarbor.
Tympanophora simplex, L. et H. — Scarb.
— *racemosa*, L. et H. — Scarbor.

MARSILÉACÉES.

Baiera Huttoni, Fr. Braun. — Scarbor.
— *? furcata*, Fr. Braun. — Scarbor.
Sphaereda paradoxa, L. et H. — Scarbor.

LYCOPODIACÉES.

Lycopodites falcatus, L. et Hutt. — Scarbor.
— *? Meyeranus*, Goepp. — Silés.
Psilotites? filiformis, Munst. — Monheim.
Isoetites crociformis, Munst. — Monheim.
— *Murrayana*, L. et H. — Scarbor.

ÉQUISÉTACÉES.

Equisetites lateralis, L. et H. — Scarbor.
Calamites? Lehmannianus, Goepp. — Silés.
— *? Hærensis*, Hising. — Hoer.

Dicotylédones gymnospermes.

CYCADÉES.

Otozamites Bucklandii, F. Braun. — Mamers, Valog.
— *Bechei*, Fr. Braun. — Mamers.

Otozamites lagotis, Brong. — Mamers.
— hastatus, Brong. — Mamers.
— Beanii, L. et H. — Scarborough.
— latifolia, Br. — Orbagnoux (Ain).
— microphylla, Br. — Alençon.
— acuminata, L. et H. — Scarbor.
— lævis, Brong. — Scarbor.
— Youngii, Brong. — Whitby.
— acuta, Brong. — Whitby.
— Goldiæi, Brong. — Whitby.
— elegans, Brong. — Whitby.
Zamites pectinata, Brong. — Stonesf.
— distans, Sternb. — Stonesf.
— lanceolatus, L. et H. — Scarbor.
— gigas, L. et H. — Scarbor. (Monielif, Br.
— falcatus, Stern. — Whitbiensis, Stern.)
— undulatus, Sternb.? — Scarbor.
— longifolius, Brong. — Scarbor.
— Moreaui, Brong. — Verdun.
— Feneonis, Brong. — Seyssel, Morestel., Châteauroux.
— patens, Brong. — Stonesf.
— laxina, L. et H. — Stonesf. (An pectinata, Brong.?)
— Pecten, L. et H. — Scarbor.
Pterophyllum Oeynhausianum, Gœpp. — Silés.
— carnallianum, Gœpp. — Silés.
— propinquum, Gœpp. — Silés.
— ?tenuicaule, Morris. — Scarbor.
— minus, Brong. — Scarbor.
— Nilsoni, L. et H. — Scarbor.
Nilsonia compta, Gœpp. — Scarbor. (Pterophyllum Williamsonis, Br. Prod.)
Ctenis falcata, L. et H. — Scarbor.
Cycadoidea squamosa, Brong. — Stonesf. (Bucklandia squamosa, Brong. Prod.)
CONIFÈRES.
Thuites divaricatus, Sternb. — Stonesf., Solenh.
— ?expansus, Sternb. — Stonesf.
Brachyphyllum mamillare, Brong. — Scarb.
— acutifolium, Brong. — Stonesf.
— gracile, Brong. — Jura, près de Nantua.
— Moreauanum, Brong. — Verdun.
— majus, Brong. — Verdun, Whitby.
Palissya? Williamsonis, Brong. — Scarbor. (Lycopodites Williamsonis, Brong.)
— ?patens, Brong. — Hoer. (Lycopodites patens, Br. Prod.)
Taxites podocarpoides, Brong. — Stonesf.
Peuce Lindleyana, With. — Whitby.
— eggensis, With. — Hébrides.
— jurassica, Endl. — Pologne.

Monocotylédones douteuses.

Podocarya ...., Buckl. — Charmouth, Dorset.
Carpolithes conica, E. et H. — Malton.
— Bucklandii, L. et H. — Malton.

Cette liste est surtout fondée sur les fossiles si variés recueillis sur la côte du Yorkshire, près de Whitby et de Scarborough, dans des couches qui se rapportent à diverses parties de l'oolithe inférieure et surtout à la grande oolithe. Elle comprend aussi un petit nombre d'espèces trouvées dans le calcaire schisteux de Stonesfield près d'Oxford, dépendant de ces mêmes couches.

En France, les fossiles de ce terrain ont été surtout recueillis aux environs de Morestel près Lyon, par M. le docteur Lortet; à Orbagnoux et Abergemens près Nantua, département de l'Ain, par M. Itier; aux environs de Châteauroux; près de Châtillon-sur-Seine, par M. le colonel Moret; à Mamers, dans le département de la Sarthe, par M. Desnoyers; et, enfin, en plus grande quantité par M. Moreau, dans des couches de calcaire oolithique blanc très pur, aux environs de Verdun et près de Vaucouleurs. Quelques espèces ont aussi été trouvées dans d'autres points du Jura, en Normandie près de Valogne, aux environs d'Alençon, en très petit nombre dans chacune de ces localités. Mais la plupart de ces espèces ne sont pas encore décrites et figurées, et elles diffèrent généralement comme espèces de celles d'Angleterre. Les Fougères y sont habituellement moins nombreuses et moins bien conservées; il faut cependant faire exception pour l'*Hymenophyllites macrophyllus* trouvé dans un état parfait à Morestel, et observé aussi à Stonesfield et en Allemagne. Les Cycadées, dont les espèces sont peu variées, se rapportent aux genres *Otozamites* et *Zamites*; les *Ctenis*, *Pterophyllum* et *Nilsonia* n'y ont pas encore été observés; enfin, les Conifères du genre *Brachyphyllum* y sont surtout abondantes et plus fréquentes que dans les autres localités.

En Allemagne, c'est surtout dans le calcaire schistoïde de Solenhofen, près d'Aichstædt, que ces fossiles ont été observés et surtout ceux de la famille des Algues. M. Gœppert signale aussi plusieurs Cycadées dans la formation jurassique de Ludwigsdorf, près de Kreuzburg, en Silésie.

Mais ces localités si diverses se rapportent à des étages très différents de la série oolithique, et constitueront peut-être, lorsqu'elles seront mieux connues et plus complètement explorées, des époques distinctes.

Les caractères distinctifs de cette époque, comprise dans toute l'étendue que nous lui avons assignée depuis le lias jusqu'au terrain wealdien exclusivement, sont : parmi les Fougères, la rareté des Fougères à nervures réticulées si nombreuses dans le lias; parmi les Cycadées, la fréquence des *Otozamites* et des *Zamites* proprement dites, c'est-à-dire des Cycadées les plus analogues à celles du monde actuel et la diminution des *Ctenis*, *Pterophyllum* et *Nilsonia*, genres bien plus éloignés des espèces vivantes; enfin, la plus grande fréquence des Conifères, *Brachyphyllum* et *Thuites*, beaucoup plus rares dans le lias.

4° ÉPOQUE WEALDIENNE.

Cryptogames amphigènes.

ALGUES.

Confervites fissus, Dunk. — Allem.

Cryptogames acrogènes.

FOUGÈRES.

Pachypteris gracilis, Brong. — Angl., Beauvais. (*Sphenopt. gracilis*, Fitt.)
Sphenopteris? Mantelli, Brong. — Angl., All.
— *Sillimani*, Mant. — Angl.
— *Rœmeri*, Dunk. — Allem.
— *tenera*, Dunk. — Allem.
— *Phillipsii*, Mant. — Angl.
— *Gœpperti*, Dunk. — Allem.
— *Hartlebeni*, Dunk. — Allem.
— *longifolia*, Dunk. — Allem.
Adiantites Mantelli, Brong. — Allem. (*Cyclopteris Mantelli*, Dunk.)
— *? Klipsteinii*, Brong. — Allem. (*Cyclopt. Klipsteinii*, Dunk.)
Cladophlebis Albertsii, Brong. — Allem. (*Neuropteris Albertsii*, Dunk.)
Pecopteris Huttoni, Brong. — Allem. (*Necropt. Huttoni*, Dunk.)
— *Geinitzii*, Dunk. — Allem.
— *Murchisoni*, Dunk. — Allem.
— *Conybeari*, Dunk. — Allem.
— *elegans*, Brong. — Allem. (*Alethopt. elegans*, Dunk.)
— *polydactyla*, Dunk. — Allem.

— *Ungeri*, Dunk. — Allem.
— *gracilis*, Dunk. — Allem.
— *Cordai*, Dunk. — Allem.
— *Althausii*, Dunk. — Allem.
— *Brauniana*, Dunk. — Allem.
— *? linearis*, Sternb. — Allem. (Non *P. Reichiana*, Brong.)
Lonchopteris Mantelli, Brong. — Angl., Beauvais.
— *? Huttoni*, Presl. — Angl.
Hausmannia dichotoma, Dunk. — Allem.
Protopteris? erosa, Ung. — Angl. (*Endogenites erosa*, Mant.)

MARSILÉACÉES.

Baiera Huttoni, Brong. — Allem. (*Cyclopt. digitata*, L. et H., non Brong.)
— *Brauniana*, Dunk. — Allem.
— *nervosa*, Dunk. — Allem.

ÉQUISÉTACÉES.

Equisetum Lyelli, Mant. — Angl.
— *Phillipsii*, Dunk. — Allem.
— *Burchardi*, Dunk. — Allem.

Dicotylédones gymnospermes.

CYCADÉES.

Cycadites Brongniarti, Rœm. — Allem.
— *Morrisianus*, Dunk. — Allem.
Zamites aequalis, Gœpp. — Allem.
— *abietinus* (*Pteroph.*, Dunk.). — Allem.
— *Dunkerianus* (*Pteroph.*, Dunk.). — All.
— *Lyellianus* (*Pteroph.*, Dunk.). — Allem.
— *Gœppertianus* (*Pteroph.*, Dunk.). — All.
— *Humboldtianus* (*Pteroph.*, Dunk.). — All.
— *Fittonianus*, (*Pteroph.*, Dunk.) — Allem.
— *Brongniarti* (*Cycad.*, Mant.). — Angl., Beauvais.
Pterophyllum Schaumburgense, Dunk. — Allem.
Zamiostrobus? crassus, Gœpp. — Angl., Wight.
Cycadeidea megalophylla, Buck. — Portland.
— *microphylla*, Buckl. — Portland.
Clathraria Lyelli, Mant. — Sussex.

CONIFÈRES.

Brachyphyllum Germari, Brong. — Allem. (*Thuites Germari*, Dunk.)
— *? Kurrianum*, Brong. — Allem. (*Thuites Kurrianus.*)
— *imbricatum*, Brong. — Allem. (*Thuites imbricatus*, Rœm.)
— *Gravesii*, Brong. — Beauvais. (*Morrausia Gravesii*, Pomel.)

Juniperites Sternbergianus, Brong. — Allem.
  (*Muscites Sternbergianus*, Dunk.)
Abietites Linkii, Dunk. — Allem.

Plantes de classe douteuse.

Carpolithes Mantelli, Stokes. — Angl., Allem., Beauvais.
— *Lindleyanus*, Dunk. — Allem.
— *cordatus*, Dunk. — Allem.
— *Brongniarti*, Dunk. — Allem.
— *Sertum*, Dunk. — Allem.

Cette énumération résulte principalement des découvertes faites, dans ces dernières années, dans les terrains wealdiens du nord de l'Allemagne, à Osterwald, Schaumburg, Bückeburg, Oberkirche, etc., dont les plantes fossiles ont été d'abord décrites par M. Römer, puis d'une manière plus complète par M. Dunker, dans sa monographie de ces terrains. À ces espèces s'ajoutent celles beaucoup moins nombreuses et moins variées, découvertes plus anciennement dans les wealds d'Angleterre, près de la forêt de Tilgate et de Hastings, dans le Sussex, et que M. Mantell a si bien fait connaître.

Cette même formation a été retrouvée en France près de Beauvais par M. Graves, qui y a observé le *Lonchopteris Mantelli*, et quelques autres plantes dont je n'ai pas vu d'échantillons, et que j'ai citées d'après son ouvrage sur la géologie du département de l'Oise.

Les espèces, au nombre de 61, énumérées ci-dessus, paraissent toutes propres à ce terrain, à l'exception peut-être du *Baiera Huttoni* qui paraît identique avec l'espèce du lias de Bayreuth et de l'oolithe de Scarborough; mais leurs formes génériques sont presque toutes les mêmes que celles du lias et des formations oolithiques. Cependant les Cycadées paraîtraient déjà moins nombreuses relativement aux Fougères.

On remarquera encore que cette formation d'eau douce, qui, pour nous, termine le règne des Gymnospermes, se lie par l'ensemble de ses caractères aux autres époques de végétation de la période jurassique, et se distingue de l'époque crétacée qui lui succède par l'absence complète de toute espèce pouvant rentrer parmi les Dicotylédones angiospermes, tant en France et en Angleterre que dans les dépôts de l'Allemagne septentrionale, si riches en espèces variées. Au contraire, dans la craie inférieure, glauconie crétacée, quadersandstein ou planer-kalk d'Allemagne, on trouve immédiatement plusieurs sortes de feuilles appartenant évidemment à la grande division des Dicotylédones angiospermes et quelques restes de Palmiers, dont on ne voit, au contraire, aucune trace dans les dépôts wealdiens.

J'ai classé parmi les Cycadées les tiges de la forêt de Tilgate, désignées précédemment sous le nom de *Clathraria Lyellii*, et que j'avais considérées comme une tige voisine des *Dracæna*. L'ensemble de ses caractères, quoique l'absence presque complète de conservation de ses tissus ne permette pas d'en faire l'anatomie, me paraît rendre ce rapprochement plus probable, et indiquer surtout des rapports entre cette tige et celles du *Zamites gigas*, trouvées à Scarborough.

L'abondance du *Lonchopteris Mantelli* est un caractère des terrains wealdiens du nord de l'Angleterre et du département de l'Oise, où ce fossile paraît se montrer, en fragments au moins, dans la plupart des localités où ces couches sont mises à découvert par les exploitations d'argiles à poterie de cette formation, près de Savignies. En Allemagne, au contraire, cette espèce manque, et l'*Abietites Linkii* paraît la plante prédominante. Quant aux *Brachyphyllum*, je n'ai pas pu encore les étudier sur la nature; mais les figures qu'on en a données ne laissent peu de doute sur leur analogie avec les espèces de l'époque oolithique.

L'abondance des Cycadées forme aussi un caractère distinctif des terrains wealdiens de l'Allemagne. Cependant il y a, comme on le voit, plusieurs espèces communes à ces deux bassins, et j'ajouterai que probablement le *Sphenopteris Gæpperti*, Dunk., ne diffère pas du *Sphenopteris Phillipsi*, Mant.

Je n'ai pas compris dans cette liste quelques plantes marines citées dans des couches de cette époque: 1° parce qu'il me paraît douteux si elles appartiennent réellement à l'époque wealdienne, et non à l'époque glauconienne; 2° parce qu'il me paraît encore incertain si les espèces citées, *Chondrites æqualis* et *intricatus*, sont bien identiques spécifiquement avec les espèces de ce nom du grès à fucoïdes supérieur à la craie.

III

RÈGNE DES ANGIOSPERMES.

Le caractère dominant de cette dernière transformation de la végétation du globe, c'est l'apparition des Dicotylédones angiospermes, de ces Végétaux qui actuellement constituent plus des trois quarts de la création végétale de notre époque, et qui paraissent avoir acquis cette prédominance dès l'origine des terrains tertiaires. Pendant longtemps j'avais pensé même que ces Végétaux ne commençaient à se montrer qu'après la craie, avec les premières couches des formations tertiaires ; mais des recherches plus récentes ont constaté que des couches appartenant au terrain crétacé en présentaient déjà quelques exemples bien positifs.

Ces Végétaux remonteraient même au commencement de l'époque crétacée ; car il est certain qu'il en existe plusieurs espèces bien déterminées dans le quadersandstein et le planerkalk de l'Allemagne, qui paraissent correspondre au grès vert de la France, ou greensand des géologues anglais, quoique cette formation en France et en Angleterre n'en ait jamais offert, et présente seulement quelques exemples de Cycadées, de Conifères et de plantes marines. Mais dans la Suède méridionale, à Köpinge en Scanie, quelques échantillons de feuilles dicotylédones se montrent aussi associés à une espèce de Cycadée dans des couches qu'on a rapportées à la glauconie crayeuse ou greensand ; de sorte que la formation crétacée tout entière paraîtrait constituer une première période dans ce règne des Angiospermes, formant, pour ainsi dire, le passage entre la végétation des terrains secondaires et celle des terrains tertiaires, offrant, comme la première, encore quelques Cycadées, comme la suivante, déjà quelques Dicotylédones angiospermes, et préludant ainsi au développement considérable de ces Végétaux dans la période suivante. Cette période est, en outre, caractérisée par plusieurs Conifères qui lui sont propres, et qui paraissent bien distinctes de celles des terrains wealdiens et de celles de l'époque éocène des terrains tertiaires : telles sont surtout les *Cunninghamites*.

Nous pouvons donc distinguer, dans ce règne des Angiospermes, deux grandes périodes :

1° La période crétacée, sorte de période de transition.

2° La période tertiaire, offrant tous les caractères résultant de la prédominance des Angiospermes dicotylédones et monocotylédones, et divisible en plusieurs époques, dont les caractères ne seront bien établis que lorsqu'on aura levé tous les doutes sur la concordance des diverses séries locales des terrains tertiaires.

V. — PÉRIODE CRÉTACÉE.

La période crétacée proprement dite comprend peut-être plusieurs époques distinctes ; mais les couches où des fossiles végétaux ont été observés n'ayant pas toujours été classées avec précision dans les diverses subdivisions de ce terrain, il est impossible d'en établir la chronologie avec certitude. En outre, on doit distinguer une époque qui paraît précéder immédiatement ce terrain et une qui le suit, et diffère cependant de l'époque éocène.

Nous connaissons des Végétaux fossiles de la période crétacée :

1° Dans les lignites marins sous-crétacés de l'Ile d'Aix, près de La Rochelle, et de l'ialpinsou dans le département de la Dordogne : ce seraient les couches les plus anciennes de la formation crétacée ou les dernières de la période jurassique. On n'y a trouvé que des plantes marines, et des bois et des rameaux de Conifères.

2° Dans la craie chloritée ou greensand de l'Angleterre méridionale, des environs de Beauvais et des environs du Mans : ou n'y a observé que des Cycadées ou des plantes marines.

3° Dans la même formation en Scanie, où M. Nilson a observé des feuilles dicotylédones mêlées à des feuilles de Cycadites.

4° A Niederschœna, près de Freyberg en Saxe, couches analogues au greensand ou au quadersandstein, contenant des fossiles assez variés, Cycadées, Conifères et Dicotylédones, particulièrement des *Credneria*.

5° Dans le quadersandstein de Bohême et de Silésie, à Blankenburg, à Tiefenfurth à Teschen, etc., où ce grès est caractérisé par la présence des feuilles dicotylédones du genre *Credneria*, par des Cycadées, et surtout par des Conifères assez variées, décrites par M. Corda dans l'ouvrage de Reuss sur la craie de la Bohême.

6° En France, dans les sables ferrugineux dépendant des grès verts, près de Grand-Pré, département des Ardennes, où M. Buvignier a trouvé deux végétaux fossiles très remarquables, une tige de fougère arborescente et un cône déjà observé en Angleterre dans la même formation.

Mais cette période a offert dans d'autres lieux, et dans des couches d'époques certainement différentes, seulement des végétaux marins : tels sont surtout ces grès ou macigno à fucoïdes caractérisés par les *Chondrites Targionii*, *æqualis*, *intricatus*, etc., désignés maintenant sous le nom de grès à fucoïdes ou de flysch, dont l'époque géologique a longtemps été problématique, mais qu'on paraît s'accorder à considérer comme une formation distincte supérieure à la craie et inférieure aux couches les plus anciennes des terrains tertiaires.

Ces grès à fucoïdes forment une époque bien distincte, qui paraît jusqu'à présent caractérisée seulement par des végétaux marins, et qui, sous le point de vue botanique du moins, formerait la ligne de démarcation entre les terrains crétacés et les terrains tertiaires; car il est remarquable que les fucus qui s'y trouvent en si grand nombre ont peu de rapports avec ceux de la craie proprement dite, et n'en ont aucun avec ceux des couches les plus anciennes des terrains tertiaires, telles que celles de Monte-Bolca.

D'après l'étude et la comparaison de ces fossiles provenant de sources si variées, on peut diviser la période crétacée en trois époques, dont la moyenne est la véritable époque crétacée; les autres, caractérisées presque uniquement par des végétaux marins, sont assez douteuses quant à leur véritable position géologique : l'une, plus ancienne que la craie, comprend seulement les lignites sous-crétacés des environs de La Rochelle et du département de la Dordogne; l'autre, supérieure à la craie, correspond aux grès à fucoïdes.

1re ÉPOQUE SOUS-CRÉTACÉE.

ALGUES.

Cystoseirites Partschii, Sternb. — Transylv.
— *filiformis*, Sternb. — Ibid.

Laminarites? tuberculatus, Sternb. — Ile d'Aix.

Rhodomelites strictus, Sternb. — Ibid.

NAÏADES.

Zosterites Orbigniana, Brong. — Ile d'Aix.
— *Bellovisiana*, Brong. — Ibid.
— *elongata*, Brong. — Ibid.
— *lineata*, Brong. — Ibid.

CONIFÈRES.

Brachyphyllum Orbignianum, Brong. — Ile d'Aix.
— *Brardianum*, Brong. — Pialpinson.

Cette petite flore est presque uniquement basée sur les plantes fossiles recueillies dans les lignites marins de l'île d'Aix, près de La Rochelle, décrits il y a longtemps par M. Fleuriau de Bellevue.

La différence des végétaux ne paraît pas permettre de rattacher cette flore à celle de la craie inférieure ou greensand, mais elle aura besoin d'être plus complétement étudiée sous le double rapport de son époque géologique précise et de l'ensemble des espèces végétales qu'elle comprend. La plus abondante et la plus caractéristique de ces espèces est le *Rhodomelites strictus* dont les rameaux entre-croisés et mêlés aux *Zosterites* constituent la masse de ces lignites avec des bois de conifères qui n'ont pas encore été étudiés, et les petits rameaux fort rares du *Brachyphyllum Orbignianum*.

J'ai rattaché à cette époque les deux *Cystoseirites* décrits par M. de Sternberg, et indiqués par lui comme trouvés dans des couches entre des schistes jurassiques et la craie en Transylvanie.

Cette flore fossile correspondrait-elle à une formation presque entièrement marine, mais contemporaine de l'époque wealdienne? C'est ce que de nouvelles recherches pourront seules établir, mais ce que pourrait faire supposer l'analogie des *Brachyphyllum* des deux époques.

2e ÉPOQUE CRÉTACÉE.

Cryptogames amphigènes

ALGUES.

Confervites fasciculata, Br. — Borah., Angl.
— *agragropiloides*, Br. — Borah.
— *Woodwardii*, Mant. — Angl., Norfolk.
Sargassites Lyngbyanus, Br. — Borah.
Halyserites Reichii, Sternb. — Niederschœna

Chondrites furcillatus, Brong. — Saxe., Beauv.
— *Mantelli*, Reus. — Saxe.
— *Targionii*, Brong. — Beauv.
— *cylindricus*, Sternb. — Teschen., Boh.

Algues douteuses.

Fucoides Brongniartii, Mant. — Sussex.
Cylindrites de Gœppert, 3 espèces.

Cryptogames aerogénes

Fougères.

Protopteris Singeri, Presl. — Silésie.
— *Buvignieri*, Br. — Grandpré.
Pecopteris Reichiana, Br. — Niederschœna.
— *striata*, Sternb. — Sahla.
— *bohemica*, Corda. — Boh.
— *Zippei*, Corda. — Boh.
— *tubifolia*, Corda. — Boh.
Et 2 espèces nouvelles de Niederschœna.

Monocotylédones.

Palmiers.

Flabellaria chamæropifolia, Gœpp. — Silés.
Palmacites varians, Corda. — Boh.

Dicotylédones gymnospermes.

Cycadées.

Cycadites Nilssonianus, Br. — Scanie.
Zamites cretacea, Br. — Niederschœna.
 (*Pterophyllum cretaceum*, Rossm.).
Microzamia gibba, Corda. — Boh.
Zamiostrobus ovatus, Gœpp. — Angl.
— *Sussexiensis*, Gœpp. — Angl.
— *macrocephalus*, Endl. — Angl.
— *familiaris* (*Amentum masc.*). — Boh.
 (*Zamites familiaris*, Corda.)
— *Guerangeri* (*Am. masc.*). — Le Mans.

Conifères.

* Cupressinées.

Widdringtonites fastigiatus, Endl. — Boh.
Cryptomeria primæva. Corda. — Boh.

** Abiétinées.

Abietites Benstedi, Gœpp.
— *oblongus*, Lindl. — Lyme Regis, Grandpr.
— *exogyrus*, Corda. — Boh.
Pinites Reussii, Corda. — Boh.
Cunninghamites oxycedrus, Sternb. — Niederschœna.
— *elegans*, Corda. — Boh.
— *planifolius*, Corda. — Boh.
Dammarites albens, Gœpp. — Boh.
— *crassipes*, Gœpp. — Silés.
Araucarites acutifolius, Corda. — Boh.
— *crassifolius*, Corda. — Boh.

Echinostrobus cretaceum, Brong. — Boh.
 (*Pinus cretacea*, Corda).

Dicotylédones angiospermes

Myricées.

Comptonites? antiquus, Nilss. — Scan.
Bétulacées.
Alnites? Friesii, Nilss. — Scan.
Cupulifères.
Carpinites arenaceus, Gœpp. — Silés.

Salicinées.

Salicites? Wahlbergii, Nilss. — Scan.
— *Petzeldianus*, Gœpp. — Silés.
— *fragiliformis*, Zenk. — Blankenb.
Acérinées.
Acerites? cretaceus, Nilss. — Scanie.
Juglandées.
Juglandites elegans, Gœpp. — Silés.

Dicotylédones de famille incertaine

Credneria integerrima, Zenk. — Blankenburg.
— *denticulata*, Zenk. — Blank.
— *biloba*, Zenk. — Blank.
— *subtriloba*, Zenk. — Blank.
— *Sternbergii*, Brong. — Teschen, Boh.
— *cuneifolia*, Brenn. — Niederschœna.
— *expansa*, Brong. — Niederschœna.
— *tremulæfolia*, Brong. — Niederschœna.

On doit, en outre, signaler au moins dix à douze espèces de feuilles dicotylédones indéterminées et souvent imparfaites, figurées par Geinitz, Reuss, Corda et Gœppert, ou existant dans les collections.

Cette flore, qui comprend maintenant environ soixante à soixante-dix espèces connues, est, comme on le voit, remarquable en ce que les dicotylédones angiospermes égalent à peu près les dicotylédones gymnospermes, et par l'existence d'un nombre encore assez grand de Cycadées bien caractérisées qui cessent de se montrer à l'époque éocène des terrains tertiaires.

Le genre *Credneria*, comprenant des feuilles dicotylédones d'une nervation très particulière, mais dont les affinités sont douteuses, est aussi une des formes caractéristiques de cette époque, dans un assez grand nombre de localités. Quant aux espèces de feuilles dicotylédones, rapportées à des familles déterminées, je dois faire remarquer que ces rapprochements, fondés sur des échantillons très imparfaits et fort peu nombreux, sont encore très incertains, et ne peuvent fournir de base à aucune comparaison avec les autres Flores, ni à aucune conclusion certaine.

3° ÉPOQUE FUCOIDIENNE.

Cette époque, qui me semble former la limite la plus naturelle entre la période crétacée et la période tertiaire est, en effet, caractérisée par ces dépôts si riches en Algues d'une forme très spéciale qu'on a appelés les grès ou macignos à fucoïdes ou le flysch de la Suisse, formation très répandue, surtout dans l'Europe méridionale, depuis les Pyrénées jusqu'aux environs de Vienne, et même jusqu'en Crimée.

Jusqu'à présent on n'a jamais trouvé de plantes terrestres mêlées à ces plantes marines. Je ne crois même pas qu'on y ait rencontré de bois fossiles.

Presque toutes ces Algues paraissent appartenir à un même groupe, au genre *Chondrites*, et, quoique les espèces soient assez nombreuses, elles passent des unes aux autres par des nuances presque insensibles. Les Algues des environs de Vienne, placées dans le genre *Munsteria*, sont très mal caractérisées et ne sont peut-être pas congénères avec celles du calcaire jurassique de Solenhofen, mais elles me paraissent avoir été trouvées dans le même terrain, désigné sous le nom de schiste calcaire gris, du grès de Vienne, que les *Chondrites* de la même contrée.

FLORE DES GRÈS A FUCOÏDES.

ALGUES.

Chondrites intricatus, Brong.
— *æqualis*, Brong.
— *difformis*, Brong.
— *Targionii*, Brong.
— *furcatus*, Brong.
— *recurvus*, Brong.
— *Huotii*, Brong.
— *affinis*, Sternb. (*sphærococcites*).
— *inclinatus*, Sternb. (*sphærococcites*).
Munsteria Hœssii, Sternb.
— *flagellaris*, Sternb.
— *geniculata*, Sternb.

Ce qu'il y a de remarquable, dans cette série d'espèces, c'est qu'elles n'ont rien de commun, ni avec les Algues de l'époque sous-crétacée, ni avec celles de l'époque éocène, et surtout de Monte-Bolca, dont cette flore serait presque contemporaine, d'après beaucoup de géologues. C'est enfin l'identité de ces espèces d'Algues dans toutes les localités et à de grandes distances, localités si nombreuses pour la plupart de ces espèces que je n'ai pas pu les citer.

Le *Chondrites Targionii*, ou peut-être une espèce distincte, mais très voisine, s'est seul présenté dans une autre formation, dans le greensand et le gault de l'île de Wight, en Angleterre, d'après M. Fitton, et dans cette même formation dans le département de l'Oise d'après M. Graves.

M. Kurr a aussi décrit et figuré sous le nom de *Chondrites Bollensis*, un fucus du lias dont les formes très variées sont presque identiques avec les *Chondrites Targionii, æqualis* et *difformis*.

VI. — PÉRIODE TERTIAIRE.

L'ensemble des végétaux de cette période contemporaine de tous les dépôts tertiaires, et se continuant même encore dans la végétation qui couvre la surface actuelle de la terre, est un des plus caractérisés. L'abondance des Végétaux dicotylédons angiospermes, celle des monocotylédones de diverses familles, mais surtout des Palmiers, pendant une partie du moins de cette période, la distinguent immédiatement des périodes plus anciennes. Cependant les observations faites sur l'époque crétacée ont établi une sorte de transition entre les formes des époques secondaires et celles des époques tertiaires, qu'on ne présumait pas il y a quelques années. Mais tandis qu'à cette époque les angiospermes paraissent égaler à peu près les gymnospermes, dans la période tertiaire, elles les dépassent de beaucoup; tandis qu'à l'époque crétacée il y a encore des Cycadées et des Conifères voisines des genres habitant les régions tropicales; pendant la période tertiaire les Cycadées paraissent manquer complétement en Europe, et les Conifères appartiennent à des genres des régions tempérées.

Malgré cet ensemble de caractères communs à toute la période tertiaire, il y a évidemment des différences notables dans les formes génériques et spécifiques, et dans la prédominance de certaines familles aux diverses époques de cette longue période. Mais ici nous éprouvons souvent des difficultés graves pour établir le synchronisme des nombreuses formations locales qui constituent les divers terrains tertiaires. Dans cette attribution des différentes localités où des fossiles végétaux ont été observés aux principales divisions de la série tertiaire, je n'ai pas suivi exactement les bases admises par M. Unger dans son *Synopsis*; je me suis beaucoup plus rapproché de la répartition adoptée par M. Raulin dans son mémoire sur les transformations de la flore de l'Europe centrale pendant la période tertiaire (*Ann. sc. nat.*, t. X, p. 193, oct. 1848), qui reporte à l'époque pliocène, ou la plus récente, plusieurs des formations classées par M. Unger dans la division moyenne ou miocène. Cependant, d'après des conseils de M. Élie de Beaumont, je n'ai pas placé tous les terrains de lignite de l'Allemagne dans la division pliocène, comme l'avait fait M. Raulin, ni tous dans la division miocène, comme M. Unger; mais, conformément à l'ancienne opinion de mon père, j'ai laissé les lignites des bords de la Baltique, qui renferment du succin, dans la division inférieure des bassins anciens de Paris, Londres et Bruxelles, en les considérant comme contemporains des lignites soissonnais; les lignites des bords du Rhin, de la Wetteravie et de la Westphalie, sont rangés dans la division moyenne ou miocène; ceux, au contraire, de la Styrie et d'une partie de la Bohême, parmi les terrains récents ou pliocènes.

Cette répartition s'accorde assez généralement avec la nature des Végétaux qui y sont contenus. Un point important seul me laisse des doutes : ce sont les lignites des environs de Francfort ou de la Wetteravie, dont les plantes sont assez généralement analogues à celles d'OEningen et de Partschling en Styrie, quoique leur position géologique semble devoir les faire rapporter à un terrain plus ancien.

Il est probable qu'une connaissance plus complète de ces divers gisements conduirait à une division en époques distinctes plus nombreuses; mais je crois que pour le moment la division en trois époques principales, que je désignerai avec la majorité des géologues sous les noms d'éocène, de miocène et de pliocène, suffit à la comparaison des changements successifs du règne végétal. J'indiquerai pour chacune d'elles les localités que j'ai cru devoir comprendre sous ces diverses désignations.

Quant aux caractères généraux qui résultent de l'examen comparatif de ces flores, on voit d'abord que les nombres des espèces des grands embranchements se trouvent ainsi répartis dans ces trois flores.

	Époque éocène.		Époque miocène.		Époque pliocène.	
Cryptogames, ...	33	»	10	»	13	»
amphigènes	»	16	»	6	»	6
acrogènes	»	17	»	4	»	7
Phanérogames, ...	»	»	»	»	»	»
monocotylédones . . .	75	33	26	26	4	1
dicotylédones	157	»	97	»	105	»
gymnospermes . . .	»	40	»	19	»	51
angiospermes . . .	»	105	»	78	»	164
TOTAUX . . .	333	»	320	»	212	»

Il faut remarquer seulement que dans la première colonne ou du terrain éocène, les fruits fossiles de l'île de Sheppey, dont une partie seulement est actuellement décrite par M. Bowerbank, ont une grande influence sur les chiffres des diverses divisions des Phanérogames, et que cette localité paraît tout à fait exceptionnelle, et nous offre peut-être un exemple du résultat de courants apportant de climats éloignés des fruits exotiques pour les accumuler sur un point des côtes de l'Europe.

Sous ce point de vue, l'énumération des plantes de cette première époque n'est nullement comparable à celle des autres époques, où j'ai évité même d'introduire le petit nombre de plantes fossiles des terrains tertiaires des régions équatoriales qui sont connues, pour me borner à comparer les flores tertiaires de l'Europe.

Quant aux caractères tirés des formes végétales pendant ces trois époques, les plus remarquables me paraissent:

1° Pour l'époque éocène, la présence, mais la rareté des Palmiers, bornés à un petit nombre d'espèces.

La prédominance des Algues et des Monocotylédones marines qu'on doit attribuer à la grande étendue des terrains marins pendant cette époque.

L'existence d'un grand nombre de formes extra-européennes, résultant surtout, du reste, de la présence des fruits fossiles de Sheppey.

2° Pour l'époque miocène, l'abondance des Palmiers, dans la plupart des localités appartenant sans contestation à cette époque ; l'existence d'un assez grand nombre de formes non européennes, et particulièrement du genre *Steinhauera*, qui me paraît une rubiacée voisine des *Nauclea*, trouvée dans plusieurs localités de ces terrains.

3° Pour l'époque pliocène, la grande prédominance et la variété des Dicotylédones, la rareté des Monocotylédones et l'absence surtout des Palmiers ; enfin l'analogie générale des formes de ces plantes avec celles des régions tempérées de l'Europe, de l'Amérique septentrionale et du Japon.

Un caractère remarquable des flores de ces trois époques, mais qui devient plus frappant encore pour cette dernière, dans laquelle les plantes dicotylédones sont plus nombreuses, c'est l'absence des familles les plus nombreuses et les plus caractéristiques de la division des gamopétales. Ainsi, au milieu des empreintes si nombreuses de Partschlug, d'OEningen, de Horring, de Radoboj, etc., rien n'annonce l'existence des Composées, des Campanulacées, des Personnées, des Labiées, des Solanées, des Boraginées, etc.

Les seules monopétales citées en grand nombre sont des Ericacées, des Ilicinées, quelques Sapotées et Styracées, familles qui tiennent presque autant des dialypétales que des gamopétales.

Dans la flore miocène seulement, on indique plusieurs Apocynées et le genre de Rubiacées que je citais plus haut.

1ᵉ ÉPOQUE ÉOCÈNE.

Cette époque, dans ses limites les plus précises, comprend l'argile plastique avec ses lignites, le calcaire grossier parisien et le gypse qui le surmonte dans ce même bassin ; mais je n'ai pas cru devoir en séparer pour le moment quelques formations qui, d'après les travaux des géologues modernes, sont placées entre le terrain crétacé et les parties inférieures des terrains que nous venons d'indiquer : tels sont les terrains nummulitiques du Vicentin, comprenant le célèbre gisement de Monte-Bolca, et probablement quelques localités voisines, telles que Salcedo, dans le Vicentin. J'ai joint aussi à cette flore des terrains éocènes une localité fort remarquable du bassin de Paris, dont les rapports avec les couches tertiaires ne sont pas encore parfaitement déterminés : ce sont les couches de l'espèce de travertin ancien qui, près de Sézanne, renferment de nombreux fossiles végétaux encore non décrits et dont je signalerai ici les plus remarquables. Ces plantes sont du reste fort particulières, et appartiennent probablement à une flore spéciale, à moins que ces différences ne tiennent à une diversité de station.

Outre les diverses membres du terrain éocène proprement dit du bassin de Paris, je comprends dans cette flore les fossiles du même terrain, en Angleterre, à l'Ile de Wight, et à l'Ile de Sheppey, dans le bassin de Londres. Ces derniers fossiles, consistant presque uniquement en fruits transformés en pyrite, constituent un ensemble qui n'a pas d'analogue sur d'autres points des bassins tertiaires de l'Europe, non seulement par le nombre et par la diversité de ces fruits, mais par leurs caractères tout spéciaux qui les éloignent beaucoup des plantes dont on trouve les feuilles dans les autres couches de la même époque géologique. Tout porterait donc à penser que ces fruits, quoique appartenant à des plantes contemporaines des dépôts éocènes d'Europe, ont été apportés des contrées éloignées par des courants marins, comme des fruits sont encore apportés des régions équatoriales de l'Amérique sur les côtes d'Irlande ou de Norwége par le grand courant de l'Atlantique. Le dépôt de l'Ile de Sheppey paraît donc un cas accidentel dans les dépôts éocènes, et le bassin de Paris ne présente aucun de ces fossiles.

Le bassin tertiaire de la Belgique qui fait suite à celui de Londres, a offert, près de Bruxelles, quelques fruits fossiles très peu nombreux, mais qui paraissent identiques avec un des genres les plus abondants à Sheppey. Ce sont des *Nipadites* considérés d'abord comme une espèce de Coco, sous le nom de *Cocos Burtini*.

Enfin, d'après l'avis de mon savant confrère M. Élie de Beaumont, j'ai compris, dans cette même flore, les plantes contenues dans les lignites des bords de la Baltique et de la Poméranie, si riches en succin dans lesquels ces Végétaux ont souvent été conservés. C'est aux travaux de M. Gœppert qu'on doit la connaissance de ces Végétaux représentés le plus souvent par de très petits fragments dont il a déterminé les rapports avec beaucoup de sagacité et d'exactitude.

Avec les matériaux recueillis dans ces diverses localités, mais dont la plupart sont encore inédits, on pourra construire la flore de l'époque éocène, dont la liste suivante, comprenant seulement les espèces décrites ou du moins déterminées, n'est qu'une ébauche.

FLORE DE L'ÉPOQUE ÉOCÈNE

Cryptogames amphigènes.

ALGUES.

Confervites thorenformis, Brong. — Bolca.
Caulerpites Agardhiana, Brong. — Bolca.
— pinnatifida, Brong. — Bolca.
Zonarites flabellaris, Sternb. — Bolca.
— multifidus, Sternb. — Salcedo, Vic.
Gigartinites obtusus, Brong. — Bolca.
Sphærococcites Beaumontianus, Br. — Paris.
  (Fucoides Beaumontianus, Pomel.)
Chondrites Dufresnoyi, Pomel. — Paris.
Delesserites Lamourouxii, St. — Bolca.
— spathulatus, Sternb. — Bolca.
— Bertrandi, Sternb. — Bolca.
— Gazolanus, Sternb. — Bolca.
Corallinites Pomelii, Brong. — Paris.

CHAMPIGNONS.

Sporotrichites heterospermus, Gœpp. — Succ.
Pezizites candidus, Gœpp. — Succ.
Hysterites opegraphoides, Gœpp. — Succ.

Cryptogames aérogènes.

HÉPATIQUES.

Marchantites Sezannensis, Br. — Sézanne.
Jungermannites Neesianus, Gœpp. — Succ.
— transversus, Gœpp. — Succ.
— contortus, Gœpp. — Succ.

MOUSSES.

Muscites serratus, Gœpp. — Succ.
— apiculatus, Gœpp. — Succ.
— confertus, Gœpp. — Succ.
— dubius, Gœpp. — Succ.
— hirsutissimus, Gœpp. — Succ.

FOUGÈRES.

Pecopteris Humboldtiana, Gœpp. — Succ.
— Pomelii, Brong. — Sézanne.
Tæniopteris Bertrandi, Brong. — Vicent.
Asplenium Wegmanni, Brong. — Sézanne.
Polypodites thelypteroides Brong. — Sez.

ÉQUISÉTACÉES.

Equisetum stellare, Pomel. — Oise.

CHARACÉES.

Chara helicteres, Brong. — Paris.
— tuberculosa, Lyell. — Wight.
— Lemani, Brong. — Paris.

Monocotylédones.

NAÏADES (15).

Caulinites Parisiensis, Brong. — Paris.
— grandis, Pomel. — Paris.
— Brongniartii, Pomel. — Paris.
— nodosus, Ung. — Paris.
— ambiguus, Ung. — Paris.
— cymodoceites, Pomel. — Paris.
— herbaceus, Pomel. — Paris.
— zosteroides, Pomel. — Paris.
Zosterites tæniæformis, Brong. — Vicent.
— enervis, Brong. — Paris.
Halochloris cymadoceoides, Ung. — Bolca.
Potamogeton tritonis, Ung. — Bolca.
— naiadum, Ung. — Bolca.
— multinervis, Brong. — Paris
Carpolithes Websteri, Brong. — Wight.
  (Carp. thalictroides, var. α, Brong.)

NIPACÉES.

Nipadites, Bowerb. 13 espèces de l'île de Sheppey, dont 2 aussi dans le terrain tertiaire de Bruxelles.

PALMIERS (5).

Flabellaria Parisiensis, Brong. — Paris.
— rhapifolia, Sternb. — Vinacourt, Somme.
— maxima, Ung. — Oise, Crisolle.
Palmacites echinatus, Brong. — Soissons.
— annulatus, Brong. — Paris.

Dicotylédones gymnospermes.

CONIFÈRES.

* Cupressinées.

Juniperites Hartmannianus, Gœpp. — Succ.
Thuytes Klinsmannianus, Gœpp. — Succ.
— Mengeanus, Gœpp. — Succ.
— Breynianus, Gœpp. — Succ.
— Kleinianus, Gœpp. — Succ.
— Ungerianus, Gœpp. — Succ.
Cupressites Brongniartii, Gœpp. — Succ.
— Linkianus, Gœpp. — Succ.
— Bockianus, Gœpp. — Succ.
Callitrites Brongniartii, Endl. — Paris.
— curtus, Endl. — Sheppey.
— Comptoni, Endl. — Sheppey.

Callitrites thuioides, Endl. — Sheppey.
— *crassus*, Brong. — Sheppey.
Frenelites recurvatus, Endl. — Sheppey.
— *subfusiformis*, Endl. — Sheppey.
— *globosus*, Brong. — Sheppey.
— *elongatus*, Brong. — Sheppey.
Solenostrobus subangulatus, Endl. — Shep.
— *corrugatus*, Endl. — Sheppey.
— *sulcatus*, Endl. — Sheppey.
— *semiplotus*, Endl. — Sheppey.
— *tessellatus*, Brong. — Sheppey.

** *Abiétinées.*

Abietites obtusifolius, Gœpp. — Succ.
— *geanthracis*, Gœpp. — Lign. Siles.
— *Wredenanus*, Gœpp. — Succ.
— *Reichianus*, Gœpp. — Succ.
Pinites Defrancii, Brong. — Paris.
— *macrolepis*, Brong. — Paris.
— *rigidus*, Gœpp. — Succ.
— *lignitum*, Gœpp. — Lign. Saxe.
— *ooodeus*, Gœpp. — Silésie.
— *Thomassianus*, Gœpp. — Lignites.
— *brachylepis*, Gœpp. — Lignites.
Peuce succinifera, Endl. — Succ.

*** *Taxinées.*

Taxites acicularis, Brong. — Lign. Cassel.
— *Langdorffi*, Brong. — Lign. Wetter.
— *diversifolius*, Brong. — Lign. Cassel.
— *affinis*, Gœpp. — Lign.
Taxoxylon Ayckei, Ung. — Lign. Silésie.

**** *Gnétacées.*

Ephedrites Jonianus, Gœpp. — Succ.

Dicotylédones angiospermes.

Bétulacées.
Alnus succineus, Gœpp. — Succ.
Betulinum parisiense, Ung. — Paris.
Cupulifères.
Quercus Meyerianus, Gœpp. — Succ.
Carpinites dubius, Gœpp. — Lign.
Juglandées.
Juglans ventricosa, Brong. — Lign. Pomér.
— *Schweiggeri*, Gœpp. — Lign. Prusse.
— *Hagenianus*, Gœpp. — Lign. Prusse.
Ulmacées.
Ulmus Brongniartii, Pomel. — Paris.
Protéacées.
Petrophylloides, Bowerb. 7 espèces de l'île de Sheppey.
Légumineuses.
Léguminosites . . . . 18) espèces de fruits
Xylopriontes . . . . 2) de
Faboïdea . . . . . 25) l'île de Sheppey.

Œnothérées.
Trapa Arethusæ, Ung. — Bolca.
Cucurbitacées.
Cucumites variabilis, Bow. — Sheppey.
Sapindacées.
Cupanioides, Bowerb. — 8 esp. de Sheppey.
Malvacées.
Hightea, Bowerb. — 10 esp. de Sheppey.
Éricacées?
Dermatophyllites, Gœpp. — 9 espèces dans le Succin.

Familles douteuses.

Phyllites, ... 10 espèces.
Antholithes, ... 4 —
Carpolithes, ... 8 —

Les caractères les plus remarquables de cette flore sont : 1° La grande quantité d'Algues et de Naïades marines, caractères en rapport avec l'étendue et la puissance des formations marines de cette époque.

2° Le grand nombre des conifères, appartenant la plupart à des genres encore existant, mais parmi lesquelles les Cupressinées paraissent prédominer, surtout si l'on admet comme appartenant bien positivement à cette famille les divers fruits de l'île Sheppey, que M. Bowerbank a décrits sous le nom de *Cupressinites*, et dont M. Endlicher a formé les genres *Callitrites*, *Frenelites* et *Solenostrobus*. Si ces fruits appartiennent réellement à la végétation européenne, ils indiquent des formes génériques très particulières, et probablement entièrement détruites.

3° L'existence de plusieurs grandes espèces de Palmiers, également démontrée par la présence de leurs feuilles et de leurs tiges.

ÉPOQUE MIOCÉNE.

Cette époque moyenne des terrains tertiaires me paraît comprendre les localités suivantes parmi celles qui ont fourni des matériaux pour l'étude de la végétation de la période tertiaire : 1° Aux environs de Paris, les grès supérieurs ou de Fontainebleau et les meulières (meul. Par.) qui couronnent nos coteaux; 2° les grès avec empreintes des environs du Mans et d'Angers, et probablement ceux de Bergerac, département de la Dordogne; 3° une partie des terrains tertiaires de l'Auvergne, et particulièrement ceux de la montagne de Gergovia, terrains qui, par leurs empreintes, paraissent plus anciens que ceux de Menat, mais qui appartiennent peut-être tous à divers étages de l'époque pliocène; 4° les terrains d'eau douce d'Armissan, près Narbonne, le gypse d'Aix en Provence, les lignites de la Provence, dont les fossiles végétaux sont à peine connus; enfin les formations lacustres, riches en bois de Palmiers et en tiges monocotylédones fasciculées de la haute Provence, près d'Apt et de Castellane; 5° une partie des terrains tertiaires d'Italie, et particulièrement ceux de la Superga, près Turin; 6° la mollasse de Suisse avec ses lignites à Lausanne, Kœpfnac, Horgen, contenant des restes de Palmiers.

7° Les lignites des bords du Rhin près de Cologne et de Bonn, à Frie-borf, Liblar, etc., renfermant quelquefois des bois de Palmiers, et ceux de la Wettéravie à Nidda, près Francfort, et autres lieux; ainsi que ceux du Meisner près Cassel, qui tous paraissent d'une même époque, quoique ceux de la Wettéravie, par l'abondance de certains genres de Dicotylédones, tels que les *Juglans* et les *Acer*, et même par plusieurs cas d'identité spécifique, semblent se rapprocher davantage de la flore pliocène.

8° Une partie des lignites de la Bohême, et particulièrement ceux d'Altsattel, dont les fossiles décrits par M. de Sternberg et M. Rossmaessler s'accordent généralement avec ceux des autres localités déjà citées. D'autres lignites de Bohême, ceux de Bilin, et de Comothau en particulier, rentrent complètement dans la flore pliocène.

9° Hœring en Tyrol, et Radoboj en Croatie, dont M. Unger a si bien fait connaître les nombreuses empreintes dans son *Chloris protogæa*, et qui sont devenues presque le type de la flore miocène.

A l'exception des terrains de lignite des environs de Cassel et de Francfort, dont les espèces ont souvent des rapports nombreux avec celles d'Œningen et de Parschlug, et qui rentreront peut-être plutôt dans la flore pliocène, les diverses localités que je viens de citer ont de nombreux rapports entre elles quant à leurs fossiles végétaux. Ainsi, le *Nymphea Arethusa* se trouve dans les meulières de Paris et dans les marnes d'Armissan; les *Flabellaria rhapifolia* et *maxima* se retrouvent à Hœring en Tyrol, à Radoboj en Croatie, et dans les grès supérieurs des environs d'Angers et de Périgueux.

Le *Callitrites Brongniartii*, Endl., se rencontre également dans les terrains d'Armissan, d'Aix en Provence, de Hœring et de Radoboj.

Enfin, le *Steinhauera globosa* des lignites d'Altsattel, en Bohême se trouve aussi dans les grès des environs du Mans, et le *Platanus herculea* de Radoboj, en Croatie, m'a été envoyé d'Armissan, près Narbonne, par M. Tournal.

Ces faits se multiplieront probablement par une étude plus attentive des diverses localités, mais ils laissent déjà peu de doute sur le synchronisme de la plupart de ces formations locales.

FLORE DES TERRAINS MIOCÈNES.

Cryptogames amphigènes.

ALGUES.
Cystoseirites communis, Ung. — Radoboj.
— *gracilis*, Ung. — Radoboj.
— *Helii*, Ung. — Radoboj.
 phæococcites cartilagineus, Ung. — Rad.
CHAMPIGNONS.
Hysterites labyrinthiformis, Ung. — Rad.
Xylomites umbilicatus, Ung. — Radoboj

Cryptogames acrogènes.

MOUSSES.
Muscites Tournalii, Brong. — Armissan.
FOUGÈRES.
Filicites polybotrya, Brong. — Armissan.
CHARACÉES.
Chara medicaginula, Brong. — Meul. Par.
— *prisca*, Ung. — Radoboj.

Monocotylédones

NAIADÉES.
Zosterites marina, Ung. — Radoboj.
Caulinites Radobojensis, Ung. — Rad.
— *nodosus*, Ung. — Radoboj.
Ruppia Pannonica, Ung. — Radoboj.
Carpolithes thalictroides, Brong. — M. Par.
GRAMINÉES.
Culmites anomalus, Brong. — Meul. Par.
— *Gœpperti*, Munst. — Bohême.
Bambusium sepultum, Ung. — Radoboj.

LILIACÉES.

Smilacites hastata, Brong. — Armissan.
— grandifolia, Ung. — Radoboj.
  PALMIERS (16).
Flabellaria latania, Rossm. — Bohême.
— rhapifolia, Sternb. — Hœring, Suiss.
— oxyrachis, Ung. — Hœring.
— verrucosa, Ung. — Hœring.
— crassipes, Ung. — Hœring.
— Martii, Ung. — Hœring.
— major, Ung. — Hœring.
— Hœringiana, Ung. — Hœring.
— marima, Ung. — Radoboj.
— Lamanonis, Brong. — Aix.
Phœnicites pumila? Brong. — Le Puy.
— spectabilis, Ung. — Radoboj.
— salicifolius, Ung. — Bohême.
— angustifolius, Ung. — Bohême.
Endogenites didymosolen, Spreng. — Paris.
— perfossus, Ung. — Bohême.

Dicotylédones gymnospermes.

CONIFÈRES.

Callitrites salicornioides, Brong — Radoboj.
  (Thuites salicornioides, Ung.)
— Brongniartii, Endl. — Aix, Armissan,
  Hœring, Radoboj.
Sequoites taxiformis, Brong. — Arm., Hœr.
  (Cupressites taxiformis, Ung., tab. 9.)
Glyptostrobites Ungeri, Brong. — Hœring.
  (Cupressites taxiformis, Ung., tab. 8.)
— Parisiensis, Brong. — Meul. Par. (Muscites squamatus, Brong. prodr.)
Abietites lanceolati, Ung. (Elate). — Rad.
— Ungeri, Endl. (Pinites). — Radoboj. (Palæocedrus extinctus, Ung.)
— hordeaceus, Goepp. (Pinites). — Bohême.
— Austriaca, Ung. (Elate). — Ibid.
Pinites pseudostrobus, Brong. — Armissan.
— Saturni, Ung. — Radoboj.
— oviformis, Endl. — Bohême.
— ovatus, Presl. — Bohême.
Araucarites? Goepperti, Presl. — Hœring.
Elæoxylon acerosum, Brong. — Bohême.
— Hœdlianum, Brong. — Bohême.
Taxites Tournalii, Brong. — Armissan.
— Langsdorfii, Brong. — Lign. Wetter.
Podocarpus macrophylla, Lindl. — Aix.

Dicotylédones angiospermes.

MYRICÉES.

Comptonia grandifolia, Ung. — Radoboj.
— breviloba, Brong. — Hœring.

— ? dryandræfolia, Brong. — Armissan.
Myrica quercina, Ung. — Radoboj.
— inundata, Ung. — Radoboj.
— banksiæfolia, Ung. — Hœring.
— Hœringiana, Ung. — Hœring.
— acuminata, Ung. — Hœring.
— ? longifolia, Ung. — Carniole.
  BÉTULINÉES.
Betula Dryadum, Brong. — Armis., Radob.
— Salzhausenensis, Goepp. — Lign. Wett
Betulinium tenerum, Ung. — Autriche.
Alnus Kefersteinii, Goepp. — Lign. Wetter.
  CUPULIFÈRES.
Quercus palæococcus, Ung. — Radoboj.
— furcinervis, Ung. — Bohême.
— cuspidata, Ung. — Bohême.
Fagus atlantica, Ung. — Radoboj.
Carpinus macroptera, Brong. — Arm., Rad.
— grandis, Ung. — Radoboj
— betuloides, Ung. — Gergovia.
  ULMACÉES.
Ulmus bicornis, Ung. — Radoboj.
— prisca, Ung. — Radoboj.
— Lamothii, Pomel. — Gergovia.
  MORÉES.
Ficus hyperborea, Ung. — Radoboj.
  PLATANÉES.
Platanus? grandifolia, Ung. — Radoboj.
— digitata, Ung. — Radoboj.
— jatrophæfolia, Ung. — Radoboj.
— Hercules, Ung. — Radoboj, Armissan.
  SALICINÉES.
Populus crenata, Ung. — Radoboj.
— Leuce, Ung. — Bohême.
  LAURINÉES.
Daphnogene cinnamomeifolia, Ung. — Rad. Bohême.
— paradisiaca, Ung. — Radoboj.
— relicta, Ung. — Radoboj.
Laurus camphora? Crois. — Gergovia.
— dulcis? Lindl. — Aix.
OMBELLIFÈRES.
Pimpinellites Zizioides, Ung. — Radoboj.
  HALORAGÉES.
Myriophyllites capillifolius, Ung. — Radob.
  COMBRÉTACÉES.
Getonia petreæformis, Ung. — Radoboj.
Terminalia Radobojensis, Ung. — Radoboj.
— miocenica, Ung. — Radoboj.
  CALYCANTHÉES.
Calycanthus Braunii, Brong. — Lign. Wett

LÉGUMINEUSES.

Phaseolites cassiæfolia, Ung. — Radoboj.
Desmodophyllum adoptivum, Ung. — Rad.
— *viticnoides*, Ung. — Radoboj.
Dolichites Europæus, Ung. — Radoboj.
— *maximus*, Ung. — Radoboj.
Erythrina sepulta, Ung. — Radoboj.
Adenocereis Radobojana, Ung. — Radoboj.
Bauhinia destructa, Ung. — Radoboj.
Mimosites borealis, Ung. — Hœring.
Acacia disperma, Ung. — Radoboj.

ANACARDIÉES.

Rhus stygia, Ung. — Radoboj.
— *Pyrrhæ*, Ung. — Radoboj.
— *Rhadamanti*, Ung. — Radoboj.

ZANTHOXYLÉES.

Zanthoxylon Europæum, Ung. — Radoboj.

JUGLANDÉES.

Juglans nux taurinensis, Brong. — Turin.
— *ventricosa*, Brong. — Lign. Wetteravie.
— *acuminata*, A. Braun. — Lign. Wetter.
— *lævigata*, Brong. — Lign. Wetteravie.
— *costatus*, Sternb. — Bohême.
— *minor*, Sternb. — Bohême.

RHAMNÉES.

Rhamnus deperditus, Ung. — Radoboj.
Ceanothus polymorphus, Ung. — Radoboj.

ACÉRINÉES.

Acer campylopteris, Ung. — Radoboj.
— *eusterigium*, Ung. — Radoboj.
— *pegasinum*, Ung. — Radoboj.
— *megalopteris*, Ung. — Radoboj.
— *tricuspidatum*, A. Braun. — Lign. Wetter.

NYMPHÉACÉES.

Nymphea Arethusæ, Brong. — Armis., Meul. Paris.

APOCYNÉES.

Echitonium superstes, Ung. — Radoboj.
— *microspermum*, Ung. — Radoboj.
Neritinium dubium, Ung. — Radoboj.
— *longifolium*, Ung. — Radoboj.
Plumeria flos Saturni, Ung. — Radoboj.
Apocinophyllum sessile, Ung. — Radoboj.
— *lanceolatum*, Ung. — Radoboj.

RUBIACÉES.

Steinhauera subglobosa, Sternb. — Bohême, grès du Mans.
— *oblonga*, Sternb. — Bohême.

Les caractères les plus frappants de cette époque consistent dans le mélange de formes exotiques propres actuellement à des régions plus chaudes que l'Europe, avec des Végétaux croissant généralement dans les contrées tempérées : telles que des Palmiers, une espèce de Bambou, des Laurinées, des Combrétacées, des Légumineuses des pays chauds, des Apocynées analogues, d'après M. Unger, aux genres des régions équatoriales, une Rubiacée tout à fait tropicale, unis à des Érables, des Noyers, des Bouleaux, des Ormes, des Chênes, des Charmes, etc., genres propres aux régions tempérées ou froides. La présence des formes équatoriales, et surtout des Palmiers, me paraît essentiellement distinguer cette époque de la suivante. Enfin on remarquera aussi le très petit nombre de Végétaux à corolle monopétale, bornés aux espèces rapportées à la famille des Apocynées par Unger, et au genre *Steinhauera* fondé sur un fruit qui a beaucoup de rapport avec celui des *Nauclea* parmi les Rubiacées.

ÉPOQUE PLIOCÈNE

Cette époque, embrassant tous les terrains tertiaires supérieurs aux faluns de la Touraine, comprend des localités assez nombreuses riches en végétaux fossiles, et dont la position dans ces terrains est déterminée autant par l'ensemble même des végétaux qu'ils renferment que par leurs autres caractères géologiques. Les bassins tertiaires qui me paraissent devoir servir de base à cette flore, et par leur identité et par les végétaux nombreux et bien étudiés qu'ils renferment, sont : 1° celui d'Œningen près de Schaffouse (Œn.), dont les espèces ont depuis longtemps été étudiées et bien déterminées par M. Alex. Braun, dont le travail, quoique inédit, a été communiqué à plusieurs savants, et particulièrement à M. Unger; 2° celui de Parschlug en Styrie (Parschl.), dont M. Unger a réuni, étudié et déterminé les nombreuses empreintes, en partie publiées par lui dans son *Chloris protogæa*, et présentées dans leur ensemble dans une énumération spéciale de ces espèces publiée récemment sous le titre de *Flore de Parschlug*. Dans cette localité seule, M. Unger a reconnu et classé 110 espèces différentes : c'est la flore fossile locale la plus nombreuse qu'on connaisse, et l'identité d'un grand nombre d'espèces avec celles d'Œningen indique bien le synchronisme de ces deux formations locales. Quelques autres points de la Styrie paraissent aussi de la même époque, ainsi que plusieurs localités de Hongrie si riches en bois silicifiés. En Bohême, les schistes tripolis de Bilin et de Comothau, qui renferment un assez grand nombre de plantes décrites par M. de Sternberg, se rapportent sans doute à cette époque, d'après la nature de ces plantes; enfin, les collines tertiaires, dites collines subapennines du Plaisantin, de la Toscane et d'une partie du Piémont, ainsi que la formation gypseuse de la *Stradella*, près de Pavie, si riche en impressions de feuilles, font partie de cette époque; mais, à l'exception de ce dernier point, ces terrains renferment en général peu de végétaux.

En France, l'époque pliocène comprend probablement une partie des dépôts d'eau douce de l'Auvergne et de l'Ardèche. Ainsi les schistes de Menat et ceux de Rochesauve me paraissent offrir une flore très analogue à celles d'OEningen et de Parschlug. Quant aux marnes de Gergovia et de Merdogne, près de Clermont, j'ai cru devoir plutôt les classer dans l'époque miocène; mais cette question ne pourra être résolue que par une détermination plus attentive des espèces qu'elles renferment. La flore suivante, qui récapitule tout ce qui est décrit ou dénommé de ces terrains, est cependant essentiellement basée, comme on peut le voir par les indications des localités, sur les deux bassins de Parschlug et d'OEningen.

FLORE DES TERRAINS PLIOCÈNES.

Cryptogames amphigènes.

ALGUES.

Confervites bilinicus, Ung. — Bilin.
Sphærococcites? striolatus, Sternb. — Italie.

CHAMPIGNONS.

Xylomites maculatus, Ung. — Parschlug.
— *tuberculatus*, Ung. — Parschl.
Sphærites punctiformis, Ung. — Parschl.
— *disciformis*, Ung. — Parschl.

Cryptogames acrogènes.

Muscites Schimperi, Ung. — Parschl.

FOUGÈRES.

Adiantum renatum, Ung. — Parschl.
Pteris Parschlugiana, Ung. — Parschl.
Pecopterites striacus, Brong. — Arnfels.
Tæniopteris dentata, Goepp. — Tæppl., Boh.

LYCOPODIACÉES.

Isoëtites Braunii, Ung. — OEn., Parschlug.

EQUISÉTACÉES.

Equisetum Braunii, Ung. — OEn., Pars.

Monocotylédones.

NAIADES.

Potamogeton geniculatus, Braun. — OEn.

GRAMINÉES.

Culmites arundinaceus, Ung. — Parschl.

CYPÉRACÉES.

Cyperites tertiarius, Ung. — Parschl.

LILIACÉES.

Smilacites sagittata, Ung. — Parschl.

Dicotylédones gymnospermes.

CONIFÈRES.

** Cupressinées.*

Callitrites Brongniartii, Endl. — Parschl.
— *gracilis*, Brong. — Comothau.
Widdringtonites Ungeri, Endl. — Parschl.
Taxodites Europæus, Brong. — Grèce, Bilin.
— *OEningensis*, Ung. — OEn., Parschl.
— *dubius*, Presl. — Bilin.
Thuiaxylon juniperinum, Ung. — Styr., Autr.
— *ambiguum*, Ung. — Styrie.
— *peuceinum*, Ung. — Lesbos.

*** Abiétinées.*

Abietites Oceanicus, Ung. — Parschlug.
— *balsamodes*, Ung. — Parschlug.
— *leuce*, Ung. — Parschl.
Pinites Gothianus, Ung. — Parschl.
— *furcatus*, Ung. — Parschl.
— *hepios*, Ung. — Parschl.
— *centrolos*, Ung. — Parschl.
— *æquimontanus*, Goepp. — Styrie.
— *Haidingeri*, Ung. — Styrie.
— *Hampeanus*, Ung. — Styrie.
— *Cortesii*, Brong. — Plaisantin.
— *Canariensis*, Lindl. — Espagne.
Peuce Lesbia, Ung. — Ile Lesbos.
Elæoxylon acerosum, Brong. — Styrie.
— *Pannonicum*, Brong. — Hongrie.
— *Hœdlianum*, Brong. — Styrie.
— *regulare*, Brong. — Hongrie.

**** Taxinées.*

Taxites tenuifolius, Brong. — Comothau.
— *carbonarius*, Munst. — Lign. Ravière.
— *Rosthornii*, Ung. — Lign. Carinth.
Taxoxylon Gœpperti, Ung. — Hongrie.
— *priscum*, Ung. — Styrie, Hongrie.
Salisburia adiantoides, Ung. — Italie.

Dicotylédones angiospermes.

MYRICÉES.
Comptonia acutiloba, Brong. — Bilin
— OEningensis, A. Braun.—OEn., Parsching.
— ulmifolia, Ung. — Parsch.
— laciniata, Ung. — Parsch.
Myrica deperdita, Ung. — Parschl.

BÉTULACÉES.
Betula Dryadum, Brong. — Parschlug.
— macroptera, Ung. — Bilin.
Alnus Kefersteini, Gœpp. — Bilin.
— gracilis, Ung. — Bilin.
— aureoleus, Viv. — Stradella.
— nostratum, Ung. — Styrie.

CUPULIFÈRES
Quercus Biliaica, Ung. — Bilin.
— serra, Ung. — Parschlug.
— lignitum, Ung. — Parschl.
— aspera, Ung. — Parschl.
— Hamadryadum, Ung. — Parschl.
— chlorophylla, Ung. — Parschl.
— Daphnes, Ung. — Parschl.
— eterna, Ung. — Parschl.
— Drymeja, Ung. — Parschl., Stradella
— Mediterranea, Ung. — Parschlug.
— Zoroastri, Ung. — Parschl
— cyclophylla, Ung. — Parschl.
— myrtilloides, Ung. — Parschl.
Querciniam sabulosum, Ung. — Autr., Hong., Silés., France, Moulins.
— Austriacum, Ung.— Autriche.
— Transylvanicum, Ung —Trans.
Fagus castaneifolia, Ung.—Styrie.
— Feroniæ, Ung. — Bilin.
— Deucalionis, Ung — Bohême.
Feganium vasculosum, Ung. — Autr., Styr.
Carpinus macroptera, Brong. — Parschlug.
— oblonga, Ung. — Parschl.

ULMACÉES.
Ulmus quercifolia, Ung. — Parschlug.
— plurinervia, Ung. — Parschl.
— zelkoræfolia, Ung. — Parschl.
— parvifolia, A. Braun. — Parschl., OEn.
— Bronnii, Ung.—Parschl., Bilin, Comoth.
— prælonga, Ung. — Parschl.
— longifolia, Ung. — Bilin.
Ulminium diluviale, Ung. — Bohême.
Celtis Japeti, Ung. — Parschlug.

BALSAMIFLUÈES.
Liquidambar Europæum, A. Braun.—OEn., Parschlug.
— acerifolium, Ung. — Parschl.
— protensum, Ung. — Parschl.

SALICINÉES.
Populus gigas, Ung. — Parschlug
— Æoli, Ung. — OEn., Parschl.
— latior, A. Braun. — OEn., Parschl.
— ovalifolia, A. Braun. — OEn., Parschl.
— Phaetonis, Viv. — Stradella.
Salix angustissima, A. Braun. — OEn., Parschlug, Bilin.
— nereifolia, A. Br. — OEningen.
— tenera, A. Br. — OEningen.
— lancifolia, A. Br. — OEningen
— caprexfolia, A. Br. — OEningen.

LAURINÉES.
Daphnogene cinnamomeifolia, Ung. — Parschl.

THYMÉLÉES.
Hauera Syriaca, Ung. — Styrie.

SANTALACÉES.
Nyssa Europæa, Ung. — Styrie.

CORNÉES
Cornus ferox, Ung — Parschlug.

MYRTACÉES.
Myrtus miocenica, Ung. — Parschlug.

CALYCANTHÉES.
Calycanthus Braunii, Brong. — OEn.

POMACÉES.
Pyrus theobroma, Ung. — Parschlug.
— Euphemes, Ung. — Parschl.
— minor, Ung. — Parschl.
Crataegus Oreonis, Ung. — Parschl.
Cotoneaster Andromedæ, Ung. — Parschl.

ROSACÉES.
Rosa Penelopes, Ung. — Parschl.
Spiræa Zephyri, Ung. — Parschl.

AMYGDALÉES.
Prunus paradisiaca, Ung. — Parschl.
— Euri, Ung. — Parschl.
— theodisca, Ung. — Parschl.
— atlantica, Ung. — Parschl.
Amygdalus quercula, Ung. — Parschl.
— pereger, Ung. — Parschl.

LÉGUMINEUSES.
Robinia Hesperidum, Ung. — Parschl.
Cytisus ? OEningensis, A. Braun. — OEn.
— Dionysi, Ung. — Parschlug.
Amorpha Syriaca, Ung.— Parschl.
Glycirrhiza Blandusiæ, Ung. — Parschl.
Phaseolites orbicularis, Ung. — Parschl.
— serrata, Ung. — Parschl.
— physolobium, Ung. — Parschl.
— securidaca, Ung. — Parschl.

Gleditschia podocarpa, Al. Braun. — OEn., Parschlug.
Bauhinia Parschlugiana, Ung. — Parschl.
Cassia ambigua, Ung. — Parschl.
— *hyperborea*, Ung. — Parschl.
— *petiolata*, Ung. — Parschl.
— *Memnonis*, Ung. — Parschl.
Acacia Parschlugiana, Ung. — Parschl.
Mimosites palæogæa, Ung. — Parschl.

ANACARDIÉES.

Rhus punctatum, Al. Braun. — OEningen.
— *cuneolata*, Ung. — Parschlug.
— *nitida*, Ung. — Parschl.
— *triphylla*, Ung. — Parschl.
— *elæodendroides*, Ung. — Parschl.
— *zanthoxyloides*, Ung. — Parschl.
— *Herthæ*, Ung. — Parschl.
— *Napæarum*, Ung. — Parschl.

JUGLANDÉES.

Juglans acuminata, A. Braun. — OEn., Parschlug.
— *falcifolia*, A. Braun. — OEn., Parschl.
— *melæna*, Ung. — Parschl.
— *quercina*, Ung. — Parschl.
— *elænoides*, Ung. — Parschlug.
— *hydrophila*, Ung. — Parschl.
— *cinerea fossilis*, Brong. — Toscane.

RHAMNÉES.

Karwinskia multinervis, A. Braun. — OEn., Styr.
Rhamnus terminalis, A. Braun. — OEn.
— *aizoon*, Ung. — Parschlug.
— *aizoides*, Ung. — Parschl.
— *degener*, Ung. — Parschl.
— *pygmæa*, Ung. — Parschl.
— *Bilinicus*, Ung. — Bilin.
Ziziphus tremula, Ung. — Parschlug.
— *protolotus*, Ung. — Parschl.
Paliurus Favonii, Ung. — Parschl.
Ceanothus subrotundus, Al. Braun. — OEn., Parschl.
— *Europæus*, Ung. Parschl.
— *tiliæfolius*, Ung. — Bilin, OEningen.
— *Bilinicus*, Ung. — Bilin.
— *polymorphus*, Ung. — OEningen.

CÉLASTRINÉES.

Celastrus Europæus, Ung. — Parschlug
— *cossinefolius*, Ung. — Parschl.
— *euneifolius*, Ung. — Parschl.
Evonymus Latoniæ, Ung. — Parschl.

SAPINDACÉES.

Sapindus Pythii, Ung. — Parschl.

ACÉRINÉES.

Acer lignitum, Ung. — Bilin.
— *pseudomons pessulanus*, Ung. — Parschlug.
— *obtusilobum*, Ung. — Styrie.
— *pseudocampestre*, Ung. — OEn., Parschl.
— *trilobatum*, A. Braun. — OEn., Pars., Bil.
A productum, A. Braun. — OEn., Pars., Bil.
— *tricuspidatum*, A. Braun. — OEn.
— *trifoliatum*, A. Braun. — OEn., Bilin.
— *radiatum*, A. Braun. — OEn.
— *vitifolium*, A. Braun. — OEn.
— *Parschlagianum*, Ung. — Parschlug.
— *ficifolium*, Viv. — Styrie, Stradella.
— *elongatum*, Viv. — Styrie, Stradella.
— *integerrimum*, Viv. — Styrie, Stradella.
Acerinium danubiale, Ung. — Autriche sup.

TILIACÉES.

Tilia prisca, A. Braun. — OEn.

MAGNOLIACÉES.

Liriodendron Procaccini, Ung. — Sinigaglia.

CAPPARIDÉES.

Capparis oogygia, Ung. — Parschlug.

SAPOTÉES.

Sideroxylon hepios, Ung. — Parschl.
Achras Lycobroma, Ung. — Parschl.

STYRACÉES.

Symplocos dubius, Ung. — Parschl.
Styrax borealis, Ung. — Parschl.

OLÉACÉES.

Fraxinus primigenia, Ung. — Parschl.

ÉBÉNACÉES.

Diospyros brachysepala, Al. Braun. — OEn.

ILICINÉES.

Ilex sphenophylla, Ung. — Parschlug.
— *stenophylla*, Ung. — Parschl.
— *Parschlagiana*, Ung. — Parschl.
— *ambigua*, Ung. — Parschl.
— *cyclophylla*, Ung. — Parschl.
Prinos Europæus, Ung. — Parschl.
Nemopanthes augustifolius, Ung. — Parschl.

ÉRICACÉES.

Rhododendron flos Saturni, Ung. — Parschl.
Azalea hyperborea, Ung. — Parschl.
Andromeda glauca, Ung. — Parschl.
Vaccinium vitis Japeti, Ung. — Parschl.
— *icmadophilum*, Ung. — Parschl.
— *myrsinites*, Ung. — Parschl.
Ledum limnophilum, Parschl.

L'époque pliocène, considérée en Europe, car j'ai exclu avec intention de la liste précédente quelques fossiles des Antilles qu'on rapporte à ces terrains, offre comme caractères particuliers son extrême analogie avec la flore actuelle des régions tempérées de l'hémisphère boréal, je ne dis pas de l'Europe, car cette flore pliocène comprend plusieurs genres étrangers à notre Europe actuelle, mais propres à la végétation de l'Amérique ou de l'Asie tempérée. Tels sont, en admettant l'exactitude des rapprochements génériques établis par les botanistes auxquels ces déterminations sont dues, les *Taxodium*, le *Salisburya*, les *Comptonia*, les *Liquodambar*, le *Nyssa*, le *Robinia*, le *Gleditschia*, le *Bauhinia*, les *Cassia*, les *Acacia*, les *Rhus*, les *Juglans*, les *Ceanothus*, les *Celastrus*, le *Sapindus*, le *Liriodendron*, le *Capparis*, le *Sideroxylon*, l'*Achras* et le *Symplocos*, tous genres étrangers à l'Europe tempérée, dans laquelle ils ont été trouvés à l'état fossile, mais qui, pour la plupart, se retrouvent encore dans des régions tempérées dans d'autres parties du globe.

Pour d'autres genres existant encore en Europe, mais qui n'y comprennent plus qu'un petit nombre d'espèces, nous en trouvons beaucoup plus à l'état fossile : tels sont les Érables, dont 14 espèces sont énumérées dans cette flore de l'époque pliocène, et les Chênes, qui sont au nombre de 15. On doit remarquer que ces espèces proviennent de deux ou trois localités très circonscrites qui, dans l'époque actuelle, ne présenteraient probablement, dans un rayon de quelques lieues, que 3 ou 4 espèces de ces genres. Enfin, un autre caractère que j'ai déjà signalé, et qui différencie encore cette flore de celle de notre époque, c'est l'absence, ou du moins le petit nombre et la nature des plantes à corolles gamopétales.

Ainsi, il n'y a dans cette flore que vingt plantes rangées dans les familles de cette division, et toutes se rapportent à ce groupe de gamopétales hypogynes, que j'ai désigné sous le nom d'isogynes, qui, par l'organisation générale de leurs fleurs, se rapprochent le plus des dialypétales.

Cette absence des gamopétales anisogynes et à ovaires irréguliers est-elle le résultat du hasard ou de ce que beaucoup de ces plantes, surtout parmi les espèces des régions tempérées, sont herbacées, et que les plantes herbacées ont été généralement dans des conditions moins favorables pour passer à l'état fossile? ou enfin ces familles, que quelques botanistes sont portés à considérer comme les plus élevées dans l'organisation végétale, n'existaient-elles pas encore? C'est ce qu'on ne saurait établir actuellement d'une manière positive.

On doit cependant remarquer qu'à l'époque miocène ces plantes étaient encore moins nombreuses, mais appartenaient à d'autres familles, et qu'à l'époque éocène aucune ne se trouve citée par les auteurs qui ont établi les rapprochements entre les fossiles et les plantes vivantes, sans avoir cependant d'idées préconçues à ce sujet.

Un autre fait à signaler, mais qui dépend probablement aussi de la nature herbacée de ces végétaux et du défaut de caducité de leurs feuilles, c'est l'absence presque complète des Monocotylédones, des Fougères et des Mousses, qui établit, relativement à ces familles, une différence très grande entre la flore pliocène et la flore actuelle de l'Europe.

Une différence non moins importante distingue cette flore de celle des époques plus anciennes : c'est l'absence, dans tous ces terrains, de la famille des Palmiers qui formait au contraire un caractère saillant de l'époque miocène. On n'en connaît aucune trace en Europe dans les terrains pliocènes que j'ai énumérés, tandis que les bois de cette famille sont très abondants dans des terrains des Antilles, qu'on considère comme d'une époque au moins aussi récente que le terrain pliocène, ce qui paraît indiquer qu'à cette époque les zones de végétation étaient réparties à peu près comme à l'époque actuelle.

En effet, dans ces terrains modernes des Antilles, on trouve parmi les bois fossiles, seules parties de végétaux qu'on y ait recueillies jusqu'à présent, des échantillons qui indiquent l'existence non seulement de Palmiers nombreux et variés, mais de plusieurs autres familles de la zone équatoriales, telles que des Lianes voisines des Bauhinia et des Menispermées, des Pisonia, etc. La végétation aux Antilles avait donc à cette époque les caractères de la zone équatoriale, comme en Europe elle avait alors les caractères de la zone tempérée.

Enfin, pour terminer nos observations sur cette flore de la dernière époque géologique qui a précédé l'époque actuelle, nous ferons remarquer que, malgré les analogies générales qui existent entre les végétaux de ces terrains et ceux qui vivent actuellement dans les régions tempérées, aucune espèce ne paraît identique, du moins avec les plantes qui croissent encore en Europe; et si, dans quelques cas rares, des identités complètes paraissent exister, c'est entre ces végétaux fossiles et des espèces américaines. Ainsi la flore de l'Europe, même à l'époque géologique la plus récente, était très différente de la flore européenne actuelle.

ERRATA.

Page 105, 1re colonne, ligne 16, et 2e colonne, ligne 45, *Desmophlebis*, lisez *Cladophlebis*.